中华农业文明研究院文库·中国近现代农业史丛书

●杨虎 著

20世纪中国玉米种业科技发展研究

中国农业科学技术出版社

图书在版编目（CIP）数据

20 世纪中国玉米种业科技发展研究 / 杨虎著 . —北京：
中国农业科学技术出版社，2013. 5
ISBN 978 - 7 - 5116 - 1287 - 8

Ⅰ. ①2… Ⅱ. ①杨… Ⅲ. ①玉米 - 种质资源 - 科技
发展 - 研究 - 中国 - 20 世纪 Ⅳ. ①S513

中国版本图书馆 CIP 数据核字（2013）第 104821 号

责任编辑　　朱　绯
责任校对　　贾晓红

出 版 者　中国农业科学技术出版社
　　　　　北京市中关村南大街 12 号　邮编：100081
电　　话　（010）82106626（编辑室）　（010）82109702（发行部）
　　　　　（010）82109709（读者服务部）
传　　真　（010）82106626
网　　址　http：//www. CASTP. cn
经 销 者　全国各地新华书店
印 刷 者　北京富泰印刷有限责任公司
开　　本　787mm ×1 092mm　1/16
印　　张　16. 25
字　　数　262 千字
版　　次　2013 年 5 月第 1 版　2013 年 5 月第 1 次印刷
定　　价　30. 00 元

关于《中华农业文明研究院文库》

中国有上万年农业发展的历史，但对农业历史进行有组织的整理和研究时间却不长，大致始于20世纪20年代。1920年，金陵大学建立农业图书研究部，启动中国古代农业资料的收集、整理和研究工程。同年，中国农史事业的开拓者之一——万国鼎（1897—1963）先生从金陵大学毕业留校工作，发表了第一篇农史学术论文"中国蚕业史"。1924年，万国鼎先生就任金陵大学农业图书研究部主任，亲自主持《先农集成》等农业历史资料的整理与研究工作。1932年，金陵大学改农业图书研究部为金陵大学农经系农业历史组，农史工作从单纯的资料整理和研究向科学普及和人才培养拓展，万国鼎先生亲自主讲《中国农业史》和《中国田制史》等课程，农业历史的研究受到了更为广泛的关注。1955年，在周恩来总理的亲自关心和支持下，农业部批准建立由中国农业科学院和南京农学院双重领导的中国农业遗产研究室，万国鼎先生被任命为主任。在万先生的带领下，南京农业大学中国农业历史的研究工作发展迅速，硕果累累，成为国内公认、享誉国际的中国农业历史研究中心。2001年，南京农业大学在对相关学科力量进一步整合的基础上组建了中华农业文明研究院。中华农业文明研究院承继了自金陵大学农业图书研究部创建以来的学术资源和学术传统，这就是研究院将1920年作为院庆起点的重要原因。

80余年风雨征程，80春秋耕耘不辍，中华农业文明研究院在几代学人的辛勤努力下取得了令人瞩目的成就，发展成为一个特色鲜明、实力雄厚的以农业历史文化为优势的文科研究机构。研究院目前拥有科学技术史一级学科博士后流动站、科学技术史一级学科博士学位授权点，科学技术史、科学技术哲学、专门史、社会学、经济法学、旅游管理等 7 个硕士学位授权点。除此之外，中华农业文明研究院还编辑出版国家核心期刊、中国农业历史学会会刊《中国农史》；创建了中国高校第一个中华农业文明博物馆；先后投入 300 多万元开展中国农业遗产数字化的研究工作，建成了"中国农业遗产信息平台"和"中华农业文明网"；承担着中国科学技术史学会农学史专业委员会、江苏省农史研究会、中国农业历史学会畜牧兽医史专业委员会等学术机构的组织和管理工作；形成了农业历史科学研究、人才培养、学术交流、信息收集和传播展示"五位一体"的发展格局。万国鼎先生毕生倡导和为之奋斗的事业正在进一步发扬光大。

中华农业文明研究院有着整理和编辑学术著作的优良传统。早在金陵大学时期，农业历史研究组就搜集和整理了《先农集成》456 册。1956—1959 年，在万国鼎先生的组织领导下，遗产室派专人分赴全国 40 多个大中城市、100 多个文史单位，收集了 1 500 多万字的资料，整理成《中国农史资料续编》157 册，共计 4 000 多万字。20 世纪 60 年代初，又组织人力，从全国各有关单位收藏的 8 000 多部地方志中摘抄了 3 600 多万字的农史资料，分辑成《地方志综合资料》、《地方志分类资料》及《地方志物产》共 689 册。在这些宝贵资料的基础上，遗产室陆续出版了《中国农学遗产选集》稻、麦、粮食作物、棉、麻、豆类、油料作物、柑橘等八大专辑，《农业遗产研究集刊》、《农史研究集刊》等，撰写了《中国农学史》等重要学术著作，为学术研究工作提供了极大的便利，受到国内外农史学人的广泛赞誉。

为了进一步提升科学研究工作的水平，加强农史专门人才的培养，2005 年 85 周年院庆之际，研究院启动了《中华农业文明研究院文库》（以下简称《文库》）。《文库》推出的第一本书即《万国鼎文集》，以缅怀中国农史事业的主要开拓者和奠基人万国鼎先生的丰功伟绩。《文库》主要以中华农业文明研究院科学研究工作为依托，以学术专著为主，也包括部分经过整理的、有重要参考价值的学术资料。《文库》启动初期，主要著述将集中在三个方面，形成三个系列，即《中国近现代农业史丛书》、《中国农业遗产研究丛书》和《中国作物史研究丛书》。这也是今后相当长一段时间内，研究院科学研究工作的主要方向。我们希望研究院同仁的工作对前辈的工作既有所继承，又有所发展。希望他们更多地关注经济与社会发展，而不是就历史而谈历史，就技术而言技术。万国鼎先生就倡导我们，做学术研究时要将"学理之研究、现实之调查、历史之探讨"结合起来。研究农业历史，眼光不能仅仅局限于农业内部，要关注农业发展与社会变迁的关系、农业发展与经济变迁的关系、农业发展与环境变迁的关系、农业发展与文化变迁的关系，为今天中国农业与农村的健康发展提供历史借鉴。

王思明

2007 年 11 月 18 日

《中国近现代农业史丛书》序

　　20 世纪的一百年是中国历史上变化最为广泛和巨大的一百年。在这一百年中，中国发生了翻天覆地的变化：在政治上，中国经历了从满清到中华民国，再到中华人民共和国的历史性变迁；在经济上，中国由自给自足、自我封闭被迫融入世界经济体系，再由计划经济逐步迈向市场经济，中国由一个纯粹的农业国逐渐建设成为一个新兴的工业国，农业在国民经济中的比重由原来的 90% 下降到 13%，农业就业由清末的 90% 下降到今天的不足 49%；在社会结构方面，中国由原来的农业社会逐步迈向城镇社会，城市化的比重由清末的不到 10% 攀升到 44%。

　　政治、经济和社会的这种结构性变迁无疑对农业和农村产生着深刻的影响。认真探讨过去一百年中国农业与农村的变迁，具有重要的学术价值和现实意义。它不仅有助于总结历史的经验教训，加深我们对中国农业与农村现代化历史进程的必然性和艰巨性的认识，对加深我们对目前农业与农村存在问题的理解及制定今后进一步的改革方略也不无裨益。有鉴于此，中华农业文明研究院自 2002 年开始启动了"中国近代农业与农村变迁研究"项目。这一系列研究以清末至今农业和农村变迁为重点，主要关注以下几个方面：过去一百年，中国农业生产与技术发生了哪些重要的变化？中国农业经济发生了哪些结构性变化？中国农村社会结构与农民生活发生了哪些变化？造成这些变化的主要原因有哪些？中国农业现代化进程如何，动因与动力何在？现代化进程中区域差异的历史成因；经济转型过程中城乡互动关系的

发展，等等。

经过几年的努力，部分研究工作已按计划结束，形成了一些成果。为了让社会共享，也为了进一步推动相关研究工作的开展，我们决定推出《中国近现代农业史丛书》。本丛书有两个特点：一是将农业与农村变迁置于传统社会向现代社会这一大的历史背景下考察，而不是人为地将近代与现代割裂；二是不单纯地就生产而言生产，而是将农业生产及技术的变迁与农村经济和农村社会的变迁做综合分析和考察。目前，全国各地正在掀起建设社会主义新农村的热潮。但新农村建设不是新村舍建设，它包括技术、经济、社会、政治、文化和生态等多方面的建设，是一个系统工程。只有从国情出发，既虚心学习国外的先进经验，又重视发扬自己的优良传统，才能走出一条具有中国特色的农业现代化道路。

2

美国著名农史学家斯密特（C. B. Schmidt）认为"农业史的研究对农村经济的健康发展至关重要"、"政府有关农业的行动应建立在对农业经济史广泛认知的基础之上"。美国农业经济学之父泰勒（H. C. Taylor）博士也认为历史研究有助于农业经济学家体会那些在任何时期对农业发展都可能产生影响的"潜在力量"。我们希望《中国近现代农业史丛书》的出版对我们认清国情、了解今天三农问题历史成因有所帮助，对寻求走中国特色农业与农村发展的道路有所贡献。

王思明

2007 年 11 月于南京

目　录

绪 论

一、研究意义

(一) 现实意义

农业是国民经济发展的基础，关系到国家粮食安全，农产品市场价格的波动直接或间接地影响到社会稳定。在历史的特定时期，粮食具有许多政治性的功能。进入 21 世纪，我国现代化建设进入一个关键时期，国民经济快速增长对农业发展提出了更高要求。中国农业面临着人口增加、人民生活改善和国民经济快速发展对农副产品需求的巨大压力，面临耕地减少、粮食安全风险加大和农业基础条件脆弱等因素制约。为此，我国农业生产要面向市场，依靠科技，不断向生产的广度和深度进军，以优化品种，提高质量，增加效益为中心，确保农产品特别是粮食有效供给稳定增长，大力调整农产品结构。调整农产品结构首先要调整种植业结构，而调整种植业结构的前提就必须调整农作物品种结构。

农业的基础在于种植业，种植业的延续与发展依赖于种子。"春种一粒粟，秋收万颗籽"，形象地描述了种子与农业生产的关系。"国以农为本，农以种为先"，种子是农业生产中具有生命的、不可替代的、最基本的生产资料，是农业科学技术和各种农业生产资料发挥作用的载体，是农业生产增产增收的内因，是农产品实现优质、专用、高效的前提，品种推广将成为解决粮食安全问题最重要的手段。随着市场经济的发展及人民生活水平的提高，人们对各种农产品的品质要求越来越高。栽培技术、环境条件都是影响品质的重要因素，但提高品质最关键的措施还在于采用优质的品种。

玉米原产于美洲，自 16 世纪传入我国，一直持续发展，对社会进步和经济繁荣起了重大促进作用。玉米种质的替代演变也潜在地改变着人们的思想观念和传统习俗，从而产生相应的经济及社会效应。整个 20 世纪，玉米产业以品种更替演化为内在核心动力，从无到有，逐步发展，直至今日的蓬勃兴盛。1951—1994 年，玉米单产平均年增长率为 2.37%，超过同期小麦和水稻的年增长率，总产量平均年增长 3.32%，也高于小麦和水稻。

20 世纪 80 年代以来，世界玉米播种面积一直维持在 1.32 亿公顷以上。2005 年，世界玉米总产量 6.92 亿吨，平均单产达到 4 707 千克/公顷（1 公顷 = 10 000 平方米，全书同），我国以 5 001 千克/公顷排在第 6 位。1998 年以后，玉米已成为世界第一大粮食作物。玉米具有用途广、抗逆性强、易于栽培、增产潜力大的优点。从总的发展趋势看，世界玉米播种面积在缓慢增长，其中发达国家的玉米面积略有下降，但发展中国家的玉米面积则成倍增长。近年来，由于全球石油资源紧张，价格居高不下，玉米加工燃料乙醇已成为新的能源来源和经济增长点。因此，玉米不仅是粮食作物、经济作物和饲料作物，现在亦发展成为重要的能源作物。我国是玉米生产与消费第二大国，玉米在国民经济中占有举足轻重的地位，是保障我国食物安全供给的重要基础因素。

玉米是利用杂种优势时间最早、面积较大的农作物，杂交玉米的培育和推广，是种子商品发展史上的一个里程碑，更是玉米种业发展的前提条件之一。目前，杂交玉米覆盖率已逾 90%，为所有农作物杂种利用最高。可以说正是在 20 世纪，玉米种业从萌芽缓慢发展到曲折发展再到变革发展；从原始自留种发展到种业产业化；从迟滞封闭的传统化走向蓬勃开放的现代化，也代表着中国农作物种业的现代化。20 世纪，中国玉米种业发展迅速，从落后到赶超西方发达国家较其他农作物用时较短，取得成就较大，其中经验教训值得总结研究。

2000 年《中华人民共和国种子法》（以下简称《种子法》）的颁布实施对种子管理工作提出了新的要求，加入世贸组织使中国种子产业的发展面临着更加激烈的市场竞争，如何抓住机遇、应对挑战、提高国家种子产业的竞争力，已成为一项紧迫任务。

农业部将 2010 年定为种子执法年，确定了规范目标和相应措施，以推进我国种业发展为核心，以规范企业行为为切入点，以完善法规规章为保障，以强化信息调度为手段，通过加大种子执法力度，进一步严格市场准入，强化市场监管，维护公平、有序的市场竞争环境和企业发展环境，确保良种的有效供应。据农业部统计，良种对粮食增产的贡献率由 2003 年的 36%提高到 2008 年的 40%，2008 年玉米平均单产比 2003 年玉米提高了 15%，良种的有效供应为实现粮食连续6 年增产、农民持续增收做出了重要贡献。因此，研究玉米种业极具现实意义。探讨 20 世纪玉米种业的发展规律，并总结其特征与时代局限，对整个中国农作种业及当今的经济建设提供一些有益的参考。

（二）历史及学术意义

中国是世界上少数几个具有悠久历史的农业大国，早在 7 000 多年前先民们就从事着农业生产，并在很早就认识到种子的重要性。《诗经·大雅·生民》中就提到"嘉种"（良种），说明中国先民很早就认识到种子质量在农业生产上的重要性；公元前 3 世纪《吕氏春秋》一书中就有关于种子选育加工的记载；17 世纪的《天工开物》中记载的选种用风车。近代以来，受西学东渐影响，学术界逐渐重视农作物，特别是稻、麦、棉的研究，但对玉米的相关研究明显不够。同时，研究近现代中国农业史、农业科技史的书籍中大都把某一种作物拘泥于种植业且偏重于栽培技术，对种业的综合研究重视不够，甚至极为缺乏。而研究农经和公共管理的书籍又把农作物种业仅局限于现代种业管理框架和市场产业化理论，割裂脱离了农作物种业历史过程中的互动影响，犹如无源之水、无本之木，难以客观全面展现农作物种业发展的真实面貌。因此，系统研究近现代玉米种业有利于发现种业历史发展真实全貌，提供历史的借鉴，有一定的历史和学术意义。

二、国内外相关研究概述

20 世纪 80 年代以前，有关研究玉米的科技文献资料偏少、水平不高，且内容重复，理论著作更少。80 年代后随着改革开放，农业科学研究欣欣向荣，特别是 90 年代以来，出现了研究中国农业及玉米科研的小高潮。科技文献主要集中在耕作栽培、品种改良和形态生理三大类，而对玉米种子方面研究甚少，随着玉米种子产业化发展，相关研究才逐年增加。这些论著作为本研究的基础材料来源之一，可在研究理论、研究方法等方面为本研究提供直接或间接地有益参考。

（一）国内研究

1. 玉米综合基础理论研究

1964 年，刘仲元编著的《玉米育种的理论和实践》。该书从玉米形态、分类和生物学特性方面详细论述了玉米育种任务、育种材料评定、品种资源利用、品种选育改良、良种繁育技术，系统地论述了玉米育种的理论、方法和实践，重点分析了杂交优势利用，评价各类玉米育种方法以及杂交后代利用问题。是新中国成立后第一部很有影响力的玉米育种学术著作，具有较高理论水平。1986 年，山东省农业科学院主编的《中国玉米栽培学》。根据中国玉米生产的实践和特点，介绍了玉米的耕作制度和特殊栽培法。结构严谨，理论联系实际，较全面地反映了当时我国玉米生产特点和科技水平。1991 年，刘纪麟编著的《玉米育种学》。较为全面地采集了国内外 20 世纪 70~80 年代玉米育种成果、科研实践和文献资料，侧重于对基础理论知识、实用育种方法及育种新技术的介绍和分析。1992 年，佟屏亚编著的《中国玉米种植区划》。内容包括中国玉米发展历史、生产概况、生态环境、种植制度、栽培经验，重点论述了玉米种植区划以及 90 年代玉米生产的发展前景。具有重要实用价值，为发展玉米生产、落实技术措施和分区分类指导提供科学依据。1998 年，佟屏亚、罗振峰、矫树凯编著的《现代玉米生产》。搜集整理 90 年代中国玉米科学研究新成果和各地玉米高产经验以及作者长期的科研实践，从宏观角度论述玉米生产新形势、分区发展方向以及综合利用的策略和前景；详细论述了种子生产、土壤耕作、旱作、蔬果玉米重点开发及玉米青贮和氨化技术。2000 年，佟屏亚编著了《中国玉米科技史》。该书资料翔实，是迄今研究玉米最为丰富全面的专著。全书分为传播史、发展史、科研史、编年史 4 个部分。考证了玉米传入中国的时间、路线、分布及其贡献；介绍了近代和现代生产的发展及对玉米经济价值认识的变化；论述了各个阶段玉米科学研究的成就和进展；编年史记录了整个 20 世纪逐年玉米生产和科研方面的大事，极具史料性，为该书最大特色，同时为本研究提供了极可贵的资料搜索线索。但令人遗憾的是具体涉及玉米种业的内容较为简略。2010 年，李少昆、王崇桃著的《玉米生产技术 创新·扩散》，共分 6 章，探讨了我国玉米生产技术的扩展，各时期玉米增产的技术特征、增产机理及其动因和未来玉米生产技术创新与扩散的方向；总结了我国玉米遗传育种和耕作栽培理论与技术的进展，世界玉米生产技术的发展，对比分析了我国与国外发达国家的差距；以玉米地膜覆盖栽培技术、保护性技术和玉米品种适宜区域推荐技术为案例，开展了实证研究；分析了我国玉米杂交种的现状，探索了玉米品种扩散的基本规律及标志性玉米品种的选育和推广经验。该书侧重于现代玉米技术与品种扩散。对玉米历史鲜有涉及，但仍对本研究有启发，帮助良多。

2. 玉米种业相关研究

1997 年，佟屏亚著的《为杂交玉米做出贡献的人》。该书以玉米科技进步为主线，大致以时间为序，通过对国内外不同时代 30 多位科学家为培育杂交玉米和获取高产事迹的记述，展示了杂交玉米产生与发展的历史以及对人类生存和发展的贡献。2000 年，周洪生编著的《玉米种子大全》。首次将玉米育种科研和种子生产、加工、销售和种子管理集中于一本著作中探讨。有利于推进"种子工程"，有利于推进"育、繁、销"一体化和大型种子企业的形成。但过于简略，仅偏重现代玉米发展，对玉米种业诸方面历史演化涉及较少。2002 年，中国农业大学夏彤发表的博士论文《中国玉米及相关产业可持续发展研究》以生态观为指导，借助生态学认识论和方法论，根据生态学基本原理，结合生态经济理论及产业发展理论，在对中国玉米及相关产业有关概念、范畴进行界定的基础上，针对未来 30 年中国玉米及相关产业的供需平衡走势，结合中国国情，对中国玉米及相关产业可持续发展战略进行了研究。其中，重点对国内外玉米生产、贸易、消费的历史、现状及发展趋势进行全面评述；对中国玉米及相关产业的组成、结构、功能、效率进行系统分析；对影响中国玉米及相关产业可持续发展的主要因素进行全面剖析；通过典型案例研究，对中国玉米及相关产业发展演替机制进行探讨；提出了确保玉米及相关产业发展的战略对策。该论文侧重于玉米的可持续发展，对具体种业方面研究较少，深入不够，对种业历史几乎没有谈及。2003 年，中国农业科学院袁义勇发表的硕士论文《中国玉米的价格竞争力研究》以生产成本的分析为核心，回答了如何保持和提高我国玉米的价格竞争力的问题。围绕中美两国的对比，通过玉米生产和贸易形势的分析，指出美国是我国在现在和将来都要直接面对的主要竞争对手。

2005 年，山东农业大学巩东营发表的硕士论文《山东省玉米种子产业发展研究》。该文将山东种子产业中占优势比重的玉米种子产业单独立项，从种子的重要性、玉米种子产业发展的需要和产业内部结构调整的必要性三方面内容入手，并将它放置于产业经济学领域去系统研究，通过探寻山东玉米种子产业发展的一般规律，为山东乃至全国种子产业的发展提供理论依据。

3. 玉米产业相关研究

（1）生　产

郝大军（1995）对 1991—1995 年世界玉米总产量的变化趋势及生产格局进行了研究，刘治先（1998）对 1991—1994 年世界玉米种植面积、总产量、单产及生产格局进行评析。佟屏亚（1996，2000）对 1990—1998 年世界玉米种植面积、单产、总产量及主要玉米生产国生产概况进行了研究。杨卫路（1999）则对世界玉米生产基本情况进行了评述。上述学者一致认为，世界玉米生产在 20 世纪 90 年代的基本状况为种植面积基本稳定、单产持续提高、总产量不断增长。世界上生产玉米的国家和地区众多，但生产格局基本稳定。1990—1995 年，世界玉米种植面积从 1.29 亿公顷增加到 1.40 亿公顷，增长 5.6%；单产从 3 675 千克/公顷增加到 4 290 千克/公顷；增长 16.7%，总产量从 47 543 万吨增加至 60 043 万吨，增长 26.3%。世界玉米主要生产国为美国、中国、巴西、墨西哥和法国。1998 年上述 5 国玉米产量分别为 24 749 万吨、13 295 万吨、3 004 万吨、1 642 万吨、1 443 万吨。分别占世界玉米总产量的 41.2%、22.1%、5.0%、2.7%、2.4%。邝婵娟（1994）通过 1949 年与 1993 年中国玉米生产情况的对比，总结了中国玉米生产布局的特点。吴景锋（1996）通过 1949 年与 1993 年中国玉米生产状况的对比，总结括了中国玉米生产现状。佟屏亚（1997）对 1980—1995 年中国玉米生产变化情况进究。戴景瑞（1998）结合玉米生产在中国粮食生产中地位的变化，对中国玉米生产进行了研究。张雪梅（1999）从玉米在中国粮食生产所处的地位出发，对中国玉米生产进行了研究。王明生（2000）则对 1979 年以来中国玉米生产的变化情况及现状进行了分析。学者们一致认为，中国玉米种植面积、单产、总产均增长迅速，增长速度远远超过同期世界平均水平。玉米生产在区域上高度集中是中国玉米生产的突出特点。1998 年与 1979 年玉米播种面积由 2 013 万公顷，增加到 2 523 万公顷，增长 25.34%；单产由 2 983 千克/公顷，增加到 5 265 千克/公顷，增长 43.35%；总产量由 6 004 万吨增加到 13 296 万吨，增长 121.2%。1999 年玉米播种面积达到 2 590 公顷，单产 4 945 千克/公顷，总产量 12 505 万吨。1950—1995 年，中国玉米种植面积增加 11.9%，单产增加 60.0%，分别较同期世界增长水平高出 11.26%、37.7%，中国玉米产区主要分布于北起黑龙江、横跨华北平原，直至云贵高原狭长地带，相对集中于辽、吉、黑、蒙、冀、鲁、豫、晋、陕、蜀、滇 11 个省（区）。上述研究结果准确、客观、全面地反映了国内外玉米生产状况。由于玉米生产的发展研究多采用年度间的对比，缺乏在较长的连续时间、区间内的研究，因而对国内外玉米发展变化的具体历程及特点的揭示欠完整、系统、全面。

（2）贸 易

20 世纪 90 年代以来，尤其是加入 WTO（世界贸易组织）前后，玉米贸易问题备受有关学者的关进出口贸易、贸易格局及价格走势一度成为研究的热点。彭珂珊（1998）在世界粮食问题的研究中，重点对玉米贸易问题进行了研究。杨卫路（1999）结合世界玉米生产、贸易情况，对 1991—1998 年世界玉米贸易格局进行了研究。刘少伯（2001）对 1999 年玉米价格走势进行了分析研究。研究结果证实，玉米在世界粮食贸易中占有较大比重。玉米在世界粮食贸易中仅次于水稻而居第二位。玉米贸易一般占世界粮食贸易总量的 30% 左右，占世界粗粮贸易的 65%。世界玉米贸易量自 20 世纪 70 年代以来一直维持在 7 000 万吨左右的水平。世界玉米总出口国为美国、阿根廷、法国、中国、南非和匈牙利。上述国家玉米总出口量占世界玉出口总量的 80% 以上。日本、欧洲、韩国、中国台湾、墨西哥及埃及为世界玉米主要进口国和地区，玉米总进口量占世界玉米进口总量的约 70%。1999 年国际玉米出口平均价格 110.9 美元/吨。美国、巴西分别为 98.6 美元/吨、96.2 美元/吨。中国玉米出口价格为 104.5 美元/吨。2001 年国际市场玉米价格为 110.9 美元/吨，中国玉米平均出口价格为 126.0 美元/吨。较国市场价格高 13.6%。1999 年中国玉米进口价格为 114.0 美元/吨，低于国际市场平均进口价 128.1 美元/

吨。国际市场玉米价格时空变化显著，即使在同一国度，不同时间的价差也十分明显。陈世军等（1998）结合中国玉米供需情况对中国玉米进出口贸易进行追溯。谭向勇等（1998）对 1997 年、1998 年中国玉米市场供求形势进行了分析。张廷会（1999）对 1996—1998 年中国玉米市场形势进行了回顾与展望。曹庆波（2000）、王晓晖（2001）、任凭（2001）、卜铁彪（2001）、王克强（2002）对中国玉米市场进行了分析。丁声俊（1998）对国玉米市场产销格局进行了研究。郑春风（2002）对中国玉米市场进行了后市分析。关于中国玉米进出口贸易的研究表明，中国玉米进出口贸易始于 20 世纪 60 年代初。1961—1983 年，中国为玉米净进口国。玉米净进口总量 1 247 万吨，平均每年净进口 54.23 万吨。1984—1994 年，中国成为玉米净出口国，该时期中国玉米净出口总量，628 055 万吨，平均每年净出口 50 685 万吨。中国玉米出口市场主要集中在韩国、日本、新加坡、马来西亚及俄罗斯等国。20 世纪 90 年代国内玉米市场走势的研究表明，1991—1993 年玉米供需平衡，价格平稳。玉米最低价格为 677 元/吨，最高价格为 845 元/吨；1993—1999 年，玉米市场价格一路上涨，由 818 元/吨上涨至 1 070 元/吨，涨幅 30.81%。玉米价格大幅上扬是由于整体物价水平上涨，粮食生产成本上升，粮食收购价格提高，供需矛盾增加所致。1995—2000 年，玉米市场因玉米产量持续增加，出口渠道不畅，内需不足而走势疲软。玉米价格从 1 686 元/吨下跌至 911 元/吨，跌幅 45.97%。2000 年后，玉米市场走势因玉米种植面积减少，肉价回升；出口势头看好而十分乐观。中国玉米市场的基本格局仍是"北粮南运"。国内外玉米贸易的有关研究基本展示了国内外玉米贸易的规模，格局供需等基本情况。但由于研究时间较短，量化研究不充分，难以充分揭示市场纵向发展进程中的特点及规律。

（3）消费需求

赵化春（2000）、罗良国（2000）对世界玉米消费结构及消费需求进行了实证研究。世界玉米消费结构的基本框架为饲料、口粮、食品加工及工业原料消费。20 世纪 80 年代，全世界每用作饲料的玉米为 26 367 万吨，用作口粮的玉米 6 591 万吨。用作工业原料的玉米 4 567 万吨。90 年代饲料玉米消费量 35 158 万吨，口粮玉米 5 859 万吨，工业原料玉米5 567万吨。世界玉米消费需求将呈明显上升趋势，2010年世界发达国家、发展中国家和世界玉米需求量将分别达到4.10亿吨、3.05亿吨、8.59亿吨。谭向勇（1995，1998）、赵化春（1998）、陈世军（1998）、佟屏亚（2000）在充分调查研究的基础上，确定了中国玉米基本消费结构。陈世军（1998）对中国玉米1985—1996年中国玉米供需的基本态势进行了分析。曹庆波（1999）对中国玉米 1997—2000 年的供需平衡状况进行了研究。刘江（2000）对中国玉米在未来30年的供需平衡情况进行了长期预测。

众学者对中国玉米消费结构的研究取得了基本一致的结果。饲料消费70%、口粮消费18%、玉米深加工消费5%，出口消费约7%。1985—1999 年中国玉米基本处于供不应求的状态。玉米年末库存量不及年度消费总量的10%，远低于粮食储备安全临界值（18%）。1996—2000 年，中国玉米年末库存量均占年度消费量20%以上，1996 年达到81%的水平，即使是玉米大幅度减产的1997年，玉米年末库存占消费总量的21.8%，高于粮食安全储备临界值3.8个百分点。因此，在1996—2000 年，中国玉米一直供过于求。中国玉米未来30年（2001—2030 年）供需平衡长期预果表明，中国玉米在2010年以前供需平衡，2015 年开始逐渐失衡，2030 年则供需明显失衡。中国玉米产量2005 年可达16 352万吨，消费总量15 094万吨，供需平衡可得以充分保障；2015 年玉米产量18 062 万吨，消费总量18 616万吨，供需略有失衡，2030 年玉米总量21 096万吨，消费总量23 251万吨，供需明显失衡。众学者对国内外玉米消费需求的研究，基本上真实反映了客观实际情况。世界玉米消费需求研究稍显薄弱。国内消费需求研究较为系统、全面，但玉米消费需求是个极大的变量，应加强追踪研究。

（4）加入WTO对中国玉米生产和流通影响的研究

中国成功加入 WTO 后，对玉米及相关产业的发展将会产生何种影响，成为众多学者研究的热点。程国强等（2000）在中国农业与农产品贸易政策的研究中，对玉米及畜产出口比较优势进行了深入分析。张士功等（2000）结合中国玉米生产流通现状，对加入 WTO 后中国玉米生产将受到的消极和积极的影响进行了分析。张廷会（2000），刘笑然（2000）就加入 WTO 后对中国玉米生产流通的影响进行了全方位的分析评价。郑春风（2000）就加入 WTO 后对中国玉米市场的影响进行了分析。张春晖（2001）对加入 WTO 中国玉米生产流通的利弊进行了分析。赵贵和（2001）对中国玉米生产流通格局的影响进行了评述。

对中国玉米生产和流通影响的研究普遍认为，加入 WTO 后对中国玉米生产和流通的负面影响主要为玉米价格将受到冲击，难以维持较高水平；玉米产业将出现一定程度的萎缩；玉米生产收益和农民收入将相应减少；现有的玉米流通格局有所改变。现存的"北粮南运"流通格局将被"北粮南运"和"南进北出"并存的国际玉米流通大循环所替代，流向更为合理。中国玉米市场将受到美国玉米的猛烈冲击，玉米出口将严重受阻，国内玉米市场仍将呈现疲态，东北各省尤其是吉林省玉米库存积压现象进一步加剧；国有粮食企业受到冲击，改革压力增大；国家粮食保护政策受到冲击，面临新的课题。加入 WTO 后对中国玉米生产和流通的积极影响主要表现为：有助于促进中国玉米品种结构的调整；有利于促进粮食生产结构和农村产业结构调整；有利于农产品出口和外向型经济发展；有利于畜牧业发展和粮食深加工转化；有利于促进粮食流通体制改革。

众专家学者从不同角度研究论述了加入 WTO 后对中国玉米生产和流通的影响。多数认为加入 WTO 后，对玉米生产和流通的负面影响较大，将导致中国玉米生产发生一定程度的萎缩。如果考虑到玉米相关产业，尤其是畜牧业和玉米深加工产业的发展将导致玉米内需的不断增长，但上述结论未免过于悲观。

（5）玉米种业可持续发展战略对策研究

关于中国玉米及相关产业发展战略的研究报道尚不多见。若干专家学者针对农业国际化趋势日渐明显，中国成功加入 WTO，中国农业进入发展新阶段后玉米生产出现的各种问题，提出了中国玉米生产的发展战略。吴景锋（1996）针对中国玉米生产存在的问题进行了深入分析，并提出了中国玉米生产发展的技术对策。谭向勇（1997）针对中国玉米生产及流通存在的弊端，提出了发展中国玉米生产的若干建议和措施。佟屏亚（1997）在对中国玉米生产现状及生产潜力进行深入分析的基础上，提出了中国玉米的发展策略。姜洁等（1998）通过中国玉米生产区域比较优势模型分析，提出了中国玉米生产发展的应对策略。戴景瑞（1998）结合中国玉米生产现状，针对玉米生产存在的问题和差距，提出了若干应对措施。佟屏亚（2000）针对中国玉米生产发展新形势，对玉米持续增产潜力进行预测，提出中国必须实施"大玉米发展战略"。孙世贤（2000）结合种植业结构调整，论述了中国玉米生产发展的基本策略。冯巍（2001）在充分论述中国玉米生产概况与前提的基础上，提出了中国面向21世纪的玉米产业发展策略。

关于玉米及相关产业发展战略的研究，侧重点各不相同，但对中国玉米生产存在的问题、分析结论及提出的发展战略则殊途同归，颇为一致。中国玉米生产目前存在的主要问题为：玉米生产与消费空间错位；抗灾能力差，年度间产量波动大；片面追求高产而造成种植结构单一；玉米种业发展滞后；玉米产量受市场价格制约；生产技术水平较低；生产素质较低。针对上述问题提出的发展战略措施可归纳为：稳定种植面积提高单产水平；调整玉米种植布局，适当减少北方（吉林、黑龙江）玉米种植面积，扩大南方玉米种植面积；分区建立优势高值玉米生产基地，积极发展专用玉米，开拓新的经济增长点；加速种子工程建设，增加品种改良投入，提高杂种优势水平；对现有增产技术进行组装配套，提高生产水平，降低生产成本；建立新型的技术推广体系，提高农民技术文化素质；加速产业进程，大力发展饲料工业及玉米深加工业，提高经济效益。中国玉米及相关产业发展战略的相关研究对中国玉米生产状况的分析十分透彻，提出的战略对策也颇有见地，但研究仍以如何发展玉米种植业为主题，尚未将玉米视为重要的战略性作物，审视其在农业产业发展、农业经济结构调整及在整个国民经济中的重要作用，将玉米及相关产业视为一个整体，并运用系统分析方法对其结构、功能、进行分析评价，以提出战略发展对策。

（二）国外研究

与经济发展水平一致，西方发达国家玉米种业亦高度发达。20世纪下半叶以来，玉米产业整合和科技进步极大地推动了玉米种业的迅猛发展。以美国为例，美国第一家商业性种子公司成立于1926年，主要即是经营杂交玉米品种，到1960年，杂交玉米的覆盖率就已经达到了95%（Femandez-Cornejo等，1999）。以科学育种为基础的良

种的大量使用是美国玉米等农作物产量大幅度提高的最主要原因。据估计，在1939—1978年，通过品种改良和耕作技术的改进，美国玉米单产每年分别提高1.7%，这一期间玉米单产增幅的50%来自生物育种技术的贡献。随后出现的遗传育种、抗草品种以及近年来出现的转基因品种都为美国玉米种业的发展做出了重要贡献。农作物单产的大幅度提高并刺激了美国农民对良种的需求。美国农业部的资料表明，美国农民用于购买种子的支出从1960年的5亿美元增加到了1997年的67亿美元；即使扣除物价上涨因素，仍然增加了1.5倍；同期，购买种子的开支占生产开支的比重从1.9%增加到了3.7%（Femandez-Cornejo，2004）。由于育种技术的不断进步，近年来，美国种业在原有基础上有了更加长足的发展。在1982—1997年，美国的商品种子（相对于传统的自留种子，人们常称商品种子为良种）覆盖率大幅度提高，其中玉米的良种覆盖率已从95%提高到了100%。

从美国的种业的发展阶段看，其发展大致经历了3个阶段：即政府扶持阶段、私人公司大举进入阶段和垄断性竞争阶段。目前，美国的玉米种子公司从品种选育到种子生产、储运加工、种子营销、种子售后服务等诸多环节都已实现一体化。以市场为向导、以健全的法规来规范是美国整个玉米种业的立足点。在市场方面，包括国际和国内两个市场，市场对种子质和量的需求是美国种子工业的导向。在法规方面，最基本的法规是品种保护法，它使得各种种子公司有信心和放心地发展自己的品种，使他们的竞争在法律的轨道上运行。近几年美国种业加强竞争力的措施包括以下几个方面：①加强玉米品种多样性的选育，提高玉米种子生产质量，以增强在世界范围内的适应不同气候和土壤条件的能力。②营造一个良好的经济体系，鼓励企业对玉米种子的研究、开发和生产进行投资。③为公共和私营机构在教育和研究计划领域建立了一个合作的关系，以加强农业尤其是种子技术人员的培育，造就一大批高水平的技术人员。④具有丰富的国际种子市场经验，包括具有适应世界不同种子市场法律、规定、包装和发运要求的知识和能力，从而为拓展跨国业务创造条件。

1. 国外玉米种子产业化的形成

玉米种子是重要的农业生产资料，也是实现玉米高产、优质、高效的重要保障，因此，世界各国都十分重视玉米种子产业的发展。现代玉米种子产业始于 19 世纪末 20 世纪初，兴盛于 20 世纪中叶。目前，世界玉米种子产业高度发达和具有跨国竞争实力的国家主要有美国、法国、荷兰、日本、加拿大、澳大利亚等国家，与此相对应，现代玉米种子管理体制及相关理论研究也主要存在于这些经济发达国家，且已达到相当高的水平。回顾 20 世纪玉米种子产业的形成和发展历程，以美国为代表大体经历了以下几个时期（霍学喜、李建阳、郑渝，2002）。

（1）政府管理时期（1900—1930 年）

主要标志是政府支持新品种的选育和改良。此阶段内，美国玉米种子产业刚刚兴起，政府拨款给各州立大学农业实验站，用于培育新品种。早在 19 世纪 20 年代各州就开始组织实施玉米种子改良和认证计划，其目的是生产和销售高质量的玉米种子。1919 年，美国正式成立国际作物改良协会，其目的之一是促进认证玉米等农作物种子的生产、鉴定、销售和使用；二是制定玉米等农作物种子生产、存储和装卸的最低质量标准；三是制定统一的玉米等农作物种子认证标准和程序；四是向公众宣传认证玉米等农作物种子的好处以鼓励广泛使用。20 世纪 30 年代美国生产上利用的玉米新品种，大多是通过州立大学和科研机构培育政府管理下的玉米种子认证系统，成为农民获得良种的唯一途径，作物品种改良协会对提高种子质量、促进种业发展起到了重要的作用。

（2）立法过渡时期（1930—1970 年）

其主要标志是立法保护品种权。美国通过立法实行品种保护，促进玉米等种业市场化，并为玉米种子市场提供制度保证，实现了从公立机构为主经营向以私立机构为主经营转变。最初的私人公司只从事种子加工、包装和销售，在此基础上逐渐演化出专业性或地域性的玉米种子公司；一些公司靠销售公共品种起家，还有许多公司聘用育种家，培育新品种或出售亲本材料，后期出现了大型的玉米种业公司，把研究、育种、生产和销售紧密的结合起来，促进了玉米种业的育种和营销机制创新。

（3）垄断经营时期（1970—1990 年）

其主要标志是资本运营。私营玉米种子公司居美国种业主导地位，通过市场竞争，特别是将农业高新技术引入玉米种子产业，超额利润吸引了大量工业资本和金融资本进入，使玉米种子公司朝着大型化和科研、生产、销售、服务一体化的垄断方向发展。

（4）跨国公司竞争时期（1990 年以后）

其主要标志是玉米种业经济国际化。随着世界经济全球化、贸易一体化的推进，玉米种业也融入其中，集育、繁、推、销于一体的跨国综合种业公司，对国际种子市场的垄断趋势越来越明显，垄断的作用也越来越大。一些国家的种子主要依赖跨国种业公司供应，而种子公司亦为实力更雄厚的财团兼并或收购。美国的种业公司面向国外大力扩展，而欧洲一些国家的跨国种业公司也开始在其他洲开展业务。

2. 发达国家的种子管理体制及其模式

根据各国种子法确定的原则框架，综合分析，国际上的种子管理体制主要有 3 种模式（陈海林、杨治斌等，2007）。

（1）事前管理模式

这是一种与计划经济体制和政府主导型的市场经济体制相适应的模式，主要应用于前苏联及东欧国家。该模式管理的侧重点集中在玉米等农作物种子生产环节，例如前苏联的种子法对亲本、原种、商品种子的生产过程规定得既详细、具体，又严格。但种子流通环节的规定则不够严格，也不具体，对种子市场的管理也亦缺乏系统细致，特别是对种子经营者应当具备的基本条件和其他市场主体进入种子产业的门槛等，皆未做具体规定。

（2）全程管理模式

此管理模式适宜于国土面积较小、种子品种较为单一的国家，目前，主要应用于英国、德国、法国等欧洲国家和日本、韩国、泰国等亚洲国家。因为在这些国家，从事种子研究、生产和经销活动的市场主体可以直接到中央政府申请品种注册，而没有必要再设立省级或州级品种注册委员会。这种管理模式的基本特征是：①种子必须注册，对列入名录的品种不注册就不能生产、推广和经销；②为控制种子质量，实行强制的种子质量认证制度。③经过包装的种子必须有标签，而且对标签的格式、内容、颜色等都有具体的规定。

（3）事后管理模式

此管理模式适宜于市场成熟和经济发达的国家，目前，主要应用于美国。这种模式管理侧重反映种子质量等状况的种子标签的真实性，例如，美国对种子标签的制定、颜色、项目、内容、代号、批量等都有具体的规定，而且要求非常严格。对种子生产等过程则基本上不管，只是要求种子市场主体能够照章纳税。

特别值得强调的是，上述 3 种管理模式的划分依据只是世界各国管理玉米等农作物种子产业和调控种子市场的侧重点。事实上，玉米种子产业发展到今天，世界主要国家特别是经济发达国家在构建种子产业管理体制时，考虑的因素必须是多层面的。

3. 国外发达国家种子产业化的特征和发展趋势

进入 21 世纪以来，西方发达国家玉米种业呈现出产业化规模不断扩大、科技化程度不断提高、国际化竞争能力不断增强的三大特征。具体来说又有以下 7 种发展趋势（美国种子贸易协会，2001；罗忠玲，凌远云，2005）。

（1）种子管理体制法制化

发达国家政府、经济理论界和种子产业界大都认为种子是一种极其特殊的农资产品，对种子必须实行依法管理，对种子市场运作过程必须实行依法监管。因此，欧美等国家大都建立了包括种质资源管理及种子研究、开发、生产、加工、储运、营销等环节在内的种子法律和法规。可以说，健全的法规体系是经济发达国家种子管理体制确立及运作的依据。

种子立法管理的历史悠久。发达国家从 1850 年以后就开始重视种子管理工作，较早地颁布了种子管理法和法规，并以这些法规为基础，建立起规范的种子管理体制。美国的种子立法管理较中国早 88 年。美国国会 1905 年颁布的年度进口法就授权农业部对市场上流通的种子进行测试。1912 年国会又通过了种子进口法，禁止美国企业进口低、劣质种子。1939 年颁布了《美国联邦种子法》，对商品种子的生产、分级、包装、标签、检验等都做了明确的法律规定。英国议会于 1869 年通过法令，规定不准出售丧失生命力的种子、掺假的种子和含杂草率高的种子，较中国早 131 年。瑞士的国土面积只有 4 万平方公里，但瑞士政府于 1861 年就颁布了种子法，禁止生产和出售掺杂种子，较中国早 139 年。日本于 1947 年颁布了《日本种苗法》和《日本种苗法实施细则》，规定从事种苗生产必须向农林水产大臣

提出申请，注明生产者的姓名及地址，而且生产的种苗要符合所规定的种类，较中国早 53 年。发展中国家的种子立法虽然滞后于发达国家，但也建立了较为完善的法规体系，例如，肯尼亚于 1972 年颁布了《种子种植品种法》，较中国早 28 年。

种子监管法规的内容非常系统。在市场经济国家，种子法规既是建立种子管理体制及政府监管种子市场的依据，也是各类种子市场主体从事种子研究、开发、经销、贸易等经营活动的准则。因此，国外种子法规涉及的范围相当广，而且系统性很强。通常条件下，种子法规监督和管理的范围包括：种质资源保护、开发与管理，新品种培育、审定、发放和保护，种子质量检验与认证，种子生产、包装与经销，种子商品进出口及国际种子产业与技术合作，种子技术推广与使用以及种子行政管理等方面。例如，为解决经常出现的种子质量问题，美国国会在 1905 年的《年度进口法》、1912 年的《种子进口法》1916 年和 1926 年分别对该法进行了两次修改的基础上，1939 年又通过了《美国联邦种子法》。《美国联邦种子法》对包括玉米种子在内的所有农作物种子的进口、运输和商业活动都作了明确的规定，对种子标签和颜色、农场主之间的种子交换、种子广告、种子发芽测试、劣质种子损失的测定及估计、杂草种子含量、种子质量和种子样品的保存等也做出明确的规定。由于种子法的内容全面、系统，监管的范围广，因此，在国外特别是经济发达国家，其种子法规的结构基本上就决定了种子管理体制的框架，并在规范种子市场和保障种子质量等方面发挥基础作用。

种子监管法规的操作性很强。国外的种子管理法规不仅非常具体，而且可操作程度也相当高。例如，美国在《美国联邦种子法》的基础上，各州也相继颁布了本州的种子法规或条例。各州颁布的种子管理法规除强调《美国联邦种子法》的条款外，也突出自己的特点。例如，《美国联邦种子法》对种子质量指标没有明确的要求，但大部分州对种子质量指标做了具体规定，如密西根州的种子法就规定农作物种子的最低发芽率必须大于 60%。与种子法规的可操作程度高相对应，国外种子管理体制的可操作性也很强。例如，根据《美国联邦种子法》和各州种子法的不同规定与具体要求，美国的种子管理体制也分为联邦级和州级两个层次。在联邦层次，农业部设有种子管理处，负责种子法的实施与管理。联邦层次还设有国家种子测试中心、国家种子协会和官方种子认定协会等管理机构。在州层次，农业厅设有相应的种子管理机构，负责联邦和州种子法的实施与管理。州层次还在州立大学设有种子检测室，有的州还设有种子改良协会和品种认证委员会等管理机构。在这种体制下，美国联邦和州政府经常派种子法执行官前往各地检查和监督，发现违法行为会立即纠正。正是由于种子法规及其相应的种子管理体制的可操作程度高，而且执法和监管严格，因而国外特别是发达国家的种子市场运作相当规范，种子研究、开发、生产和经营等活动中的违法现象也较为少见。

（2）种子管理规范化

国外经济理论界和种子产业界普遍认为，种子市场监管和种子产业管理是极为复杂的系统工程。因此，强调种子管理体制的功能必须能够同时覆盖3个管理层次。①微观管理层次。指的是从事种子研究、开发、生产、加工、包装、经销等活动的种子市场主体或种子企业内部的管理层次，其核心是企业在长期的市场竞争中形成的自律机制。通常而言，种子企业提高其自身竞争力的基本思路与方法是强化科技创新能力和获得自有知识产权、树立企业形象和创出自己的品牌和名牌、通过资产运作不断扩大经营规模和提高开发市场能力、确保种子质量和服务质量。因而在激烈的竞争中，国外的种子公司为保护企业的信誉、竞争力和效益，根本不生产和经销假劣质种子，企业决不允许不成熟、未经实验和不合格的种子进入市场。②中观管理层次。指的是普遍存在于种子研究、开发、生产、加工、包装、经销等行业内部的行业管理层次，其核心是种子产业在长期运作过程中形成的种子协会管理机制。种子协会都是由行业组织或企业法人联合而形成的，具有制定行业管理规范、规范行业内部各成员的经营行为、对成员企业或公司进行资信等级评价、开展行业服务和行使部分政府监管职能等多种功能，因此，在种子行业管理方面具有很强的权威性。目前，在经济发达国家，从事种子研究、开发、生产、经销等活动的种子市场主体同时受3个层次的种子协会管理：第一层次是国际性及地区性种子管理协会组织，如国际种子检验协会（ISTA）、国际种子贸易联盟（FIS）、北美官方种子认证协会（AOSCA）等；第二层次是国家级种子管理协会组织，如美国的联邦作物改良协会、基础种子

协会等；第三层次是省（州）级和其他类型的种子管理协会组织，如美国各州的作物改良协会等。③宏观管理层次。指的是存在于宏观层次上的行政执法管理系统、具体、严格的执法管理。司法管理和广泛的社会监督管理，其核心是系统、具体、严格的执法管理。1939年美国国会通过并颁布了《美国联邦种子法》，随后，各州相应制定了适合本州的种子法和条例，美国种子执法机构分联邦农业种子管理局和个州农业局两级，种子执法的主体是联邦农业部种子检验员和各州种子巡视员。农业部种子管理局负责《美国联邦种子法》的贯彻实施，对违法做出处理，州种子法由各州农业局或其他机构具体实施。从育种、良种生产、质量控制、销售等都有法规条款以及违法处罚办法。

（3）种子生产、质量、投放标准化、程序化

对种子生产和投放过程进行标准化、程序化控制，是发达国家保证种子质量的重要手段。为在生产环节有效控制种子质量，美国等发达国家均建立了规范的玉米等农作物种子生产标准（包括国内标准和国际标准）和投放程序。种子生产基本上由大型种子公司和经过审定的种子生产专业性农场主共同承担，他们自觉地严格遵守商品种子的生产标准和商品种子的上市标准按程序组织生产，保证了种子公司生产出高质量的种子，几乎到了完美的程度。在西方发达国家中，企业根本不生产和经销假劣种子，也不允许不成熟、未实验和不合格的种子进入市场。从而使供应的种子不仅品种优良，而且真正达到了一粒种子一棵苗，苗匀、苗齐、苗壮。

（4）企业经营规模化

在长期的激烈竞争过程中，发达国家的种子公司主要通过资本运作、企业之间相互兼并和不断扩大经营规模来适应市场。例如，美国的孟山都公司先后收购和兼并了迪卡博公司、岱字棉公司和阿斯格罗公司；杜邦公司通过购买15%的股份，兼并了先锋国际良种公司；大湖种子公司也通过与德国种子公司联手，来扩大自己的规模与实力。通过收购和兼并，逐步形成了3种类型的大型种业集团。一是以美国先锋公司为代表的种子公司，以经营玉米种子为主，但实行多元化的纯粹的种子经营战略；二是以美国的孟山都集团为代表的公司，种子公司的母公司或参股公司都是传统的化工、农药、医药、食品等

企业，这些公司进入种业的目的是投入巨资开展生物技术研究，从而全面改造传统的种子公司；三是以法国的利马格兰种业集团为代表，由最初的种子专业公司发展成为集种子经营、生物技术研究、食品加工等相关产业业务于一体的集团化公司。这些企业逐步在其研究、开发、生产、加工、包装、贮藏、销售等相关内部分支机构之间建立起规范的相互关联的内部交易制度，替代传统的市场交易制度的部分功能，大大降低了种子公司的运营、新产品开发、新的目标市场开拓等方面的成本和风险，从而摆脱小规模经营条件下，外部环境变动对公司经营和发展的约束，确保公司始终处于本行业发展的最前沿。种子公司经营规模的扩大具有 3 个方面的显著效应。一是逐步在其研究、开发、生产、加工、包装、贮藏等相关分支机构之间建立起规范的内部交易制度，并通过这种内部交易制度来替代传统的市场交易制度的部分功能，大大降低种子公司的营运成本，从而提高其产品的市场竞争能力；二是逐步建立起自己的融资机制、科技创新机制、生产加工机制、市场营销机制、推广服务机制和知识产权保护机制，从而可摆脱规模经营条件下，外部环境变动对公司经营和发展的约束；三是通过跨行业兼并和社会化筹措资本，可确保公司始终处在本行业发展的最前沿和迅速抢占新兴产业，并降低其在科技创新、新产品开发、新的目标市场开拓等方面的成本和风险。

（5）相关产业之间的关联效应化

种子产业内部各相关环节之间的关联关系更加密切。许多玉米种子公司都是集研究、开发、生产、加工、销售等环节于一体的大型公司，而且公司经营活动与业务范围也更加多元化。为增强市场竞争力，大型种子公司在种子经营上都采用以一种或几种作物种子为主、兼营其他多种作物种子的经营模式。例如，美国先锋国际良种公司就以经营杂交玉米种子和大豆种子为主，同时兼营小麦、向日葵、苜蓿、高粱、油菜、甜菜等作物种子。这种多元化的经营模式既可确保种子公司的主导商品种子或业务在国内外市场上的垄断地位，又可确保其在一般商品种子或业务中的市场份额，还可以保持其必要的相关技术开发能力和新的目标市场开拓能力。据估计，在今后 10 年内农业生物技术及其产品的市场份额将超过 3 000 亿美元，巨大的发展前景和市场利益驱动着世界上一些大的企业和企业集团与种子公司开展联合，从而进入农业生物技术领域。同时，玉米种子产业与化工、农药、医药、食品、生物、烟草、贸易等产业之间关联关系更加密切。种子公司与化工、农药等其他工商企业之间通过兼并、收购、参股、控股等资产重组方式实现强强联合，加快了资本、科技、人才等现代生产要素在种子产业与其他产业之间流动和相互融合的速度，扩大了种子公司资本经营的空间，也提高了种子产业的融资和竞争能力。另一方面，化工、农药、贸易等工商企业进入种子产业，使按照现代大工业模式和现代市场营销管理机制开发和经营种子产业成为现实，不断地提高了种子商品的标准化、品牌化、商标化和包装化程度，从而加快了种子产业化进程。四是种子企业经营和资本运作国际化。以美国先锋种子公司、德国 KWS 种业集团、澳大利亚太平洋种业公司、塞尔维亚泽蒙玉米研究所以及美国迪卡博遗传公司等种子公司为代表。这些公司的基本特征是都经营商品种子，以玉米种子为主，但实行多元化经营。玉米种子公司实行的是跨国经营，其运作过程日趋国际化。具体表现为资本运作国际化、知识产权经营国际化、目标市场国际化。

20

（6）品牌国际化、经营本土化

目前，世界上的大型玉米种子公司都特别重视企业品牌形象，在种子行业享有显赫的名声。如提到美国的先锋公司，都知道这是一家主要以经营玉米种子为主的世界级种业集团；这些公司虽然都具有国际性的声誉，实行跨国经营，在市场上形成了垄断地位。但是，在经营方面这些跨国公司却有一个共同特点，就是与当地市场融为一体，俨然是本土化的企业，深受当地用种者的欢迎。

（7）研究集约化，知识产权垄断化

西方发达国家的大型种业集团一般将其销售收入的 10% 左右投资于研究和开发领域，有的甚至高达 15%～20%。持续不断的投入，保证了这些大型种子公司始终处于科技创新的前沿，能够不断地推出新品种、新组合和新的技术手段，维持了这些种子公司在种子知识产权中的垄断地位，体现了公司的核心竞争力。如美国的孟山都公司的生命科学中心，已完成大豆、玉米、番茄、西瓜、马铃薯等作物品种的基因测序，在此基础上，就可以根据需要，按照育种目标选择目的基因进行配组，大大地加快了育种的速度，提高了达到育种目标和选择优良性状的准确度。

4. 国外种子管理体制存在及运作的基础

市场经济发达的国家在长期的实践和探索中形成了一种共同的认识，那就是种子首先是一种商品，对种子研究、开发、生产、加工、包装、贮备、经销等环节的管理必须以种子市场机制的调节为基础，即对种子产业的管理必须符合市场经济规律。所以，发达国家实行的都是政企完全分开和企业治理结构法人化的管理体制，从事种子研究、开发、生产、加工、包装、贮备、经销等活动的市场组织与其他工商企业一样，都是市场体系中的微观组织。因此，可以说市场经济规律及市场机制是经济发达国家种子管理体制确立及运作的基础。

（1）政府对种子产业的监管以市场机制为基础

作为种子产业的监管者，发达国家政府在制定监管法规及实施这些法规过程中，普遍遵循"政府调控市场，市场调节企业"的监管原则；除从事种子研究的国立或其他形式的国有高等院校和科研院所外，发达国家政府与种子公司等种子市场主体之间通常不存在任何行政隶属关系、产权所属关系和经济利益关系。因此，在种子市场上，政府及其主管部门只是种子市场交易规则的制定者和执行者。在这种政企关系框架下，政府制定种子产业监管法规的目标是建立和形成能够开展公平竞争和高效运作的种子市场体系。为实现该目标，这些国家政府制定和实施种子法规的出发点是通过消除过度竞争、控制垄断竞争和打击非法经营行为等方式，来优化种子市场环境、规范种子市场秩序。在此基础上，借助市场机制的调节功能和作用，来规范种子市场主体的经营行为，进而提高种子产业运作的效率。

（2）研究机构的科研活动以市场机制为基础

在发达国家，从事种子研究和开发的科研机构主要有两种：一是国立或其他形式的国有高等院校和科研院所等种子科研机构，政府与这些机构之间既存在产权方面的权属关系，又存在科研经费等方面的支持与被支持关系；二是大型种子公司自建的商业化的种子研究与开发机构，通常政府与这些公司化的机构之间不存在直接的行政隶属和经济利益关系。这种体制就决定了发达国家的种子科研机构必须在市场经济框架内，依据市场机制调节为基础来开展种子研究与开发活动。就国有科研机构而言，除了承担政府委托和支持的一些基础性、公共性、成果共享性的种子研究、推广、服务、保护项目外,其承担的其他科研项目包括从立项选择、经费筹措、科研组织到技术转化在内的各个环节,都必须从商品化、产业化等方面充分考虑种子研究和开发项目的市场前景,受市场机制调节和指导。就大型种子公司所属的科研机构而言,其科研活动完全是商业化的,承担的科研项目包括从立项选择、经费筹措、科研组织到技术转化在内的各个环节完全受市场机制支配,即无论从长期还是短期角度考虑,这些研究和开发机构从不选择和开展没有市场前景的种子研究和开发项目。

(3)生产经销机构的经营活动以市场机制为基础

在发达国家,从事种子生产及经销活动的种子公司的经营具有 3 个特征:一是种子公司的产权关系较为复杂,大都是有限责任公司制、合伙制和独资制公司,几乎不存在国有公司;二是所有的种子公司都是自主经营的市场主体,政府及其主管部门只能根据相关法规对其运作过程加以监管,但不能直接干预其经营管理过程;三是所有种子公司从事种子研究、生产、经销活动的目的都是为了实现利润最大化。这些特征就决定了种子公司的研究、生产和经营活动必须以市场机制调节为基础。为适应竞争激烈的市场,各类种子公司都非常重视企业的信誉,为建立自己的信誉和名牌,连种子袋、标签都印有公司名称、地址和承诺;为提高种子公司的效益,各类种子公司都在不断加强内部管理、精简职员、采用现代设备和手段。

三、研究思路与研究条件

(一)研究思路

本研究中的玉米种业一词是指由玉米栽培、玉米种质资源利用、玉米种子繁育、管理等环节组成的完整产业链。研究以 20 世纪时间为经,以玉米种业发展为纬,依据该流程前后顺序依次展开,并在此基础上探讨 20 世纪玉米种业发展的动因及其所产生的经济、社会效益。

(二)研究条件

1. 原有研究基础

笔者进入硕士学习阶段以来,就开始有意识地为选题作准备,经过深入学习认识到农作物发展史是人文与社会科学学院乃至南京农业大学学科优势所在，科研力量最雄厚和文献资料最丰富。笔者经常求教于各位老师，聆听他们的悉心指点，受益匪浅；并与室友及同窗探讨交流，不经意间他们思想的火花即会点燃笔者迟钝的灵感，结合自身知识基础和我院的客观实际，笔者开始有计划地收集农作物种业发展相关资料，对中国历代作物特别是玉米生产的大致情况有了一个总体把握，同时对玉米种业与社会经济之间的互动关系产生浓厚兴趣，并一直潜心研究，在资料上有了相当丰富的积累。另外，资料收集和日常学习生活中，笔者还得到了多位老师、前辈的精心指点，获益匪浅，对笔者的学术研究产生了深远的影响。

2. 史料基础

南京农业大学人文与社会科学学院历来注重资料的积累和建设工作，研究资料的收藏丰富、系统。尤其是原中国农业遗产研究室几代人长期致力于中国历史文献的资料特别是地方志的搜集和整理，相关古籍、近现代学术期刊、剪报资料集藏相当丰富，有的被国内外学术界誉为世界上绝无仅有的中国历史资料大型孤本。与本选题相关的资料收藏尤为丰富、完整，为研究的进一步顺利开展提供了坚实的后盾。笔者利用好人文学院资料的同时，还常到中国第二历史档案馆、南京大学、南京图书馆查找资料；曾远赴北京到中国农业科学院、北京大学、中国农业大学收集资料，均有较大收获。

四、基本结构与研究重点

本研究以时间为序，以玉米种业发展为线索，梳理了 20 世纪玉米种业在各个阶段所表现的具体形式和和发展特点，首次尝试把中国玉米种业的演化过程分为 3 个阶段，即：传统玉米种业的延续与渐变（1900—1948 年）；玉米种业的曲折发展（1949—1978 年）；玉米种业的产业化发展（1979 年至今）。并以此为依据，进一步探讨了玉米种业发展的影响与作用，分析了玉米种业发展的动力因素，在此基础上总结了中国玉米种业发展的特点；指出中国玉米种业的发展问题与不足；归纳中国玉米种业的发展经验启示。

本书主体内容包括正文五章和结语。可分为 4 个部分。各部分研究重点如下。

第一部分（第一、二、三章）：第一章较为详细地阐述了传统玉米种业的延续与渐变过程（1900—1948年）。在回顾玉米在中国的引进、传播及影响基础上，客观展现了传统玉米种业相关技术的继承与创新，并总结了传统玉米种业渐变的科技特征。第二章叙述分析了玉米种业的曲折发展（1949—1978年）。此阶段受政治等因素影响，玉米种业发展较为曲折缓慢，但仍取得一定成绩：一是玉米栽培状况与技术演变；二是玉米种质资源的整理与利用；三是玉米种质创新技术与体制演变。第三章重点探讨了玉米种业的产业化发展过程（1979年至今），亦是本文的重点。首先分析归纳了现代玉米种业的科技创新变革和玉米种业市场与体制变革的发展过程，进而对现代玉米种业发展态势进行了总体分析，最后以登海种业与德农种业为例对现代玉米种业公司进行了个案分析。

第二部分（第四章）：较为深入地分析了玉米种业发展的深远影响。一是促进了玉米产量提高和面积扩大；二是玉米对区域农业开发与经济发展的促进作用。

第三部分（第五章）：重点归纳分析了20世纪中国玉米种业发展的动力因素。考察20世纪中国玉米种业发展的动力，有3个因素影响最为突出：一是作为玉米种业自身技术因素，玉米品种改良是内驱动力；二是作为国家制度因素，国家农业科技政策是指针，有着巨大推动作用；三是作为生产中最活跃的人的因素，各时期玉米科学家的贡献功不可没。

第四部分（结语）：总结了中国玉米种业发展的特点；指出中国玉米种业的发展问题与不足；归纳中国玉米种业的发展经验启示；点明本研究需要进一步扩展之处。

五、研究方法与手段

本书以一种作物的种业产业化过程与经济、社会发展的关系为切入点，运用历史学、文献学、经济学、社会学等多学科研究方法，做到宏观研究与微观研究相结合，运用分析、比较、综合、归纳、推断、演绎等手段，坚持历史唯物主义和辩证唯物主义的观点。采用定量分析方法对作物的非分布和产量等相关问题进行量化分析，从而获得一个更为全面、系统、可靠的认识；兼用系统科学的方法。玉米种业是一个完整的系统，它隶属于农业这个大系统，也是经济系统的一个子系统，子系统与母系统共生，相互促进亦相互制约。研究清楚这个子系统的动力、约束和外界的相互关系，对于正确认识问题并提出解决问题的措施至关重要。在运用以上方法与手段的同时，坚持一个宗旨：在适当借鉴前人研究成果帮助研究的基础上，旁征博引，使文章充实，富有说服力。在对材料的选择上，针对同一条资料，尽量多找不同版本的文献，进行比较分析研究，尽力做到去伪存真、去粗取精、由此及彼、由表及内，使得出的结论更富有逻辑性和科学性，尽力保证研究有一个较为明确的观点和证据。

六、创新之处和可能存在的问题

（一）创新之处

本书以时间为序，以玉米种业发展为线索，梳理了20世纪玉米种业在各个阶段所表现的具体形式和发展特点。在时段上从清末到现代，贯穿整个20世纪，置于中国传统农业向现代农业转型的历史过程中考察中国玉米种业的发生发展及其波折与变革，全面系统研究玉米种业发展对环境、经济及社会的影响，充实和深化了国内外这方面的学习研究。首次尝试把中国玉米种业的演化过程分为三个阶段，即：传统玉米种业的延续与渐变（1900—1948年）；玉米种业的曲折发展（1949—1978年）；玉米种业产业化发展（1979年至今）。

搜集了一批农史界学者暂未见使用的玉米方面的新史料。民国时期，在《中华农学会报》、《农林新报》、《燕大农讯》、《北京大学农学月刊》等刊物刊载有关玉米方面的文章，有关玉米农事试验机构的演变、农事试验制度的确立、玉米科研的方针、方法和重点工作方面的史料对于分析民国时期的农业科技史研究，都是难得的一手资料。

（二）可能存在的问题

笔者原计划采用定性分析与定量分析相结合的方法，以更直观地还原历史真实。事实上，在搜集资料的过程中初步感觉：新中国成立前，尤其清末民初，由于政局多变，地方上缺少专业性的统计机构，给统计工作带来不小的麻烦，数据较为零散，难成系统。加之，笔者知识和能力有限，农业资料统计缺陷和保密性，玉米种子在各个时期的精确数量与贸易状况难以深入，有待于今后进一步挖掘和补充。

由于过去研究玉米往往多研究玉米生理条件和生产技术，而对玉米种业对社会、经济，尤其生态环境、人们生活及观念方面的影响明显不足，即使偶有涉及，也只是作为玉米种植区域的一部分一带而过，材料较为零星，难成系统。这给本研究的开展带来一些困难，在做了大量基础性的工作后，本研究才得以初步成文，恐其中不足和错漏之处仍在所难免。

第一章 传统玉米种业的延续与渐变（1900—1948 年）

农业的基础在于种植业，种植业的延续与发展依赖于种子。"春种一粒粟，秋收万颗子"，形象地描述了种子与农业生产的关系。玉米的传播及发展是玉米种业发展的前提之一；任何事物发展都不是突然的，都必有其一定的历史积淀和遗存，对传统玉米相关科技的继承与创新更是必不可少的，亦是玉米种业萌芽初创时期的表现形式；在此创新渐变过程中，玉米种业呈现出一定的科技特征。本章将分三节分别对其进行讨论。

玉米属禾本科玉米属植物，原产于美洲大陆的墨西哥、秘鲁、智利等沿安第斯山麓狭长地带。1492 年哥伦布到达新大陆后，才开始有了关于玉米的文字历史。随后玉米被引种到北欧诸国，并从那里传播到非洲和亚洲以至世界大部分地区。约于 16 世纪初期玉米传入中国。在缺乏考古学发掘实物证据的情况下，古籍中关于玉米植物形态方面的描述，被认为是玉米传入中国最早的可靠史证。玉米最早是经由西南陆路传入，大致是先边疆，后内地；先山区，后平原；先南方，后北方。玉米的广泛适应性和良好的食用价值以及缓解人口急骤增长对粮食的需求，是玉米迅速传播和发展的重要原因。19 世纪末期，玉米基本上传播到全国大部分适宜种植的地区，到清代乾嘉时期玉米获得初步的发展，并与中国已有的"五谷"并列，跃升至"六谷"的地位。而在广大丘陵山地等区域，玉米后来居上发展成为"特之为终岁之粮"的主要粮食作物。玉米的传入和发展促使耕地面积的进一步扩大开垦，增加了粮食产量，对社会进步和经济繁荣起了重大作用。

第一节 玉米在中国的引进、传播及影响

一、玉米引进中国的途径探讨

关于玉米传入中国的确切时间，学界尚无定论或把地方志史书中

的名称记载和玉米植物学形态特征的记述作为玉米传播的重要史证。但并不是古籍所有记述类似玉米的名称都是新引进的玉米同物异名，难免有的学者甚至把类同玉米的高粱、谷子、小麦、稻谷等作物的异名品种误认为玉米，这就形成了玉米传入我国多途径学说以及辨识上的困难。综合考察，农史学界认为玉米传入中国有 3 条途径：第一路，先从北欧传至印度、缅甸等地，再由印度或缅甸最早引种到我国的西南地区；第二路，先从西班牙传至麦加，再由麦加经中亚最早引种到我国西北地区；第三路，先从欧洲传到菲律宾，然后由葡萄牙人或在当地经商的中国人经海路引种到中国东南沿海地区。下面以几位颇有影响的学者观点简述之。

万国鼎（1962）著"中国种玉米小史"一文，记述玉米传入中国之路。文中说，我国最早记录玉米的地方志是明正德六年（1511年）安徽《颖州志》，其名叫珍珠秫，它引种我国的时间大约是1500年[1]。何柄棣（1979）著"美洲作物的引进、传播及其对中国粮食生产的影响"一文，引证屈大均著《广东新语》，谓其中所录玉膏黍即是玉米，并未描述玉蜀黍的形态特征和栽培技术[2]。罗尔纲（1956）著"玉蜀黍传入中国"一文，推断玉米是经由海路从南洋群岛最早传入福建沿海地区，再由那里引种到安徽及其邻近地区。其依据是玉米的名字叫畲粟[3]。游修龄（1989）著"玉米传入中国和亚洲的时间、途径及其起源问题"一文中，借助其学友詹尼逊赠送的论文和图片，对玉米传入中国的时间和途径提出新颖的观点。第一，云南阳林人兰茂著《滇南本草》中有关于玉米的记载。原文为："玉麦须，味甜，性微温，入阳明胃经，宽肠下气，治妇人乳结红肿或小儿吹着或睡卧压着，乳汁不通……。"第二，在印度南部霍沙拉神殿中，有许多手持或头饰玉米果穗的石雕佛象。果穗圆锥形，籽粒突起，排列整齐，形象逼真。据测定距今大约 2 200 ~ 2 250 年。提出欧洲种植的

① 万国鼎. 中国种玉米小史. 作物学报，1962 年，第 2 期
② 何炳棣. 美洲作物引进传播及其中国粮食生产的影响（玉米）. 世界农业，1979年，第 5 期
③ 罗尔纲. 玉蜀黍传入中国. 历史研究，1956 年，第 3 期

玉米最初来自亚洲①。此观点暂未引起重视，但值得深入探讨。

中国农业科学院作物研究所佟屏亚在辨析上述各个观点的同时，认为玉米最早从东南海路传入中国的可能性不大，从西北陆路传入中国的证据不足；而从现有资料看，玉米从西南陆路传入中国的可靠性最大。他根据《平凉府志》中关于玉米的生物学形态："番麦，一名西天麦。苗叶如蜀秫而肥矮，短末有穗如稻而非实，实如塔，如桐子大，生节间，花垂红绒，在塔末长五六寸。"《留青日扎》中关于玉米的来源："御麦出于西番，旧名番麦，以其曾经进御，故名御麦。"确切地指出玉米源于西番，故名番麦；后来又曾以珍物进御，取名御麦。推断我国古来和西南地区人民交往频繁，玉米在较早的时候经陆路从印度或缅甸引入我国云南、贵州、四川等地种植。高润生所著《尔雅谷名考》记述："按玉蜀黍，俗呼曰玉米……种出印度，所谓印度粟也。" 20世纪初许多介绍玉米的文章也多称玉米为"印度粟"。西番进贡中华的道路，据何炳棣（1979）研究，从云南沿嘉陵江北上，到陕西的凤翔、宝鸡、平凉，然后沿八百里秦川，出潼关，经豫西地区的洛阳、郑州再北折抵达京师。平凉和襄城是西番和土司进贡宫廷必经之地。据《明史》记述："盖滇省所属多蛮夷杂处，即正印为流官，亦为土司佐之。……永乐以后，云南诸土官州县，率按期入贡，进马及方物，朝廷赐于如制。"根据惯例，土司每年一小贡，三年一大贡。由于进贡都是"方物"，明代宫廷没有留下有关进贡"玉麦"（或御麦）的任何记载。曾经发生叛乱的云南孟养土司，即今腾冲以西缅甸东北部伊洛瓦底江上游一带，是控制滇缅交通要道最西端的土司。大约在嘉靖七年（1528年）明廷平定叛乱，孟养进贡称属，滇缅交通畅开并向北直抵京师。推断"御麦"可能于公元1528年以后进入中原②。1962年捷克科学院出版的《玉蜀黍专著》推断玉米传入中国的时间应在公元1525—1530年，可惜无可靠的文献资料进一步佐证。咸金山根据前人研究，结合地方志资料，把玉米传入我国的的途径归纳为3条：①西北陆路传入：先由西班牙传到麦

---

① 游修龄. 玉米传入中国和亚洲的时间途径及其起源问题. 古今农业，1989年，第2期

② 佟屏亚. 中国玉米科技史. 北京：中国农业科学技术出版社，2000

加，再由麦加经中亚细亚的丝绸之路传入我国西北地区。②西南陆路传入：先由欧洲传入印度、缅甸，再传入我国西南地区。③东南海路传入：先由欧洲传入东南亚，经中国商人或葡萄牙人由海路传入我国东南沿海地区①。他还总结了各省首先记载玉米资料的年代，如表 1－1 所示。

表 1－1　各省首先记载玉米资料的年代

省份（区）	年 代（年）	资 料	省份（区）	年 代（年）	资 料
河南	嘉靖三十年（1551）	《襄城县志》	江西	康熙十二年（1673）	《湖口县志》
江苏	嘉靖三十七年（1558）	《兴化县志》	广东	康熙二十年（1681）	《阳江县志》
甘肃	嘉靖三十九年（1560）	《华亭县志》	辽宁	康熙二十一年（1682）	《盖平县志》
云南	嘉靖四十一年（1562）	《大理府志》	湖南	康熙二十三年（1684）	《零陵县志》
浙江	隆庆六年（1572）	田艺衡《留青日扎》	四川	康熙二十五年（1686）	《筠连县志》
安徽	万历二年（1574）	《太和县志》	台湾	康熙五十六年（1717）	《诸罗县志》
福建	万历三年（1575）	哈拉达"追忆录"	广西	雍正十一年（1733）	《广西通志》
山东	万历三十一年（1603）	《诸城县志》	新疆	道光二十六年（1846）	《哈密志》
陕西	万历四十六年（1618）	《汉阴县志》	青海	同治十二年（1873）	《西宁县志》
河北	天启二年（1622）	《高阳县志》	吉林	光绪十一年（1885）	《奉化县志》
贵州	明（1644 前）	《遵义府志》	黑龙江	宣统二年（1910）	《宾州府政书》
湖北	康熙八年（1669）	《汉阳府志》	西藏	民国十四年（1925）	《西藏通志》
山西	康熙十一年（1672）	《河津县志》			

资料来源：咸金山．从方志记载看玉米在我国的引进和传播．古今农业，1998 年，第 1 期

由上表可见，在 16 世纪引进玉米的 7 个省中，从最早的河南省至最晚的福建省，期间相差不过 24 年，而沿海或近海的有 4 个省按时间顺序依次是江苏（1558）、浙江（1572）、安徽（1574）、福建（1575）。其余三省除河南省（1551）外，甘肃（1560）处于西北地区、云南（1563）处于西南地区。上述西北、西南、东南三个地区最初见于记载的时间仅相隔 5 年。咸金山据此认为玉米传入我国应是上述三条途径共同实现的。

---

① 咸金山．从方志记载看玉米在我国的引进和传播．古今农业，1998 年，第 1 期

二、玉米在中国的传播

玉米是一种被驯化的农作物，作为一种人们赖以生存的生活资料，必然受到人们的珍视和保护，并随着人的迁移活动逐步传播。但在交通十分不便的古代，玉米的辗转传播漫长而缓慢，经历的道路曲折且不清晰，不连续，受自然环境等因素影响很大。从古籍和方志记述中看出，我国最初是把玉米作为一种"救荒作物"在丘陵山地等处垦荒种植，因此，种植地区最早、种植面积最大的一些省份皆地处内陆，直至17世纪以后，玉米才逐渐传播至广大平原地区以及沿海地区①。

（一）西南地区

西南诸省是引种玉米最早的地区之一。嘉靖四十二年（1563年），云南《大理府志》记述有玉麦。万历二年，李元阳著《云南通志》中，说云南地区的"云南府、大理府、腾越州、蒙化府、鹤庆府、姚安府、景东府、抚宁府、顺宁州和北胜州"都种玉米，表明当时玉米传布地区很广，种植面积很大。云南玉米种植的发展过程，是从与缅甸接壤的西部逐步向东部扩展，这也表明玉米最初极可能是由缅甸传入的。康熙五十年（1711年）《云南通志》记述，当时玉米已发展成为"通省同产"，可见，至康熙年间，种植玉米在云南地区已发展得极为普遍，乃至清代中叶以后，玉米已成为农民赖以生存的重要主粮之一。尤其是在一些土地贫瘠、人们生活困顿、田少山多之地种植玉米更为常见重要。

贵州种植玉米时间虽早，但见诸于早期文献记述甚少。爱必达著《黔南识略》（1749年）"贵阳府"一节记述："山坡硗确之地，宜包谷。"道光二十一年（1841年）《遵义府志》除在物产卷中列有玉米外，另有一段引自《明绥阳知县毋扬祖利民条例》值得注意："县中平地居民只知种稻，山间居民只种秋禾、玉米、粱、稗、菽豆、大麦等物。"从这段文字可以推断，至明末，玉米已成贵州北部山区主要杂粮作物之一。《遵义府志》续论道光年间玉米在当地农作物中的地位："玉蜀黍，俗呼包谷……岁视此为丰歉。此丰，稻不丰，亦无

---

① 佟屏亚. 中国玉米科技史. 北京：中国农业科学技术出版社，2000年，第28~40页

31

第一章　传统玉米种业的延续与渐变（1900—1948年）

损。价比米贱而耐食，食之又省便，富人所唾弃，农家之性命也。"确证玉米在贵州省种植历史已有很久，18 世纪下半叶成较快发展之势，在玉屏、古阡、开州、镇远、古州等地州方志中均记述有玉米栽培相关内容，至 19 世纪玉米种植面积进一步扩大，在一些地区成为农民赖以生存的主粮之一。

四川亦是玉米种植最早的地区之一，但比毗邻的云南、甘肃要晚100 多年。根据云、贵、陕、甘、鄂玉米种植时间判断，可以肯定早在明朝末年，四川不少山地和丘陵地区已广种玉米。乾隆二十八年（1763 年）湖北《东湖县志》记述："玉蜀黍……土名包谷，旧惟蜀中种此，自夷陵改府后，土人多开山种植。"乾隆二十年（1755 年）江西《武宁县志》亦称："玉芦种自蜀来，近楚人沿山种获。"表明玉米自四川向湖北、江西传布之历程。玉米传入川西北岷江上游羌区的时间，嘉庆十年（1805 年）《汶志纪略》记述："芋麦，川中皆呼包谷，北方曰玉荞。"据《灌县志》记述，乾隆年间玉米已在汶川以南的灌县大面积种植了。推断玉米是在 18 世纪末经灌县传入汶川种植。乾隆中叶，地处小凉山的雷波等地传唱着这样的竹枝词："山中绝少水田耕，那识嘉禾有玉粳，终岁饔餐炊把粟（原注：山中谓包谷），同为粒食太平氓"（乾隆《屏山县志》）。表明玉米在这一地区种植面积很大，并且是当地民众的主粮。约在 19 世纪初期，玉米经汶川传入茂县，继而扩展到整个川北羌区。18 世纪末至 19 世纪初四川种植玉米面积急剧增加，尤以四川盆地四周高山、丘陵地区更为普遍。光绪十九年（1893 年）《太平县志》记述："山民倚以为粮，十室而九。"

广西种植玉米的时间较早，明嘉靖四十三年（1564 年）《南宁府志》记述："黍，俗称粟米，茎如蔗高……。"但此处记述的粟米尚不能完全确定就是玉米。清雍正十一年（1733 年）《广西通志》也有类似的记述。嘉庆《广西通志》卷九二载浔洲府（今桂平、平南、贵港等地）物产部记述："玉米，各州县出。"由于玉米是一种适应性很强的作物，在丘陵山地只要天气不太干旱，种下去都有一定的收成，受到农民欢迎，一经引进，种植范围迅速扩大。18 世纪中期以后，桂西左江、右江流域已普遍种植。乾隆二十一年（1756 年）《镇安府志》记述，玉米刚刚引入种植时仅被列为"果属，以食小儿"，

20 年后发展到全府各地，"汉土各属，亦渐多种者"，因为玉米"其实磨粉为糊，可充一二月粮"。随着外省流民垦荒殖稼，玉米种植日多。19 世纪末，广西壮族自治区（以下称广西）西部已大面积种植玉米，并成为当地的主要粮食作物。玉米的引进与推广，使广西许多过去长期闲置的丘陵山地和不宜种植水稻的旱地得到充分开发和利用。

（二）西北地区

甘肃是古籍和方志记载玉米引种最早、种植面积最多的地区之一。1560 年《平凉府志》记述有西天麦、番麦。明季方志中记述玉米的还有嘉靖初年的（1522 年或稍后）甘肃《河州志》、《肃镇志》、《华亭县志》。华亭和肃镇（即酒泉）地处河西走廊边缘，皆是丝绸之路必经要道。西北地区的玉米可能是在嘉靖初年，经波斯或中亚地区沿古代丝绸之路引进的。但直至康熙年间玉米才有较快的发展，光绪二年（1876 年）甘肃《文县志》记述："玉麦……二年之类，贫民藉以养生，则处处产焉。"

陕西最早种植玉米的记述见于康熙二十二年（1683 年）《西乡县志》，称玉米为西番麦；极有可能从毗邻之甘肃传入，时间亦可上溯至明代末年。至乾隆三十年（1765 年），已有石乡、石泉、山阳、洋县、略阳、镇安等许多县种植玉米。但种植面积仍位居粟、糜、稻等作物之后。乾隆四十八年（1783 年）《高阳县志》记述："江楚民……熙熙攘攘，皆为包谷而来……江楚居民从土人租荒山，烧山播种包谷。"玉米的种植面积逐步超过粟谷杂粮，跃居当地旱粮作物的首位。大致在海拔 100 米的低山丘陵地区，为扩种玉米的主要地区。以后随着耕作技术的发展，在河谷平原和低山丘陵地区还形成玉米间套复种的一年二熟种植方式。如《商南县志》记述："种麦……于包谷地里锄种者，名曰寄籽。"玉米的大面积推广种植，提高了陕南土地利用率，原来不宜利用或只能种植粟谷的中高山地区，多代之种以高产利厚之玉米。道光九年（1829 年）《宁陕厅志》记述："其日常食用以包谷为主。"玉米的广泛种植促进了养殖业以及农副产品加工业的发展，以其饲猪酿酒，获利颇多。19 世纪后期，关中地区曾流行民谣："包谷下了山，棉花入了关。"随着人口的增长和经济的发展，玉米迅速从山地发展到平原地区。陕北地区种植玉米的时间要稍晚一些，乾隆二十年（1755 年）以后，始见有延长邑令发布《中部县志》物产部才《示谕》劝民种玉米，但直至嘉庆十二年（1807 年）才有玉米的记述。嘉庆年间玉米传入邠州（今彬县）和鄜州地区，道光年间延安府、榆林府、绥德州等地已种植玉米。

宁夏回族自治区（以下称宁夏）南部山区开发较早，旱作农业有一定水平。因毗邻甘肃的"平凉府为最早引进西天麦之地"，可推测宁南山区引种玉米也不会太迟。成书于康熙二年（1663 年）《隆德县志》记述："玉米，似春麦，粒大而且白"。

新疆维吾尔自治区（以下称新疆）温差大，光热资源丰富，很适宜种植玉米，但明清以来鲜有记述，直至乾隆二十四年（1759 年）清政府统一新疆，内地移民垦荒殖稼，玉米始被引入，并逐渐为当地维族居民广种。道光年间，玉米在钟方天山南北逐步推广种植。道光二十三年（1843 年）编纂的《哈密志》物产部记有玉米，说广大贫苦群众"率以包谷、豌豆、大麦、荞麦、小麦杂菜蔬为饔食"。咸丰年间，玉米开始在南疆各地迅速种植。在《庆固奏稿》中，清政府查抄当地农民义军粮食"小麦八百斛，大麦二十二斛，包谷二百二十一斛"。到光绪末年，南疆 22 个府州县厅中，种植玉米的就有 21 个。玉米本身耐旱、适合在南疆种植，解决了南疆人口激增而粮食供应量不足的矛盾。光绪三十四年（1908 年）《疏勒府乡土志》记述，喀什噶尔地区"苞谷每年产十一万石，小麦每年产十三四万石，稻谷每年产二三万石"。此时，玉米在新疆地区已发展成为仅次于小麦的第二大粮食作物。

（三）东南地区

江苏种植玉米始于嘉靖年间，初期发展较慢，仅供果蔬珍食。乾隆十三年（1478 年）《淮安府志》记述："玉米，今黄河北多种之。"嘉庆二十一年（1816 年）《东台县志》记述，玉米"杂种于豆田中"。历史上黄河曾借道淮河，这里说的黄河北即指淮河北。苏南地区河系纵横，水利发达，适宜水稻，玉米种植较少，即种亦非主粮。例如道光十四年（1834 年）青浦人诸晦香《明斋小识》记述："番麦，俗称鸡豆粟，农家仓廪下（房前屋后园地）多种，以备小食。"表明玉米在苏北地区种植甚少，在粮食作物中尚未占一席之地；而在鱼米之乡的苏南地区，玉米"仅视为果蔬之类而已"。

安徽地方志记述玉米种植的时间始于清初，雍正以后玉米发展较快。乾隆十二年（1747年）《铜陵县志》记述："奉抚宪潘颁种玉米。"乾隆四十一年（1776年）《霍山县志》记述，18世纪20年代，玉米仅在"菜圃偶种一二，以娱孩稚"；而40年后，"则延山漫谷，西南二百里，皆恃此为终岁之粮矣"。道光年间《祁门县志》记述，皖南宁国、徽州二府此时开始引种玉米，移居棚民起了重要的传播作用。如绩溪县是在"乾隆年间，安庆人携苞芦入境租山垦种，而土著愚民间亦效尤"。嘉庆十三年（1808年）《旌德县志》记述："嘉庆年间，种包芦者，都系福建、江西、浙江暨池州、安庆等府流民，租山赁种。"特别是在皖北丘陵山地，玉米种植面积迅速扩大。

浙江省早在明代万历年间即已引种玉米，但迟至清初始扩大种植面积。浙江山地较多，自18世纪中叶以后，"衣不蔽体，食不果腹"的广大客籍农民，不断涌入山区，租山垦植，至此山地玉米发展加快。嘉庆年间，《雷塘庵主子弟记》记载："浙江各山邑，旧有外省游民，搭棚开垦，种植苞芦……以致流民日众，棚厂满山相望。"道光年间，浙江山地棚民垦种玉米等作物，更加兴旺。杭州府属富阳、余杭、临安、于潜、新城、昌化等县，湖州府属乌程、归安、德清、安吉、孝潜、新城、昌化等县，湖州府属乌程、归安、德清、安吉、孝丰、武康、长兴等县，所有山丘地带，都有江苏淮徐、安徽安庆、浙江温台等地农民"棚居山中，开种苞谷"，种植面积迅速扩大。"道光十三年，各处山场只开十之二三，道光三十年，已开十之六七"（《皇朝经世文续编》）。从嘉庆至光绪年间，在吉安、分水、于潜等地的方志中，均记有江苏、安徽、福建诸省农民"入境租山"，垦荒种植玉米。值得注意的是，玉米作为一种"但得薄土，即可播种"的备荒作物，不但被广大贫苦农民视若至宝，在部分饲养业发达的地区，还作为一种重要饲料。

福建种植玉米系由沿海向内地逐步发展，18世纪中期以后种植面积扩大较快，一些与江西、广东交界的山地均有种植。

广东虽引种玉米较早，但长期未受粤民青睐。清初地方志中记述玉米者屈指可数，直至18世纪中叶在西北山区始有一定发展。韶州、番禺、高州、吴川等地的地方志中皆有相关记述，称玉米为苞粟、珍珠粟、包谷等，表明当地古来即有鲜食玉米的习惯。

（四）中南地区

湖南种植玉米始于康熙年间，乾、嘉时期发展较快。乾隆十五年（1750 年）《楚南苗志》记述："玉米，苗疆山土宜之，处处多有，而《永顺、龙山、源州府志》记桑植、永定一带播种尤广。"从湘西到湘中沿洞庭湖畔，在较短的时期内玉米种植面积迅速扩大。光绪三十二年（1906 年）《永定卫志》记述：玉米"有二种，种高山者苗短而包稀，种平原者苗长而包密，易地则不成实。"道光年间，玉米的种植已经遍布全省山区。据《陶文毅公全集》记述："湖南一省，半山半水……深山穷谷，地气较迟，全赖包谷。"

湖北引种玉米始于康熙年间，玉米假道四川进入鄂西和鄂西北地区，乾隆年间种植日盛。乾隆二十五年（1760 年）《襄阳府志》记述："包谷最耐旱，近时南漳、谷城、均州山地多产之，遂为贫民所常食。"由其独特耐旱、耐瘠、高产性，迅速发展成为湖北山区的主要粮食作物。至道光、同治年间，玉米已在半数以上的州县种植。

江西种植玉米始于康熙年间，发展不快，至乾隆年间种植渐多。赣南种植玉米约在乾隆时期，《龙泉县志》记录："苞粟，山中园内俱种，北省名玉米粟。"同治年间《玉山县志》记述："种于山者曰苞粟……山民半年粮也。"

河南《襄城县志》是我国最早记载玉米种植的方志之一。在明末的河南方志中，记载玉米的还有巩县、温县、钧州、项城等县方志。其中巩县在嘉靖三十四年（1555 年）即有栽培。玉米传入河南后，清初发展较快，从 18 世纪下半叶起，随着人口骤增，玉米种植面积在一些地区扩大，尤以山区为甚。乾隆三十二年（1767 年）记述："玉黍……盘根极深，西南山陡绝之地最宜……今嵩民日用，近城者以麦为主，菽辅之，其山民玉黍为主，麦粟辅之。"进入 19 世纪，玉米向丘陵及平原发展，随着栽培技术的改进，玉米单产超过了谷子、高粱，不论在山区、平原，玉米栽培日益普遍。

（五）华北地区

河北在明代天启年间即已种植玉米，《高阳县志》里称为玉蜀秫，但种植面积不多，直至清代乾隆年间发展较快，19 世纪末在一些地区已相当普遍。同治年间《盐山县志》记述："包谷，一名玉米，或曰玉蜀秫，有黄、白、赤三种。"

山西省属大陆季风气候，气温较低，水源匮乏，广种薄收。地方志中最早出现玉米的时间见于万历四十年（1612 年）《稷山县志》，名为"舜王谷"。《乾隆志》记述："包谷，一名舜王谷。"19 世纪中叶以后，玉米在山西发展逐步加快，光绪十八年（1892 年）《山西通志》已说"御麦处处有之"。

山东省引种玉米的重要史证是成书于明隆庆至万历年间（1573—1620 年）兰陵笑笑生著的《金瓶梅词话》。本书故事发生的地点大致是在毗邻河南、河北省的鲁西南地区，描述的是地方民俗，大量采用山东方言。书中谈到玉米加工的食品有许多处。例如，第三十一回中记有"一盘子烧鹅肉，一碟玉米面玫瑰果馅蒸饼儿"；第三十五回叙述主人公西门庆在翡翠轩宴宾，"……登时四盘四碗拿来，桌上摆了许多嚼饭，吃不了，又是两大盘玉米面鹅油蒸饼儿堆集的"。玉米已被加工成精制的玉米面食品，可推断玉米种植该有较长时间。乾隆之后玉米种植面积逐年增多。17～18 世纪的泰安、招远、历城、临清、禹城、东阿、胶州等州县方志中均有种植玉米的记录。

（六）东北地区

东北三省素有"沃野千里，农产甲天下"之谓，但因气候寒冷，农业开发晚近，农作物种类较少，主要为大豆、高粱，引种玉米的时间偏迟。乾隆元年《盛京通志》称玉米为包子米，"内务府沤粉充贡"，种植面积还比较小。清代放垦以后，随着河北、山东等地大批流民迁徙，带进种子，耕作粗放，产量比高粱低。据 1883 年 8 月 3 日《北华捷报》记述，当时辽宁省种植玉米已有一定面积，"他们几乎完全是大豆或豆腐渣混合高粱、玉米一起食用的"。大约在 19 世纪后期，随着关内移民的日益增多，玉米种植地区逐渐扩大。

吉林省直至 19 世纪方有种植玉米的记述。光绪八年（1882 年）《吉林志略》记述：吉林每年向清朝皇室进贡物品有 82 种，其中，有有高粱米粉面、小黄米以及玉蜀黍粉面，表明玉米面尚属食用珍品。

咸金山将 16～20 世纪各省通志、府志、乡土志中记载玉米种植的时间分期列表，其中有些名称是否肯定就是玉米尚待考证，但大致

能反映出历史时期玉米在各地传播的先后与多寡情况，具有很大参考价值（表 1–2）。

表 1–2　16～20 世纪各省通志、府志、乡土志中记载玉米种植的时间

省份（区）	正德、嘉靖、隆庆（1506—1572 年）	万历、天启、崇祯（1573—1643 年）	顺治、康熙（1644—1722 年）	雍正、乾隆（1723—1795 年）	嘉庆、道光咸丰（1796—1861 年）	同治、光绪宣统、民国（1862—1938 年）
河南	3	2	11	11	9	51
云南	2	3	17	24	21	59
甘肃	2	1	5	9	4	24
江苏	1	2	7	17	8	56
浙江	1	1	4	6	17	65
河北	0	3	6	15	9	107
陕西	0	2	6	16	19	65
山东	0	3	5	6	14	90
贵州	0	1	2	10	14	27
福建	0	1	2	7	12	27
安徽	0	1	1	8	11	23
四川	0	0	2	28	67	174
湖北	0	0	5	8	9	50
湖南	0	0	2	22	31	69
广东	0	0	2	10	21	42
台湾	0	0	3	2	3	3
江西	0	0	2	16	34	44
山西	0	0	1	5	6	35
辽宁	0	0	1	1	1	74
广西	0	0	0	5	14	59
新疆	0	0	0	0	1	40
吉林	0	0	0	0	0	42
黑龙江	0	0	0	0	0	24
青海	0	0	0	0	0	29
西藏	0	0	0	0	0	1
合计	9	20	84	226	325	1 280

38

三、玉米在中国传播的影响

玉米的传入，在增加我国作物的种类，改善人们的膳食结构的同时，也对我国农业生产和社会经济发展产生了不可忽视的影响，不仅有利于我国缺粮问题的解决，使人口压力有所缓和，也使我国粮食结构发生了新的变化，对我国社会经济发展也起到了一定的推动作用。固然，不可否认对生态环境亦造成了一定的破坏。

（一）增加了耕地面积

宜农土地即指适合种植农作物的土地，它是一个相对的概念，它和农作物类型和品种有密切的关系。此地宜种此种作物并不一定适种彼种作物，此种作物不宜种于此地并不见得不宜植于彼地。一种适应性强的农作物的引进，必然扩大宜农土地的范围。玉米引入后首先是以"救荒作物"为人们所赏识。清代李拔在《请种包谷议》的奏书中，极力推崇扩大种植玉米。说玉米"但得薄土，即可播种"。对土壤要求也不严格，"乘青半熟，先采而食"，能济青黄不接；"大米不耐饥，包米能果腹"；与水稻、小麦相比，玉米"种植不难，收获亦易"；与甘薯相比，甘薯"易致腐烂，不堪收贮"，而玉米"种植简便，容易贮藏"。农民从实践中认识到种玉米的诸多优点，积极种植，相互引荐，使种植面积迅速扩大，代替了原来种植的比较低产的庄稼。检视各地方志可窥一斑。河南《嵩县志》记述："玉麦，盘根极深。西南山陡绝之地最宜，若稷、黍、高粱艺植株少。"江西《玉山县志》记述："大抵山之阳宜包粟，山之阴宜番薯。"因为丘陵旱地不宜种稻，糜、黍产量又较低，而玉米"种一收千，其利甚大"[1]。

包世臣在《齐民四术》里，说玉米"生地瓦砾山场皆可植。其嵌石罅尤耐旱，宜勤锄，不须厚粪"；"收成至盛，工本轻，为旱种之最"。郭云升著《救荒简易书》，说玉米"科高至六尺余，种于草莽荒秽中，万卉俱为所掩矣"。表明各地引种玉米最初主要是种植在不宜稻、麦的丘陵旱地或新垦荒地，以后才逐渐向平原地区发展。陕西《扶风县志》记述："近则瘠地种包谷，盖南山客民新植，浸及于

第一章 传统玉米种业的延续与渐变（1900—1948年）

---

[1] （康熙）玉山县志. 中国地方志集成第17册. 南京：江苏古籍出版社，1991；佟屏亚. 中国玉米科技史. 北京：中国农业科学技术出版社，2000年10月

平原矣。"道光年间,"河南一省,半山半水。深山弯谷,地气较迟,全赖包谷"①。因此,玉米传入我国后在不太长的时间内,即在长江流域以南长期闲置不宜种稻的山丘坡地,西南地区"靠天吃饭"的丘陵旱地以及黄河以北地区的山坡旱塬,都被垦殖扩种玉米。玉米从16世纪传入我国至20世纪中期,为大规模垦殖活动创造了条件。从河谷到丘陵,从缓坡到陡坡,从浅山到深山,农民大力推进开垦。长江流域以南的闲荒丘陵山地以及不宜水稻的旱地,北方的荒山、丘陵、滨海荒地多被开垦种植玉米。由于玉米的广泛种植,扩大了耕地面积,增加了粮食产量。特别是云、贵、川、陕、两湖等省的丘陵荒地得到大规模开发利用。据史料记载,从顺治十八年(1661年)至乾隆三十一年(1766年)100多年间,云南省耕地面积从 52 115 顷(1 顷 ≈ 66 666.7平方米,下同)增加到 92 537 顷;贵州省耕地顷增加到面积从 10 743 顷增加到 26 731 顷。垦荒扩种玉米是极其重要的原因之一②。

玉米耐旱、耐瘠、适应性强,它的引进,使过去并不适合粮食作物生长的砂砾瘠土和高岗山坡地成为宜农土地。玉米具有耐瘠耐旱的特性,"不择硗埆","但得薄土,即可播种"适宜在山区生长,"虽山巅可植,不滋水而生","盘根极深,西南山陡绝之地最宜"③。清人包世臣在《齐民四术》中称:"玉黍……生地瓦砾山场皆可植,其嵌石罅尤耐旱,宜勤锄,不须厚粪,旱甚亦宜溉……收成至盛,工本轻,为旱种之最"。随着玉米栽培面积的扩大,使长江流域以南过去长期闲置的山丘地带和不宜种植水稻的旱地被迅速开发利用,同时在黄河以北的广大地区,也逐步取代了原有的低产作物,成为主要的旱地农作物。

(二) 提高了粮食产量

首先是亩产的提高。玉米在清代大量推广后,对提高单位面积产量具有很大的作用。作为高产作物,玉米本身的亩产量已经较高,平均亩产可达 90 千克,折合粟 2 石(1 石 ≈ 28 千克,清代),相当于

---

① 李文治. 中国农业近代史资料. 北京:三联书店,1957 年,第 858~895 页
② 李文治. 中国农业近代史资料. 北京:三联书店,1957 年,第 858~895 页
③ 清·李拔. 请种包谷议

春粟中产量较高者。在玉米大量推广后，即在大田上成为与小麦、春谷或高粱等轮作倒茬的一种重要作物，其单位耕地产量比不种玉米或复种低产杂粮作物提高得更多。清代生产技术条件下，由于种植玉米，当时玉米亩产比当时粮食平均亩产增加 5.18 千克，在明代仅增加 0.65 千克。可以判断，乾隆时期亩产比明代有所增加，玉米番薯约占一半，其余为南北耕作集约化程度及复种指数提高的作用共占一半①。总而言之，玉米对粮食亩产增加的作用是较大的。

其次，对粮食总产量提高的作用。玉米在清代大量推广，使许多山地沙地得到开发，从而增加了耕地面积，同时也对提高单位面积产量具有一定的作用，两方面结合起来，促进了粮食总产量的提高，为社会提供了更多的粮食，对缓解长期因缺粮而产生的矛盾，起了一定作用。关于玉米济食作用记载很多，如道光《建始县志》卷三："居民倍增，稻谷不给，则于山上种苞谷、洋芋或蕨薯之类，深林幽谷，开辟无遗"；雍正闽浙总督高其倬说："福建自来人稠地狭，福、兴、泉、漳四府，本地所出之米，俱不敷民食……再各府乡僻之处，民人多食薯蓣，竟以充数月之粮……"，但农民利用玉米、番薯济食的具体数量如何，我们很难从简单的文字描述中得知。下面以清代玉米种植较多的两湖地区为例，考察玉米在解决民食问题上的功用，据龚胜生估计，到清末，两湖玉米耕地面积为 100 万亩（1 亩 ≈ 666.7 平方米，下同），以 0.6 石的玉米单产和 6 石的番薯单产计，清末两湖每年可产玉米 60 万石左右，番薯 1 080 万石左右，合计增加粮食 1 100 多万石左右，按每人需 4 石计，约可养活 280 万人。可以说，玉米对缓解清后期两湖的粮食压力起了一定作用。从全国范围讲，一方面要看到玉米对解决民食问题的重要作用，另一方面我们对其作用要有正确估计，毕竟其种植面积比例的变化到新中国成立前为止还不很大。据珀金斯的统计，到 20 世纪初，玉米的播种面积只占所有各种谷物的全部播种面积的 6% 左右。如果所有栽种玉米的土地在不种它的时候是抛荒不用的，那么玉米的传入就能造成粮食 700 万～800 万吨的

———

① 曹树基. 明清时期的流民和赣南山区的开发. 中国农史，1985 年第 4 期，第 19 ~ 40 页

增加①。

（三）对粮食作物结构的影响

清乾嘉年间，美洲粮食作物在全国范围迅速推广，种植面积不断扩大，从而使粮食作物结构发生了变化。明代，我国粮食构成基本延续宋元以稻麦为主的格局，明末宋应星《天工开物》中说："今天下育民人者，稻居十七，而来牟（麦类）黍稷居十三。麻菽二者，功用已全入蔬饵膏馔之中……四海之内，燕、秦、晋、豫、齐、鲁诸道，民粒食，小麦居半，而黍稷稻粱仅居半，西极川、云，东至闽、浙、吴、楚腹焉，方长六千里中，种小麦者，二十分之一。"可以看出此时的粮食作物结构是水稻占 70%，小麦占 15%，黍稷（粟）粱等作物共占 15%。这种稻麦占绝对优势的作物结构，由于玉米的引进和传播，开始发生变化。

玉米的传入使传统作物黍、稷的种植量大为减少。受资源、人口及经济条件所限，我国自古以来大力发展产量高的粮食作物，劳动人民以果腹为首选目标，而质量口味及品味乃居其次。清乾嘉年间，大批流民涌入原本地广人稀的山区，导致人口迅速增长，使粮食需求显著增加，低产的黍粟类作物已不能满足需求了。在这种情况下，产量高、适应范围广、具耐旱、耐瘠、特有救荒裕食之功的玉米，快速在山区普及开来。嘉庆《汉中续修府志》"数十年前，山内秋收以粟谷为大庄，粟及包谷，近日遍山漫谷皆包谷矣"②，曾在陕南山区占据优势地位的粟谷，20 世纪已让位于玉米。另一方面，清后期至民国年间，华北地区玉米种植面积不断扩大，其他传统杂物的种植面积则迅速缩小。20 世纪 40 年代，国民党政府中央农业实验所《农情报告》一系列数据，证明了这一点。20 世纪 30 年代前七年玉米的平均面积小于谷子和高粱，十年后的 1946 年，玉米的栽培面积上升，玉米超高粱，居谷子之后③。

（四）玉米传入对土地生态的破坏

玉米传播及迅速开发，对我国社会经济发展做出了很大贡献，有

---

① 吴慧. 中国历代粮食亩产研究. 北京：中国农业出版社，1985 年
② 张芳. 明清时期南方山区垦殖及其影响. 古今农业，1995 年第 4 期，第 15～32 页
③ 章楷，李根蟠. 玉米在我国粮食作物中地位的变化. 农业考古，1983 年，第 2 期

上述诸多积极作用。然而，在此过程中亦存在一定负面影响，主要表现在对生态环境的破坏上。首先我们应该看到，玉米传播及迅速开发的确对农业生产和社会经济起到了一定的推动作用，但是事物总是有两面性，在清前期对粮食增产的作用不可忽视，但在人口压力下为了扩大种植面积，而滥开山区，毁坏林木，流失水土，对生态平衡造成的破坏作用，越到后来就越益明显，相对于其他作物，玉米的这种负效应尤为突出。由于山区垦种玉米对生态环境造成的破坏不容忽视，在当时落后的生产条件下，流民的垦殖方式主要以毁林烧山为主，山区丰富的森林资源遭到破坏，自然植被大量消失，引起水土流失，使地力衰竭、无法耕种，流失的沙石殃及近山平地，毁坏良田屋舍，下游河流泥沙淤积，洪涝灾害频繁。如在闽、浙、赣、皖山区"于潜、临安、余杭三县，棚民租山垦种，阡陌相连，将山土刨松，一遇淫霖，沙随水落倾注而下，溪河日淀月淤，不能容纳，与湖郡之孝丰、安吉、武康三县，长兴之西南境，乌程之西境为害同，惟积难返，扫除不易"①。随着山区水土流失的加重，农业土壤及肥力流失，有的几乎无土，只存石头，有的只存瘠壤，肥力下降，普遍出现"粪种亦不能多获者"的局面，棚民只好另寻他处垦殖，这样辗转开垦必然导致耕地的滥行扩张和水土流失范围的扩大。如湖北鹤峰州："田少山多，坡陂硗确之处皆种包谷。初垦时不粪自肥，阅年即久，浮土为雨潦洗尽，佳壤尚可粪种，瘠处终岁辛苦，所获无几②。"生态环境遭到破坏是粮食生产不利条件之一，这在一定程度上导致了清后期粮食亩产下降，农业产出减少。这亦提醒我们在现今农业开发过程中一定要吸取历史教训，遵循自然规律，坚持可持续发展原则，以实现农业持续发展。

第二节　传统玉米种业相关技术的继承及创新

　　自农耕史角度而言，农业生产主要经历了采集、粗放耕作、精细作业等阶段，主要农作物生产概莫能外，玉米亦是如此。玉米约在

---

① 龚胜生. 清代两湖地区的玉米和甘薯. 中国农史，1993年第3期

② 清·同治. 宜昌府志，卷一一

第一章　传统玉米种业的延续与渐变（1900—1948年）

16 世纪初期传入我国，当时我国传统精细农艺已发展至比较高的水平，但迫于当时社会巨大的人口压力，因玉米为"救荒作物"而迅速扩大，故其在相当长之一段时期内，只种植在那些不宜种植稻麦和谷菽等作物的地区，且耕作粗放，广种薄收，基本上采取比较原始的刀耕火种栽培方式。特别是在一些人迹罕至的深山密林以及开发度极低的荒山野岭，多是毁林开荒种植玉米，以保口粮。既能清出耕地，又能焚草肥田。此种"刀耕火种"之法在今日边远地区仍有余迹。直至距今 100 年左右，在玉米发展成为当地的主要粮食作物之后，才逐步发展起比较系统的传统精细农艺，这些精细农艺可谓是我国传统玉米种业最原始的表现形式。

一、传统玉米种业相关技术的继承

玉米引进我国后的几百年里，遍植南北许多省区，所耕农民积累了种植玉米的经验。关于记述玉米栽培技艺的古籍有 1760 年张宗法著的《三农纪》、1846 年包世臣著的《齐民四术》、1896 年郭云升著的《救荒简易书》、1902 年陈启谦著的《农话》以及 1908 年冯绣著的《区田试种实验图说》。

（一）良种技术

玉米传入我国后，劳动人民精心选择培育出许多新的品种。张宗法著《三农纪》记述，玉米有"黑、白、红、青、诸色。有粳有粘"。乾隆四十八年（1783 年）陕西《旬阳县志》，说玉米"有白、紫、蓝之不同色"。郭云升著《救荒简易书》中记述，从 1~12 月可以播种各类不同熟育期的玉米，最早熟者"快包谷"生育期仅 60 天。贵州《铜仁府志》记载的玉米品种有"九子包谷、粘包谷、糯包谷、红包谷、黄包谷"。陕西《紫阳县志》记述的玉米品种就更多了，有象牙白、筒子黄、火炕子、野鸡啄、乌龙早等。其中，野鸡啄"为高山所种，苗长二、三尺许，结包至低，雉可啄食"；与河谷盆地种植的"高至丈许"的玉米品种相比，植株低矮，果穗着生部位低。乌龙早是适应高山地区气候条件种植的早熟品种。还有一种"六十日早"的极早熟玉米品种，可以抵预低温灾害，提早成熟。古代人注意玉米留种之法。《农话》记述，玉米应当"采种于丰收田，择完好之穗十分成熟者，去其首尾，采中部之粒藏之"。《区田试种实验图说》在论玉米种子一章中记述："每年留种时，穗之大者晒之，晒后捆把，挂在屋中。种时将子取下，再采大者为种，小子丢下"（取子大苗肥之意）。这种"掐头去尾留中间"的穗选法，至今仍被玉米农家品种或综合种地区的农民所延用。《农话》对玉米引种栽培有精辟论述，当发现"玉米种之既久，收获渐不如前"的品种退化现象，即需"另换新种"，"种之佳者，购之北方，因北方之种，成熟早而性能耐寒，移植稍暖之地，更可茂盛也。若以南方之种，种于北方，不但成熟较晚，且须试种数次，方与北方之土性相宜"。这里指出了玉米由不同纬度地区引种的规律，是符合实际的，至今仍具指导意义①。

（二）整地施肥技术

《三农纪》说，玉米"植宜山土"。《救荒简易书》说，"黄子包谷、白子包谷宜种沙地，快包谷易种水地"。特别指出，黄子包谷因为植株高大，果穗更大，其熟亦略晚，尤宜植于山田。还说"包谷喜种重茬……种包谷者，以用红花地底为上等好茬"。《农话》叙述了根据不同土壤性质给玉米耕翻整地以及施肥方法："以石膏、盐、兽骨、鸟粪等和青粪壅之，然后下种。"又说："下种时用牛马粪、猪粪、鸟粪一大握，和种子并纳穴中，则结穗多而生长亦速。至叶长数寸再壅之。""或用木灰、石灰膏各等分，相和。每穴用一大握，种子即播于其上，种毕覆以土。"这是因地制宜给玉米施用基肥、种肥和分期追肥的技术。

（三）田间管理

《三农纪》谈玉米"三月点种"；《齐民四术》说"谷雨种玉黍"；记述豫北地区玉米种植的《救荒简易书》指出，播种期要根据玉米品种和土质决定。沙土地"于立夏断风前五日种之然有余"。"冻包谷，九十月间土壤未冻时，预先将地耕熟，到冬至前一日，将包谷子种入土中，使子得半元阳之气，明年小暑即熟，旱蝗俱不能灾"。当时的豫北地区已种植"两熟包谷，自三月至六月皆可种"。这是古代人因地制宜、趋利避害种植玉米的经验。《区田试种实验图说》记述豫北地区玉米播种前种子处理技术："用家藏雪水，浸少许

---

① 佟屏亚. 中国玉米科技史. 北京：中国农业科学技术出版社，2000年，第50～53页

时，捞出晾之，晒后播于地中。雪为五谷之精，既可发苗，又能杀虫，故年年多藏雪水"。《三农纪》说玉米的种植密度，"三月点种，每科须三尺许，种二三粒，苗六七寸，耨其草，去其苗弱者，留壮苗一株"。《农话》说："每穴下种五粒，每畦只种一行，发芽后，去其弱者，择肥壮之干留之"。"穴之疏密，与畦背之宽狭，因玉米之种类而异。长出之枝，高而长者，则畦背宽，而穴亦疏；低而短者，则畦背狭，而穴亦密"。玉米出苗后要加强中耕管理。《齐民四术》谈到玉米生长期内要松土除草"二次或四次"，直至玉米抽穗为止。《农话》说"苗出后，用锄松土去草，约二次或四次，至开花乃已。初次用锄入土宜深，及根已长大，则逐渐减浅，勿将四面盘根及肥料之在土内者搅起。天晴宜勤锄，天雨则否。因三雨则土融，锄之则土粘成饼，反有害也"。

（四）种植方法

农作物间作套种在我国有悠久的历史。玉米植株高大，叶片上举，很适宜与其他作物间作套种。据光绪年间《东三省调查录》记述："玉蜀黍种法与种黍法无异，惟每株间二尺（甲子年金玉厓刻玉米臂搁图），稍长后即播大豆等于其间，鲜有仅种玉蜀黍者。"这是玉米与大豆混种。光绪二十九年（1903 年）《抚郡农产考略》记述："玉米，多种于棉花行中"。这是长江流域玉米与棉花套种。《区田试种实验图说》记述豫北地区玉米间作套种和轮作倒茬的方法："照古人隔一行种一行，隔一区种一区……略加变通种法，隔一畦种一畦（每畦宽一尺八寸），秋分后一畦种麦三垄，小满前一畦种谷子四垄（须于此时种谷者，因麦将熟，谷苗尚小，两不相害也），刈麦后速将麦畦种玉交子一垄（玉交子每株隔二尺远），带以绿豆（须速种者，谷苗未深，不害玉米；后玉交子虽深，株少叶稀，亦不害谷子）。惟菜豆不得风日之精华，必须刈谷后始结角子，然亦不误种麦。今年之谷畦，下年种麦与玉交子；今年之麦与玉交子畦，下年种谷。如此循环种去，人工虽多，一年可收获三熟"。显示玉米间套混种多熟高产的栽培技艺。

玉米的种植由丘陵、山地发展到平原，由粗放耕作逐渐发展到精耕细作。总的来说，玉米传入中国的时间不到 500 年，传统栽培技艺相对粗放，而且不完整、不很系统。

二、近代玉米种业相关技术的改良创新

玉米传统的生产方式在玉米传播和发展中曾起过重要的作用，但到 20 世纪初，越来越不适应社会经济的发展，而当时西方近代农业科技知识已开始起步，并逐渐走上科学的道路，时代要求中国的玉米种业等农业科学知识变革创新，从而在明末清初在中国较大范围内掀起了一股兴农思想的高潮，近代农业教育正是为了学习和改进西方近代先进农业技术而创建兴起的。而事实证明，中国近代农业教育也的确对传统玉米种业的改良创新起了巨大的推动作用。

我国传统意义的农业教育有着悠久的历史，在传播农业知识和发展农业生产中都起过重要的作用。迨至近代，其已迟滞过时，历史呼唤相适应的新的农业教育。清末民初，孙中山等一批先贤看到日本明治维新提出的"振兴实业"实行劝农政策，从而振兴了国家经济；美国在 1862 年莫里尔法案以后，农业教育的大发展对国家经济的贡献；其他西方发达国家先进的农业科学技术和有效的农业教育体系等之后，提出要兴农会、办学堂、发展农业教育以振兴中华农业。康有为、梁启超等仁人志士亦积极提倡兴办农校。张之洞在光绪二十四年（1898 年）《设立农务工艺学堂暨劝工劝商公所折》中阐明了自己的教育思想，指出农业和农业教育的重要意义，而且亲自创办了国内第一所农务学堂——湖北农务学堂。标志着真正意义上的中国近代农业教育应运而生。可以说中国具有现代意义的农业教育是在国门被迫打开，为学习和采用西方农业技术而创建兴起的，这其中亦包括玉米相关产业技术，尤其是玉米品种改良技术。研究发现，伴随着近现代农业教育的产生，为学习西方先进的农业和玉米相关产业技术，当时的中国政府设立了早期诸多玉米育种机构，大量玉米科技人才亦在此过程中应运而生。

（一）近代农业教育为玉米品种改良创设了的主体机构

随着近代农业教育的蓬勃发展，重农思想渐入民心，为学习西方先进玉米育种及相关技术，各府、州、县等许多地方兴办起农业学堂和农事试验场。兴办教早的农业试验场和农业学堂，约在光绪二十四年（1898 年）办起；一般均创办于光绪二十八年（1902 年）至宣统

二年（1910年）①。较早、较大、较正规农务学堂和试验场，都培养了一部分农业技术人才。且有的后来发展壮大，成了我国早期的著名农业大学。基层的农务学堂或试验场，有的一直持续到民国，有的不久即告关闭，有的则改为其他类型的学校；在大学教育中，农科也被列为八科之一，清末最高学府京师大学堂设有农科。

南京农业大学前身之一金大即是早期从事玉米品种改良的重要主体之一。金大于1914年创办农科，采用美国学制，明确学制为本科4年，创我国4年制的农科大学的先河。1915年改为金陵大学农林科，1930年改为金陵大学农学院，1951年改为公立金陵大学农院。该校几十年发展，培养的农科人才与农业科研成果等影响巨大，成为近代中国高等农业教育史上的一枝奇葩。也是全中国玉米及其他作物品种改良的最重要的中心。

中国玉米品种改良事业，发端于19世纪末。一批有志之士广开风气，维新耳目，振兴农业，创办报刊介绍欧美先进科学知识和实施农政新法，主张从欧美引进农作物优良品种为此，我国清末办起的基层小规模农事试验场，并不具备培育新种的能力。它们的功能就是试种新引进的作物种子。试种成功后，再教乡民种植并提供部分种子。在译农书、办农报的工作中大量接触了西方近代农学的罗振玉认为，直接从国外买种苗或因路远干坏，或误农时，"计莫如各处设立售种所，以便志士之购求。其设立之法五：一曰购选种器，若试盐水浓淡之比重计一、验种子甲拆力之器之类；二曰购求欧美佳种，凡购求外国之种，或中国夙无者，或中国有而不如外国产之佳者，若欧美之麦、英伦之葱、美利坚之棉与玉粟黍、印度之蓝……五曰：造新种，近欧美学士，依植物学新理，施人工媒合之法，以人力改良植物之种类，故近来植物之新种类日出不穷……今宜从事媒合之术，而为种子改良之计"②。罗振玉的设想就是实现良种专卖，这确实符合近代化农业的发展方向，也能保证良种推广的效果。大约在从光绪二十四年（1898年）到清亡的十多年时间里，经过中国有识之士引进的西方近代种业相关科技终于走出书本而开始在生产中尝试。经过艰难的推广

---

① 苑鹏欣．清末直隶农事试验场．历史档案，2004年，第1期
② 罗振玉．农事私议．卷之上．北洋官报局，光绪26年，第15~16页

和传播工作，已渐显成效，极大促进了玉米品种改良的进程，并在一定程度上，改变了玉米生产的面貌，推动当时中国农业的发展。参与试种和推广的人士由此对西方近代化农业育种科技加深了认识。

1902 年，直隶农事试验场最先从日本引进玉米良种。1906 年，奉天农事试验场把研究玉米品种列为六科之一，从美国引进 14 个玉米优良品种进行比较试验。1906 年，北平农事试验场成立，着手搜集和整理地方玉米品种，并从国外引进意国白（Italian White）、菲立王（Philip King）、马士驮敦（Marsdorton）等 7 个玉米品种①。1914—1916 年，北平农事试验场进行全国第一次玉米品种比较试验，国内品种以奉天海龙白和奉天黄玉米最优，国外品种以意国白和菲立王最优。1917—1920 年，进行全国第二次品种比较试验，国内品种以奉天海龙白最优，国外品种以美国马士驮敦最优。1926 年，由公主岭农业试验场引入白玉米沃特伯尔（Woodburn White Dent）和黄玉米明尼苏达（Minnesota 13），经穗行选择分别定名白鹤、美稔黄，成为东北地区种植面积很大的良种之一。

山西省太谷铭贤学校执教的美籍教师穆懿尔（R. T. Moyer），1930 年从美国中西部引进金皇后（Golden Queen）、银皇帝（Silver King）、金多子（Golden Prolific）等 12 个优良马齿玉米品种。1931—1936 年在学校农场进行评比试验，以当地品种太谷黄、平定白作对照。这项工作先后由穆懿尔、霍思卿、周松林、朱培根等负责。评比结果以金皇后表现最好，平均每亩产量 273.5 千克，最高亩产 353.5 千克②。20 世纪 30 年代初，中央农业实验所成立。统一制订玉米育种计划，统一征集玉米材料，标志着我国现代作物育种事业发端。国民党政府实业部聘请美国康奈尔大学植物育种家洛夫（H. H. Love）任顾问和总技师，开办作物育种讲习班并指导玉米杂交育种工作。此后，南京金陵大学、北平燕京大学、山西太谷铭贤学校、济南华洋义赈会农业试验场等单位先后采用新法选育玉米杂交种，开始把玉米育种工作建立在现代遗传科学基础之上，并应用生物统计方法以提高试

---

① 农林部中央农业实验所. 伪华北农事试验场农业部分试验成绩摘要（1938—1945 年）. 1947 年，第 6 ~ 10 页

② 佟屏亚. 为金皇后玉米评功. 种子世界，1986 年，第 12 期

验准确性。当时日伪满铁农事试验场也在东北很多县设立农业试验示范场，引进品种，改良农法，示范农具，进行以下玉米栽培试验①。

（二）近代农业教育为玉米品种改良引进了新的育种及相关技术

近代农业教育在发展过程中，注重交流和学习西方先进科学农业技术。农业学校和试验场在各自的玉米育种实验过程中，积极试验引进新的农业技术和作物良种，并向农民传播和推广西方近代化作物育种等农业技术。

1906 年奉天农事试验场从日本引进新式玉米播种器、自束器和脱粒器等，1908 年从欧美引进犁、耙、收获器等轻便农具。1906 年工商部北平农事试验场成立，先后从国外引进玉米新品种、新式农具和推广新技术②。最早开展农作物栽培试验，其中，包括玉米品种比较，撒播、点播和条播试验，播种深度、播种时令试验，耕耘、肥料、灌溉、收获期试验以及试验土壤同作物、肥料同农作物、气候同农作物之关系等。1908 年首次设置玉米施用化学肥料肥效试验，查明施用氮、磷、钾完全肥料比不施肥料每亩增产玉米 34 千克，秸秆增加 43 千克，株高增长 36.6 厘米；纯用氮素肥料每亩增产 9 千克；纯用钾素肥料每亩增产 4.0 千克③。

1921 年刘子民进行"玉蜀黍之研究"，提出玉米穗选、浸种、催芽、测产等栽培新法，这是我国最早的玉米综合栽培技术试验④。1908 年 4 月吉林农事试验场成立，从国外引进 14 个玉米新品种进行推广；所属农安县分场试种的有美国红玉米、黄玉米、奉天金黄、奉天白冠品种。1909 年黑龙江农林试验场试种的有呼兰玉米、墨尔根、大賚和日本品种。

1915 年，学者钱治澜最早向国人介绍有关玉米栽培的现代科学技术知识，包括玉米的起源、分类、适应性、用途，以及施用化学肥料、灌溉、中耕等栽培技术。其中特别提到"欲使植物异本交接，

---

① 李文治. 中国近代农业史资料. 第一辑. 北京：三联书店，1957 年，第 858 ~ 895 页

② 衣保中. 清代东北农业机关的兴起及近代农业技术的引进. 中国农史，1997 年，第 3 期

③ 原颂周. 中国化学肥料问题. 农报，1933 年，第 4 卷，第 2 期

④ 刘子民. 玉蜀黍之研究. 中华农学会报，1936 年，第 11 期

须将每间一行，各玉米茎端雄花一束剪去"。此项乃世界当时最新发展的玉米异交技术①。1919 年，《吉林农报》发表"劝种外洋玉蜀黍以增民食说"文章，介绍从欧美引进良种的增产潜力和栽培技术。农业机关相继开始繁育玉米良种并进行栽培技术指导。据沈宗瀚著文《改良品种增进中国之粮食》记述，金陵大学农学院农场和所属 4 个分场，从玉米品种比较试验中评选优良品种，1923—1930 年扩大繁殖，每年繁种 1 500～2 000 千克，共繁殖玉米良种 9 080 千克②。当时东北地区采用的玉米品种，有小粒黄、金顶子、火苞米、六月鲜、大青棵等；华北地区采用的玉米品种，有墩子黄、英粒子等。

　　山东、河北两省当时亦进行了玉米的肥料效果试验。1933—1935 年山东省立（济南）第一农事试验场陈世璨、郭温泉所作的《作物发育期三要素吸收状况之研究》，玉米需肥规律的结论是：春玉米（白马牙）亩产 100 千克籽粒，需吸收纯氮、磷、钾分别为 4.25 千克、1.59 千克和 3.41 千克，夏玉米（北平黄玉米）亩产 100 千克籽粒，需吸收纯氮、磷、钾分别为 3.10 千克、1.29 千克和 3.70 千克③。这项研究成果对推广化学肥料和指导玉米科学施肥有重要作用。金善宝（1934）在南京金陵大学附属大胜关农场进行玉米栽培试验。关于播期试验结果：夏播玉米在 6 月上旬最为适宜，产量最高。但播种期有一个很大的变幅，从 5 月 1 日至 7 月 15 日，但晚播因收获较迟，籽粒含水量较高，干燥比较困难。关于玉米大豆间混种试验结果表明：①玉米或大豆单种不如间种的产量高、经济收益高；②间作不如混种；③混种又以两株大豆一株玉米即 2∶1 为宜；④混种的大豆成熟较早，对后茬播种小麦很有利④。

　　据许道夫（1983）研究资料，20 世纪初期，我国玉米生产有较快的发展，特别是在适宜种植玉米的地区，例如，河南、山东、辽

①　钱治澜. 玉蜀黍浅谈. 科学，1915 年，第 1 卷，第 9 期
②　沈宗瀚. 改良品种增进中国之粮食. 中华农学会报，1931 年，第 90 期
③　金善宝. 中国近年来作物育种和作物栽培的进步概况. 农报，1936 年，第 3 卷，第 5 期
④　金善宝，丁振麟. 中大农学院大胜关农事试验场最近玉米大豆试验成绩简报. 农学丛刊，1935 年，第 3 卷，第 1 期；佟屏亚. 中国玉米科技史. 北京：中国农业科学技术出版社，2000 年，第 63 页

第一章　传统玉米种业的延续与渐变（1900—1948 年）

宁、四川、湖北等省玉米生产发展很快，种植面积和单产均有显著的增长，其中，河北和四川玉米种植面积均超过千万亩。1918—1929年，河北省玉米种植面积从847万亩增至1 429万亩，单产从48千克增加到86千克，总产量从40万吨增至123万吨。四川省玉米种植面积从832万亩增至1 175万亩，单产从62千克增至113千克，总产量从56万吨增至133万吨。据卜凯（1947）报道，20世纪20年代末，玉米已从位居"六谷"跃升到仅次于水稻、小麦、谷子、高粱的第5位，种植面积占农作物总面积的9.6%，总产量4 000万～5 000万担；而在北方旱作农业地区，玉米种植面积已跃升为主粮位置。20世纪初期，随着玉米种植面积的扩大，栽培技术逐步由粗放向精细发展。例如，东北地区绝大部分为春播清种玉米，亦有少量间种玉米。据吉林省《榆树县农田耕耘状况调查》一文中说："农民对于大段农田之耕耘，不但得法，亦特别勤劳，耕则供用牛马之力，耘则完以人力为之；普通对于一响之种植，都深耕细褥，并且要三耕三耘，笃农之家尚有耕耘四遍者。乘时为之，不敢一日或忽也。榆树县之农民勤苦耐劳，乃天性使然。无惑乎，农产物之收获量逐年增加也"。（《榆树县志》）可以称得上是精耕细作、精收细打了。在黄淮海平原地区，农作物两年三熟有所增加，一年两熟制有所发展。据陶玉田（1930）所作《鲁北十县农业调查报告》记述："德县，玉蜀黍等与其他作物轮流种植期为两年三收。秋季种麦，麦收后种玉蜀黍，待明春种谷子或其他作物，此法鲁北各县皆用。"特别是盛行玉米与其他作物间作套种。例如，1932年河北省《通县编纂省志材料》记述："玉米除纯种外，还与黄豆混种。"1935年《三河县新志》记述："农民种地，有一地纯种谷者；有一地杂种二谷者，如接垄玉米、高粱间种黑黄豆是也；有一地在一年期间先后分种数谷者，如秋后种麦，翌春垄间披谷。秋麦拔后，按垄将黑豆、白合豆挼玉米种子内而杂种者，名为满天星。此种种法收获较多，农人所谓上一亩，下一亩是也。"其他还有玉米与棉花、玉米与薯类、玉米与菜类的间套种①。

① 金善宝，丁振麟. 中大农学院大胜关农事试验场最近玉米大豆试验成绩简报. 农学丛刊，1935年，第3卷，第1期；佟屏亚. 中国玉米科技史. 北京：中国农业科学技术出版社，2000年，第63页

1936 年气候适宜，是 20 世纪 30 年代农业生产最好的丰收年景，全国玉米种植面积为 9 684 万亩，总产量 1 075 万吨，单产 85 千克。河北和四川省玉米面积基本稳定，其他发展较快的省份还有河南（973 万亩）、山东（875 万亩）、辽宁（848 万亩）、江苏（595 万亩）、云南（489 万亩）。但就全国粮食作物来说，玉米种植面积仍在水稻、小麦、谷子、高粱之后，居第 5 位，耕作粗放，投入偏低，一般亩产仅百斤左右①。

（三）近代农业教育为玉米改良培养了大量科技人才

随着近代农业近代农业教育发展，开始向美国和日本派遣留学生及访问学者。20 世纪 20～30 年代，我国许多农业科学家赴美深造，其中有几位专攻作物遗传学和玉米育种技术，如杨允奎、蒋德麒、吴绍骙、卢守耕、蒋彦士等，于抗战期间先后回国，采用新方法开展玉米育种工作。1932 年杨允奎博士回国，1935 年应任鸿隽之邀任四川大学农学院教授，并从事玉米杂交育种工作。他和张连桂一起赴农村实地考察自然条件和玉米生产状况，撰文论述农家种的适应性以及挖掘玉米种质资源的潜力和前景。1936 年，杨允奎获美国农业部莫里森（B. Y. Morrison）教授所赠优良玉米品种可利（Creole）和德克西（Dexi），经过两年试种，抗病性强，表现良好，比当地农家品种增产 30% 以上，但成熟期偏晚。杨允奎等又从涪江沿岸地区征集了 12 个早熟硬粒型秋玉米品种，培育自交系并进行杂交，到 1945 年，共培育出 50 多个玉米双交、顶交组合，增产幅度都在 10%～25%。杨允奎主持的玉米育种工作的卓越成就很为农业界所瞩目②。

1937 年和 1938 年，玉米遗传育种学者蒋德麒和吴绍骙先后回国。他们获美国遗传育种学家海斯（H. K. Hayes）赠送的 42 个玉米双交种和 50 多个自交系，由中央农业实验所分发到四川成都（李先闻主持）、贵州贵阳（戴松恩主持）、广西柳州（马保之主持）、云南昆明（徐季吾主持）试种评比。蒋德麒负责试验总设计，戴松恩负责资料汇总。3 年试验结果表明，引进玉米杂交种比当地农家种增产 20% 左右。1941 年，戴松恩撰文《抗建期中玉米杂交种之推广问

---

① 孙绳武. 玉蜀黍增产之研究. 东大农学，1941 年，第 1 卷第 8 期
② 杨允奎. 川大玉蜀黍育种试验报告. 川大农学季刊，1949 年，第 1 卷，第 1 期

题》，指出直接利用从美国引进的玉米杂交种，适应性较差，增产不很显著。特别是在当时战争环境条件下，物资匮乏，土壤贫瘠，耕作粗放，杂种优势很难发挥出来。主张改良农家品种辅以引进国外优良品种，对玉米增产可收有立竿见影之效①。

美国学者戴兹创（T. P. Dyksira）博士 1942 年 12 月访华，携来50 多个玉米品种和双交种，由中央农事实验所分发到四川、陕西等地试种。陕西省西北农学院王绶等，利用引进的玉米选育出 7 个自交系，后用混合选择法选出武功白玉米和综交白玉米，共扩繁 3 390 亩，在关中地区 12 个县种植。西北农学院与西北区推广繁殖站用武功白玉米为试材，连续 3 年所作的玉米试验，认为玉米品种改良占增产诸因素的 20% ~ 30%，优良栽培技术占 30% ~ 40%②。

当时我国许多学者赴美考察和学习玉米杂交育种的经验和方法，杨立炯、李先闻等在报刊上发表《美国杂交玉米育成经过与现状》《美国作物育种之新途径》等文章，提倡农业教育，介绍玉米品种相关技术。1945 年，由邹秉文、章之汶策划编制的《我国战后农业建设计划纲要》，专列"玉米品种改良"一节，详细规划全国玉米杂交育种的实施方案和措施。蒋彦士博士 1946—1948 年在北平农事试验场主持玉米品种改良工作，分 6 个部分，即品种观察、品种比较、自交系选育、单交种比较、双交种比较、双交种区试等。四川农事改进所杨允奎、张连桂等，1946 年从四川农家品种南充秋子、东山马齿和从美国引进品种可利、德克西，从中获得优良系可 36、D0039、金2 等，以 9 个系混合授粉，选育出硬粒玉米综合种川大 201，比当地农家种增产 19% ~ 46%，很受农民欢迎。20 世纪 50 年代初期，川大201 仍然是四川省部分地区种植的玉米当家品种。在南京金陵大学执教的吴绍骙、郑廷标等，1947—1948 年在学校农场培育出玉米品种间杂交种，比其双亲增产 22% ~ 24%③。

这些农业科技人才在当时的中国接受了较好的农业教育，逐渐成长为中国第一批农业科学家和玉米专家，他们怀着振兴祖国农业、发

---

① 戴松恩. 抗建其中玉米杂交种之推广问题. 农报，1941 年，第 6 卷，第 10 ~ 12 期
② 孙光远. 介绍夏作两熟之粮食增产方法. 农业推广通讯，1944 年，第 2 期
③ 蒋彦士. 中国粮食生产. 中国农讯，1947 年，第 8 卷，第 11 期

展玉米生产的宏愿，在极端艰苦的条件下从事玉米品种改良工作，取得了巨大的成绩。正是这些早期玉米专家凭藉爱国热情和事业责任心，不辞辛苦，勤奋努力，为我国玉米品种改良事业奠定初步的基础。1948 年，据国民党政府农林部报道，1947 年全国玉米种植面积 1.26 亿亩，总产量 1 078 万吨，单产 90 千克。当时生产上采用的主要是农家品种和引进品种。如黔农黄蜡质、黔农白马齿（贵州农业改进所）、铭贤金皇后（太谷铭贤学校）、南京黄玉黍、燕京 206、燕京 236（金陵大学农学院）、武功白玉米（西北农学院）、华农 1 号和华农 2 号（北平农事试验场），这些改良品种一般比当地农家种增产 16% ~30% 。

三、金皇后等标志性玉米品种的推广与利用

金皇后（Golden Queen）是从美国最早引进中国的优良马齿型玉米品种之一，20 世纪 30 ~40 年代对促进玉米生产发展、50 ~90 年代为培育各类玉米杂交种作为原始材料均起到重大的作用。金皇后是此阶段标志性玉米良种，可谓是近代玉米种业科技改良创新的重要成果体现。

金皇后玉米原产美国中西部。1930 年冬，在山西省太谷铭贤学校担任农科主任的美籍教师穆懿尔（R. T. Moyer）带来中国。金皇后玉米品种的技术档案记载："马齿型，株高 250 厘米，果穗长 20 ~25 厘米，每穗 14 ~22 行，千粒重 250 ~350 克；生育期较长，晚熟，耐肥水，是一个适应性广、产量高的优良品种"。1931—1936 年，穆懿尔把金皇后玉米和其他 12 个玉米品种在太谷铭贤学校农场进行评比试验，以当地品种太谷黄和平定白为对照。这项工作最初由教师霍席卿负责观察记载。金皇后植株生长繁茂，根系发达，果穗硕大，产量一般比对照高出 1 倍。1934 年以后，这项工作由教师周松林和朱培根接替，并开始进行示范推广工作；还和当地农民合作种植了 30 多块金皇后玉米示范田，并大量繁殖种子。1931—1936 年产量比较试验结果，金皇后玉米平均每亩产量 274 千克，最高产量达到 354 千克。1939 年分别在平定、沁县、长治、晋城、太原、汾阳、临汾等地做区域产量比较，比当地农家种增产 46.8% ~162.9% 。金皇后声誉鹊起，农民竞相引种，屡获高产，迅速遍植山西中部广大地区。

至 1949 年，金皇后玉米已遍植北方 7 个省，种植面积扩大到 1 000 多万亩，大面积亩产达到 250～300 千克。

1950 年，中央农业部发布《五年良种普及计划》，要求评选地方优良品种，其中金皇后玉米产量最高，经评选后种植面积迅速扩大。在评选玉米优良品种的基础上，1952 年科研机构开展玉米品种间杂交工作，玉米育种家首先使用的亲本材料就是金皇后。俗话说：青出于蓝胜于蓝。用金皇后作亲本杂交产生的后代，不仅保持了它的果穗大、籽粒饱、抗病高产等优良种性；还克服了它的不良性状，特别是在生长势、抗逆性以及构成产量的穗、粒、重诸多因素，均表现出良好的趋势。山东省坊子农场最早育成的坊杂 2 号（金皇后×小粒红），1950 年推广面积达 200 多万亩。之后相继育成了春杂 1 号（金皇后×华农 1 号）、凤杂 1 号（金皇后×白头霜）、淮杂 1 号（金皇后×二伏糙）、长杂 4 号（金皇后×土玉米）、百杂 4 号（七叶糙×金皇后）等优良品种间杂交种，累积种植面积达 2 500 多万亩。

当育种家将培育玉米自交系间杂交种时，首先以金皇后作亲本选育自交系，用它组合了许多优良的玉米双杂交种。如中国农业科学院培育的春杂 5 号、春杂 14 号；北京农业大学培育的农大 4 号、农大 7 号；河南新乡地区农业科学研究所培育的新双 2 号等，均有较大的面积推广，增产在 20%～30% 或更多。我国第一个在生产上应用的玉米单杂交种新单 2 号，其双亲之一就含有金皇后玉米的血缘。玉米育种家张庆吉、宋秀岭用金皇后与武陟矮玉米杂交，经过 5 年自交分离，从中选出了矮金 525 自交系。再用它作父本或母本，与自交系混 517 杂交，培育成了优良单杂交种新单 1 号，20 世纪 60 年代种植面积达 2 000 多万亩。其他科研单位培育的优良单杂交种豫农 704、郑单 1 号、忻黄单 4 号等，它们都是金皇后玉米所产生的优良杂交后代。

山西省忻州地区农业科学研究所培育的金 03 玉米自交系，是用 50 个金皇后玉米果穗连续 6 年（1959—1964 年）自交分离选育而成。金 03 自交系株高 2 米，叶片宽展，倾斜上举，雄穗发达，花粉量大，千粒重 200 克左右；配合力高，适应性广，综合性状优良，在中等水肥地 亩产 200 千克以上。1968—1972 年，玉米育种家用金 03 作亲本，先后育成忻黄单 2 号、忻黄单 22 号等 8 个优良玉米杂交种，亩产均在 500 千克以上。山西省定襄县 330 亩忻黄单 38 号，平均亩产700千克。用金03育成玉米单交种晋单3号、晋单5号、晋单9号等，在山西省种植面积超过1 000万亩。金03自交系还被许多科研单位作为亲本材料，先后育成了运单1号、同单20、太单13、新单8号、延单4号、鲁单15号等优良玉米双杂交种。1973年3月召开的全国科学大会上，金03获科技改进一等奖。20世纪30年代以来，金皇后玉米的后代遍布中国广袤大地，在玉米生产和人民生活中占有重要位置；尽管玉米生产中采用的基本上已经全是其杂交种，但在高寒山区和丘陵旱地气候条件比较严峻的地区，金皇后仍以高产、优质、抗逆等优点受到农民的欢迎，种植面积每年都保持在50万～100万亩①。

第三节　传统玉米种业渐变的科技特征

中国农业由传统农业向现代农业转型，萌芽于清末，肇始于民国，蓬勃发展于新中国成立后，尤其是改革开放后。遗传学、细胞学、植物病理学、田间试验和生物统计学等现代科学理论和方法在20世纪初迅速传入我国，并在玉米等作物育种中被广泛采用。具体而言，早期近现代玉米良种及育种理论皆是从国外引进的。早在1902年，直隶农事试验场最先从日本引进玉米良种。20世纪30年代初，中央农业实验所成立。它统一制订玉米育种计划，统一征集玉米材料，标志着我国现代作物育种事业发端。国民党政府实业部聘请美国康奈尔大学植物育种家洛夫（H. H. Love）任顾问和总技师，开办作物育种讲习班并指导玉米杂交育种工作。此后，南京金陵大学、北平燕京大学、山西太谷铭贤学校、济南华洋义赈会农业试验场等单位先后采用新法选育玉米杂交种，开始把玉米育种工作建立在现代遗传科学基础之上，并应用生物统计方法以提高试验准确性。新中国成立，玉米科学研究和技术进步在基础理论、良种选育、试验方法、耕作栽培等方面都有很大的成就，初步改变了中国传统农业"知其然、不知其所以然"的历史局限性，做到了"知其然、更知其所以然"。

---

① 佟屏亚. 中国玉米科技史. 北京：中国农业科学技术出版社，2000年，第221～223页

在渐变过程中，促进中国玉米种业等传统农学向近现代农学转型的科技因素主要有遗传学、生物统计和田间试验三大方面，其他的自然科学诸如化学、昆虫学、植物分类学等也有很大贡献，20 世纪中后期，生命科学和以计算机为核心的信息科学开始起到重大作用。

一、以自然科学理论为指导

人类有目的地从事植物生产活动大约已有一万年的历史，最早的作物生产自然是与这类有用植物的驯化活动联系在一起的。为提高农业生产效率，古代人类在农业生产活动中，对耕种对象逐渐采取一定选择和取舍，可谓是人类早期对作物进行遗传改良的主要形式。但当时人类对生物性状遗传缺乏科学认识，选种活动主要依据主观愿望和已有经验，虽亦形成一整套选种方法，但选种效果难以预期，效率低。具有"知其然、不知其所以然"的显著特征。

人类科学地、有计划地进行作物的遗传改良，是在 20 世纪初遗传学作为一门科学建立起来以后才开始的。1946 年，郝钦铭在《作物育种学》一书中专门有一章内容分析作物育种学与其他科学的关系及演进过程①。

（一）遗传学

自 1900 年孟德尔氏遗传定律被人重新发现后，作物育种才能根据该项定律渐次演进，若无遗传学则育种学失其理论根据，所以遗传学为作物育种之基础，作物育种学为遗传学之应用。徒有原理而不求致用，其效不显；不按原理而盲然育种，则成效难期。可知遗传与育种虽可分为原理与应用两种不同学科，但其相得益彰之功用甚明。

（二）细胞学

细胞学乃研究生物细胞形态生理之学术，因其日有进步，往昔遗传学所不能解决之问题，细胞学则有较正确之方法及理论可以阐明之，故细胞学一科，直接与遗传学有密切关系，间接则辅助育种方法之处实多。

（三）植物病理学

植物病理学研究的主要目标是如何防除病害。植物病理专家，均

---

① 郝钦铭. 作物育种学. 上海：商务印书馆，1946 年，第 19～22 页

主张先求得为害之病菌，然后应用杀菌药剂之功效，能将病菌杀死，则病害学者之责任尽矣。然以药剂驱除病菌，乃事半功倍，为治标而非治本之方法也。晚近研究进步，植物病害学者乃知病害防除，可以利用作物之抗病品种，使作物本身具有抗病能力，病害无从发生。乃与遗传及育种学家合作，各去其短，各取其长，以求得理想之品种。

（四）昆虫学

昆虫学之历史较作物育种学为悠久。过去昆虫学偏重于纯粹学术研究，不与育种学发生关系。近十余年来，因防除害虫，亦可应用育种方法育成抗虫品种，始逐渐发生联系。

（五）植物分类学

据中央农业实验所等研究小麦之分类结果，知小麦黑芒色之遗传极易受环境影响，故作物分类亦应注意，并须了解作物与环境之关系：往往同一品种，因环境变异，而不能识别，从事作物分类，则应先研究植物分类学。

（六）化　学

分析麦粉之蛋白质，为检定面粉品质最好方法，精密之品种鉴定，非由化学家研究其品质不足以决定改良品种应否推广。其他用化学方法将农产原料制成食用品或日用品，尚属间接之应用也。育种学牵涉其他学科之范围甚广，如土壤、肥料、水利、经济、数学等学科亦均与育种学有关。可知作物育种并非简而易行，对于一切基本科学，如事先无深切研究，则工作结果难期圆满。纵观欧美科学发达，并在应用方面特别注意，其生产能力得以突飞猛进者，良以有也。

纵观 20 世纪，玉米等作物遗传育种学已经形成比较完整的理论和方法体系①。一是科学选择理论创立与发展。近现代作物育种上经常采用的单株选择法、混合选择法、集团选择法和单粒传法等，是依据作物繁殖类型的不同或性状遗传特点的不同而作的方法学上的变换，其遗传原理是共同的。二是杂交育种的理论和方法体系开创与完善。1900 年由柯伦斯（Correns. C）等发现的孟德尔（Mendel. G.）

---

① 顾铭洪．本世纪作物遗传育种研究主要进展及其展望．南京农业大学农学系、南京农业大学大豆研究所、江苏省作物学会．作物科学讨论会文集，1992 年，第 425 ~ 432 页

有关豌豆杂交试验的论文，不仅标志着现代遗传学诞生，而且论文中所揭示植物性状在杂交后代中的遗传规律以及摩尔根（Morgan. T. H.）等在连锁遗传、染色体遗传理论以及数量性状遗传方面的创造性研究所积累的知识，直接成为育种家对杂种后代进行处理的可靠依据。按照这些规律，育种家可以有效地估计对杂种后代进行选择时可能发生的遗传效果，也可反过来按照育种目标的要求，选择适宜的原始材料为亲本，减少盲目性，提高育种工作的效率。由此孟德尔遗传规律的发现为杂交育种作为一种育种方法的建立奠定了基础。三是突变育种的理论和方法的应用。1901 年，特佛里斯（de. Vries）报道称由遗传物质改变导致的性状变异为实变。1927 年，穆勒（Muller. H. J.）发现 X 射线可以诱发果蝇产生突变，包括基因突变和染色体畸变。由此所创立的人工诱发突变的遗传理论，为突变育种方法的建立打下了基础。物理因素诱变中，γ 射线已得到广泛的应用。除了 γ 射线以外，激光、中子和等离子辐射以及利用放射性同位素发出的 p 射线处理种子也得到了利用。化学诱变是 20 世纪诱变育种研究中发现的另一类诱变物质。这些物质包括烷化剂，碱基类似物和其他一些化学物质。无论是物理因素诱变或化学因素诱变，所导致的变异一般都发生于一些易于发生变异的基因位点，形成所谓点突变，因而用以对作物品种进行个别性状的遗传改良。如早熟性、矮秆等等，较易得到理想的效果。四是杂种优势的理论和方法有效利用。杂种优势是生物界存在的普遍遗传现象。早在 18 世纪中期，国外便开始研究，1911 年歇尔（Shull. G. H.）正式提出了杂种优势概念。20 世纪 40 年代以后在作物育种上得到有效利用。它一方面得益于数量遗传学对这一问题的研究，同时也得益于作物雄性不育的研究。1947 年，西尔斯（Sears. E. R.）依据雄性不育性遗传机制机理的不同而将其分为 3 类，其中，由细胞质和细胞核共同控制的质核型雄性不育，可以通过三系有效地组织杂种生产，实现杂种优势的有效利用。我国在玉米、高粱、水稻、油菜、小麦和大豆上都已实现三系配套。五是遗传物质 DNA 的发现及其遗传密码的破译。20 世纪 40 年代以后，遗传学的研究开始深入分子领域，为 20 世纪后期在分子水平上改造生物的遗传结构，即遗传工程的崛起打下了基础。在基因表达的分子机理已经——研究清楚的基础上，科学家就可能通过改变基因及其表达过程中的某一控制环节而定向地改变生物性状的表达，从而开始了以遗传工程改造生物的过程。今天以遗传工程为核心的生物技术应用于作物品种的遗传改良方面的研究，已在不少实验室活跃地进行着。还发展了倍性育种方法，除了以上几个方面以外，20世纪作物遗传育种研究还有不少重要成就。例如，品种资源的收集、整理和鉴定，科学的引种和驯化理论的建立以及在其指导下的有计划的引种工作等，对作物遗传育种的发展均起了很重要的作用，并将在今后继续发挥作用。

二、以科学实验为基础

史实表明，20世纪中期以前，自然科学中的绝大部分基本规律都是通过科学实验总结得出，对农业科技进步有着重大影响的孟德尔遗传定律就是典型的科学实验结论。中国传统文化及技艺中是没有科学实验的，这可能是中国没有发展出现代科技的重要原因之一。在中国传统玉米种业向近现代产业化转型过程中，化学分析和田间试验乃是早期发挥重大作用的两项基本科学实验①。

田间试验是农业科学实验的主要形式。农业生产在大田进行，受自然环境条件影响。农业科学研究成果在大田生产条件下的实践结果，如一些引进的优良品种是否适应本地区，一些新选育的品种是否比原有品种更高产稳产，一些新技术措施是否比原用措施增产等，都必须在田间条件下进行试验，才能解答这些问题和为科研成果的评定提供可靠的科学依据。田间试验的基本任务是在大田自然环境条件下研究新的品种和新的生产技术，客观地评定具有各种优良特性的高产品种及其适应区域，正确地鉴定最有效的增产技术措施及其适应范围，使科研成果能够合理地应用和推广，发挥其在农业生产上的作用。

农业试验主要有3种：一是简单的品种试验，即将基因型不同的作物品种在相同条件下进行试验；二是简单的栽培试验，即将基因型相同的作物品种在不同栽培条件下进行试验；三是品种和栽培相结合的试验，即将基因型不同的作物品种在不同栽培条件下进行试验。除

---

① 顾复. 农作物改良法. 上海：商务印书馆，1923年，第33~69页

以田间试验为主外，通常还有实验室试验、盆栽试验、温室试验等的配合。后几种试验方法能够较严格地控制一些在田间条件下难以控制的试验条件，如温度、湿度、光照、土壤成分等，有助于深入地阐明作物的生长发育规律，特别是利用人工气候室进行试验，可以对温度、湿度、光照强度、日照时间等几个因素同时调节，模拟某种自然气候条件。对于阐明农业生产上的一些理论问题极为有用，是有效的辅助性试验方法。田间试验是联系农业科学理论与农业生产实践的桥梁，为解决生产实践中的问题，其主要地位不可替代①。

我国最早的农事试验机构是 1898 年在上海成立的育蚕试验场和 1899 年在江苏淮安成立的饲蚕试验场。1902—1906 年，长沙、保定、济南、太原、福州、奉天（沈阳）等处先后建立起综合性农事试验场。1906 年，京师成立了全国性农事试验场——农工商部农事试验场，对从中外各地选购的不同作物种子进行试验②。1936 年，全国农事试验场涉及农事、苗圃、推广、水产、家畜等 25 类总计 489 个③。新中国成立以后，迅速建立了从中国农业科学院到各省农业科学院、地（市、县）农科所（站）甚至到公社（乡）一级的全国性农业科学研究和农事试验网络，对中国农业的进步起到了重大的推动作用。

随着自然科学的进步、农业与其他科学之关系愈加密切，科学实验对农业发展的影响更加深远。20 世纪 50 年代以后，人工诱变、生物工程、计算机技术、遥感等科技手段也在农业上得到重要应用，共同促进中国近现代农业持续有效发展。

三、以生物统计学等进行定量分析

农业问题不是千真万确的科学，试验所得到的结果，受几率定律之支配，简言之，即试验所得之结果，应受统计方法之处理后，方可作结论。生物统计学为 19 世纪末之产物，其意为"应用于解释生物

---

① 马育华. 田间试验和统计方法（第二版）. 北京：中国农业出版社，1987 年，第 1~4 页

② 张芳，王思明. 中国农业科技史. 北京：中国农业科学技术出版社，2001 年，第 407 页

③ 中国第二历史档案馆. 中华民国史档案资料汇编，第五辑第二编·财政经济（七）. 南京：江苏古籍出版社，1997 年，第 397 页

数量的数字之统计方法"，以数学的法则解释生物的数字，其效用一方面是阐明数字之意义，使一堆无意义的散漫数字，表现其真正的价值，其另一方面为归纳，使用权广泛而无秩序之数字，成为一紧缩形式，以便作适当之结论①。生物统计学原理与社会经济教育等统计相同，其所异者即应用方面不同而已。生物统计特重于生物问题之实用，对于"适合性之鉴定"、"差异显著性之测定"等问题研讨特详。变异数分析与互变异分析法之应用，为近代统计方法之显著进步，尤其是对于田间试验之规划，有极大之贡献。

四、以化肥、农药和农机等为新型农业投入物

传统农业是一种以土地等自然资源为基础的农业。其主要投入是土地与劳动，其他投入物仅有粪肥等，很少需要农业外部投入。现代农业则需要大量的外部投入，如良种、化肥、农药、农机等，这一切都是现代科学研究的成果，是农业技术变革的直接体现。可以说现代农业与传统农业最显著的区别之一就是它有可能在更大规模和程度上以现代科学技术实现对稀缺资源的替代，从而使传统以资源为基础的农业向现代以科学为基础的农业转变。一个国家研究和开发新型投入物的能力在很大程度上决定了这个国家现代农业的技术水平②。

农业的发展有其自身内在的发展规律，总是以丰富性资源代替稀缺的性资源。中国人多地少，中国农业的发展始终沿着使用丰富的人力资源代替稀缺的土地资源方向进行，从而形成了精耕细作的优良传统，努力在有限的土地上生产出更多的农产品。中国传统农学以"（天地人）三才"等理论为基础，以长期大量经验为积累，以精耕细作、集约利用土地为特征。20 世纪中国传统农业向现代农业转型，"精耕细作、集约利用土地"这些特征不但未被改变，反而被进一步强化。但是，以经验为主，"知其然，不知其所以然"的中国传统农业进入近代以后持续发展乏力，而以自然科学理论为指导，科学实验为基础，数学方法为分析工具的现代农学则日新月异，获得飞速发

① 王绶. 适用生物统计法. 上海：商务印书馆，1937 年初版，序言、导言
② 王思明. 中美农业发展比较研究. 北京：中国农业科学技术出版社，1999 年，第8、160 页

展。现代农学的最大特点是"精"和"准",不仅知其然,而且知其所以然。马克思曾说,一个学科,只有当其引入数学才真正成为科学。20 世纪上半叶,中国农业引入生物统计学等数学工具,使中国农学技术上升至科学层面,是对中国传统农学最重要的改造。科学理论指导实践,实践又不断丰富和发展理论,两者相辅相承、相互促进、共同提高。概言之,科学技术是近现代农业增长的源泉,20 世纪中国玉米种子改良、种业发展的历史,亦可谓是中国农业科技进步历程的具体印证。

第二章　玉米种业的曲折发展 （1949—1978 年）

第一节　玉米栽培状况及栽培技术演变

玉米栽培是玉米种子生产不可或缺的基本环节之一，亦是种业发展的前提之一，二者关系密不可分，对其研究很有必要。新中国成立后，我国玉米栽培研究取得了一系列重大成果并应用于生产，在解决我国粮食安全和农产品供应问题及玉米生产发展方面发挥了重大作用。玉米栽培学科从无到有、从小到大，发展成为一门独立的学科，并日趋成熟，亦推动了玉米种业的进一步发展。

一、玉米栽培发展状况及特点

（一）玉米栽培发展状况
1. 20 世纪 50 年代

20 世纪 50 年代以前，玉米栽培开始由传统向在近代转变，在新的农业科学技术的指导下，玉米栽培开始有一定发展。至 50 年代，围绕着粮食增产，科技人员深入农村、总结农民丰产经验、改进栽培技术，推广普及选用良种、深耕改土、耕耙保墒、起垄种植、间作、套种与复种、因土种植、合理密植、条播与点播、蹲苗壮苗、中耕除草、集中与分次施肥、增施有机肥、灌溉与排水等玉米高产栽培经验与种植新技术，丰富和发展了"土、肥、水、种、密、保、管、工"八字宪法，对提高产量起到很大作用，如西平顺县郭玉恩创造的玉米分层追肥法；河南偃师县韩俊吕的玉米"三攻"（攻苗、攻秆、攻穗）施肥法；华北地区玉米蹲苗壮苗；南方秋玉米育苗移栽经验等①。

---

① 佟屏亚. 我国玉米栽培研究的回顾与展望. 耕作与栽培，1984，第 6 期，第 31 ~ 39 页

玉米间、套、复种是我国劳动人民在长期农业生产耕作实践中总结和创造出的有效耕种方式，具有悠久的历史，是我国传统精细农艺的精华。玉米栽培工作者以调查研究为基础，科学总结了我国玉米耕作制度的系统体系，进而探讨阐明了玉米与其他作物间混套种的增产原因，为间、套、复种的发展起了有效推动作用。在此时期，以学习、总结和推广玉米高产的劳模栽培经验为切入点，开始了作物高产栽培方向研究，提出了"作物、环境、措施"三位一体的高产栽培研究方法，实践证明，这是一条行之有效的成功之路，不仅有效地推动玉米生产发展，而且在很大程度上加速了玉米栽培理论体系形成。20 世纪 50 年代中期，我国还将前苏联作物学家雅库什金的《作物栽培学》翻译成中文，并推荐为全国农业院校重要参考教材。1956 年集中了高等农业院校的一批著名专家和教授，由李竞雄先生主编，于 1958 年出版了我国第一部《作物栽培学》通用教材，在全国农业院校开了作物栽培学课程，作为农学专业的一门专业主课，其中，就有玉米栽培学的相关内容。各地农业院校也编著了一批《作物栽培学》，此书的出版集中反映了这一时期我国玉米等主要农作物生产发展的成就和作物栽培科学的研究成果。1962 年，山东省农业科学院主编了我国第一本《中国玉米栽培》，为进一步开展玉米栽培研究奠定了基础并指明方向。

2. 20 世纪 60 年代

20 世纪 60 年代后，随着人口的快速增长，可开垦的土地变得越来越少，为满足人们口粮需要，提高玉米等粮食作物单位面积产量成为关键因素，亦被进一步确立为玉米栽培学的核心任务。这一时期，进一步总结了劳模高产经验，并在此基础上开始分析高产田长相、长势等自然生长表象，各地开始研究玉米生态学、生理学及生物学，开展了各种生态因素的综合研究，诸如土、肥、水、光、热、气等，揭示玉米高产形成的内在规律，并探索农业措施对玉米生长发育的影响。在玉米生物学基础研究方面，初步查明了春、夏玉米的生长发育规律，根茎、叶、穗、种子的形成过程；确定了雌穗分化进程分为生长锥未伸长、生长锥伸长、小穗分化、小花分化和性器官发育形成期等 5 个时期，为采取促进和控制技术获高产提供了依据。1966 年，我国学者概括出作物光合性能 5 个因素及其与经济产量关系，表示为：经济产量 = （光合面积 × 光合能力 × 光合时间 – 呼吸消耗） × 经济系数，将光合作用研究与产量形成紧密联系在一起。20 世纪 50 年代后期，在生产"大跃进"、作物创高产"放卫星"运动中，不少田块因高密度、高施肥发生严重倒伏，引起了 60 年代关于群体结构及其与密度、水肥关系的学术大讨论。在此背景下，国内玉米栽培学家、植物生理学家和有关学科的专家一道，围绕玉米高产的形成与潜力，从群体角度广泛研究了光的分布与利用、群体合理动态指标、产量构成因子的形成及其相互间的关系，明确了群体光分布与种植密度、LAI 及株型的关系，确立了人工调节必须以自动调节为基础的思想和合理密植的原则，提出了获得高产的一些群体形态、生理和生态指标用于指导生产。在产量构成三因素的形成方面，认识到合理的种植密度是穗数、粒数和粒重协高产的有效途径。以此为指导，各地围绕增密增产，广泛开展了以密植为核心的玉米丰产栽培研究，并逐步将群众经验总结提升为理论，提出了"作物群体概念"，将大田作物当做一个整体，分析它的生长发育规律，研究环境、措施对它的影响以及合理运用农业措施、充分利用自然资源获得高产的途径，为中国特色的作物生理学和栽培学的建立奠定了基础。这一时期，玉米群体结构及其调节控制和合理密植的研究成果至少使全国大部分地区的玉米每亩增加了 800 ~ 1 000 株。在玉米肥、水促控管理方面，随着化肥施用量增加和农田水利、灌溉条件的改善，玉米栽培研究明确了不同产量水平下玉米吸收氮、磷、钾的数量和肥效，确定了以基肥为主、追肥为辅，有机肥为主、化肥为辅，氮肥为主、磷钾肥为辅，攻穗肥为主、攻粒肥为辅的施肥原则；明确了玉米在一般产量水平下的需水量、需水规律和最佳灌溉时期，开展了沟灌、畦灌等节流灌溉技术研究。此外，随着人口快速增长对粮食需求压力的增加和水利设施条件的改善，灌溉面积扩大，提高复种指数的耕作改制成为我国发展作物生产的重要方向，玉米多熟种植理论与技术不断发展，在黄淮海地区，通过研究小麦套作玉米的配套栽培技术，实现了南方春玉米一年一熟向小麦、夏玉米两熟制的改制。20 世纪 60 年代，围绕"八字宪法"改造提升传统玉米生产技术，主要推广了杂交种普及、合理密植、平整土地、培肥地力、增施化肥、增加灌溉、病虫防治和精耕细作等高产栽培技术。

3. 20 世纪 70 年代

20 世纪 70 年代，围绕产量的提高，从器官建成、结构与功能的关系及对玉米形成的影响开展了大量研究，包括玉米根、茎、叶、穗、粒等器官的形态特征与建成；玉米生长发育规律及与光、温、水、土壤和养分等因素的关系；玉米光合积累、运转与分配特点以及群体与个体、营养生长与生殖生长、地部生长与地下生长的关系。通过研究，将玉米划分成苗期、穗期和花粒期 3 个生育阶段，明确了各阶段的生育特点、生长中心、田间管理的中心任务和主要技术措施。依据叶片着生节位、特征和生理功能，将玉米叶片划分为根叶组、茎（穗）叶组、穗叶组和粒叶组，从而有助于通过观察叶片伸展过程，判断玉米的生长时期，掌握生长中心，从生长中心器官着眼，从供长中心叶片入手，采取促控措施①。通过研究玉米产量构成与器官建成的关系，发现玉米器官间存在比较稳定的同伸关系，提出用叶龄为指标进行肥、水促控管理的叶龄模式促控栽培。叶龄模式的建立实现了器官建成在时间上用叶龄加以定位，使产量形成的调控向模式化、指标化方向发展，提高了玉米生产管理水平。通过对玉米幼穗发育、籽粒灌浆规律及其影响因素的研究，明确了玉米穗粒数受制于品种遗传型和栽培条件对小花形成的影响，将败育划分为败育花、未受精花和败育粒；明确了影响玉米籽粒充实的环境因素主要是温度和水分。籽粒败育是制约产量增加的重要因素。从碳、氮代谢角度研究了玉米生育规律，为玉米的肥水调控提供了生理依据基于对玉米生长发育、群体物质生产与分配、需水需肥规律的研究和对玉米生产投入产出的分析，在 20 世纪 70 年代提出了高产玉米的合理群体动态、施肥技术指标、灌溉技术指标、看苗管理形态指标及生产成本构成指标，指导各地依据当地体情况探索、总结、推广相应的玉米产量促控综合栽培技术体系。此外，针对生产中主要自然灾害，如病虫害、干旱、盐碱、洼涝渍害、低温冷害等产量障碍因素；开展了玉米抗性和适应性生理及抗逆、稳产栽培技术研究；通过探寻不同区域玉米增产的障碍和限制因素，提出了相应的技术对策。在中低产地区推广了玉米栽培技术

---

① 胡昌浩，潘子龙．夏玉米同化产物积累与养分吸收分配规律的研究．中国农业科学，1982 年，第 1 期，第 56~65 页

体系，保证了玉米大面积的稳定增产。这一时期重点推广了选用优良杂交种、合理密植、间套复种、早播保苗、增施化肥、有效灌溉、化学除草、精细管理、机械化播种、病虫害化学防治和中低产田改造等高产栽培技术。玉米栽培也由单项技术向综合技术发展，并根据地区特点，提出玉米抗逆高产综合栽培技术。

（二）玉米栽培发展的特点

自新中国成立以来，紧紧围绕玉米增产这一主题，针对各地玉米自然生产条件优劣不同，差异巨大，玉米种植制度复杂不一，多熟并存，因地制宜地开展了各种玉米栽培问题研究，攻克了比欧美国家要复杂得多的众多栽培技术难关。玉米栽培科学和其他农业科学一起，在解决人口占世界的22%、耕地只占7%的中国农产品供应问题及发展我国农业生产中起了不可替代的作用。经过近一个世纪的不懈努力，玉米栽培已从以经验指导为主转以科学指导为主、以定性研究为主转向定性与定量研究相结合，初步形成了具有显著中国特色的玉米栽培科学理论和技术体系。

1. 玉米研究利用的多目标性

玉米栽培技术的研究和应用主要以产量为主，同时兼顾玉米的高产、优质、高效、生态、安全的多目标发展。改革开放以前的几十年间，我国种植业的主要任务是解决农产品不足的问题，玉米栽培与其他农业科学一样，围绕获取玉米高（增）产这一中心任务开展研究，形成以高产为主要内容的玉米栽培科学理论体系，符合那个的时代要求。跨入21世纪后，我国种植业面临的是优质、高产、高效、安全环保和资源可持续利用题，玉米栽培学科围绕新要求开展研究，继续发挥着不可替代的作用。

2. 玉米栽培理论与技术结合性

玉米栽培理论与技术研究的内容逐步拓宽和深入，从施肥、浇水、密度、播期等常规栽培技术措施增产效应的研究，逐步深入到增产机理的研究；由研究器官、个体的生长发育规律，逐步发展到研究群体的生长发育规律及其与高产的关系和调控技术；由研究单项技术措施的增产效果，逐步发展到研究各种技术措施之间的相互关系、优化组合及其增产效果，大大增强了技术措施的准确性和应变决策能力。

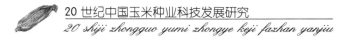
3. 玉米优良品种因地制宜性

良种基因潜力的充分表达靠正确的栽培。我国玉米种植面积大、分布广、品种多，各地区的自然条件、生产条件、管理水平不同，各地广泛开展了玉米品种在不同生态区的丰产性、稳产性和地区适应性研究，依据品种特性确定良种良法的配套栽培技术措施和栽培模式，做到品种合理搭配、因种栽培、因种管理，充分发挥了玉米优良品种的增产潜力。

二、主要玉米生产技术的发展演变

玉米生产技术是玉米种业发展中最活跃的因素，亦是玉米科技在玉米生产过程中的直接体现，是有效地把玉米科研理论与玉米生产实践连接起来的桥梁和纽带。玉米生产技术的发展是玉米种业的发展的前提条件。密植等主要玉米生产技术的发展演变是玉米种业曲折发展阶段的主要体现之一。

（一）玉米密植技术

20 世纪玉米种植密度的不断增加是玉米科学技术进步的综合体现。在此过程中，各地围绕种植密度问题开展了大量研究，其成果指导当地依据具体情况确定适宜的种植密度范围，保证了玉米大面积高产、稳产；亦促进了玉米种业在曲折中持续发展。

1. 密度与产量及其构成因素的关系

关于密度的研究表明，在任何情况下玉米的密度与产量都密切相关。玉米生物产量开始是随着密度的增加而提高，当密度增至一定程度时，产量增长变得不明显，但也不明显下降，两者呈渐近状曲线关系。玉米籽粒数开始时随密度的提高而迅速提高，以后渐缓，再继续增加密度则产量开始明显下降。由于过密会造成个体营养面积缩小，个体间竞争激烈导致植株发育不良、籽粒败育、穗粒数减少、最终导致减产。收获指数随密度增大而变小，在高密度情况下群体生物产量高，但因收获指数低而经济产量不高①。在构成产量的 3 个因素中，密度对产量的影响依次为单位面积穗数 > 穗粒数 > 千粒重。由于受品种特性、环境条件和种植密度的相互作用，穗粒数、千粒重均一致表

---

① 范福仁. 玉米密植程度研究. 作物学报, 1963 年, 第 4 期, 第 381 ~ 399 页

现为随群体中个体数的增加而递减。统计分析结果表明，密度对千粒重的影响主要发生在籽粒形成早期，通过影响胚乳细胞数目，从而影响了籽粒库容潜力的发挥。合理密植能协调好影响产量的各种因素之间的矛盾。

密度增加超过一定限度则破坏了群体与个体发育的平衡关系，植株过密造成郁蔽、通风透光不良，特别是中下部叶片受光不好，光合速率明显下降，干物质积累少，最终导致减产。密度的大小其实质是一个牵涉到能充分利用光能的叶面积多少问题。密度偏稀，干物质生产少；过密则群体大部分会因叶片光照不足而变得损耗器官。高产群体理想的叶面积动态曲线应该是从出苗至抽雄叶面积迅速增加值，之后缓慢下降，直到成熟仍有较多的绿叶面积，即为"前快、中稳、后衰慢"的合理动态规律。具体表现为叶面积的最大值维持的曲线平台期长，叶片功能期长。目前，生产中存在的问题：一是出苗至封行的时间过长，二是灌浆中后期，叶片出现早衰，即生育前期和后期均存在漏光现象。有专家研究指出，玉米叶面积的抛物线变化规律不稳定是栽培技术不完善的结果。如果能用良好的栽培技术把抛物线改为渐进或者接近渐进线曲线变化规律，就可以充分发挥玉米的生产潜力。

2. 密植技术研究状况

20 世纪 50 年代，随着生产条件的改善，"玉米地里卧下牛，还嫌玉米种得稠"的种玉米传统经验已成为进一步提高产量的障碍，改善肥水条件、增加种植密度、提高叶面积指数和光能利用率是增产的主要途径。各地在总结农民经验的基础上，研究了密植对玉米生长发育的影响和对深耕、施肥、灌水、品种及田间管理等农业技术的要求。60 年代广泛开展的玉米群体结构、光能分布与利用及群体自动调节，60 年代后期与 70 年代对玉米理想株型的理论探讨与矮化育种实践。据李少昆、王崇桃研究，此阶段，有关密度的研究主要集中在以下几方面：①密度与玉米群体结构、群体内主要生态因素的关系及不同密度下群体与个体的辩证关系；②密度与根、茎、叶、生殖器官发育及干物质积累与分配的关系；③密度与产量及诸产量构成因素的关系；④密度与单株叶面积、LAI、光合速率、呼吸速率、光合持续时间、经济系数等光合性能因素的关系；⑤密度对源、库及其关系的影响；⑥密度与地力水平、品种特性、种植方式、肥水管理及病虫发生的关系。

通过大量的研究和生产实践，结果如下：①玉米合理密植的原理在于有效地利用光能、充分地利用地力，保证个体的正常发育、群体得到最大的发展，使单位面积上的穗数、粒数和粒重得到统一，从而获得高产；②当密度增加到一定限度时增产幅度减缓，密度继续增加，产量逐渐降低，存在"适宜密植区"现象，在适宜密度区，光合势、净同化率和经济系数 3 个指标的乘积达到最大值，产量最高；③在肥水供应充足的条件下，最适密度的原则是抽雄时群体下部光强处于光的补偿点；④生产水平越高（包括品种、土壤肥力、施肥水平、灌溉条件、病虫草害、玉米生产管理水平等）及气候条件越适宜，最适宜的密度越大，其中，密度与品种和土壤肥力的关系最为密切；⑤确定玉米合理密度的方法包括 K 值法、叶向值法、LAI 法等；⑥合理密植的原则是早熟、矮秆品种宜密，晚熟、高秆、松散品种宜稀；在肥力较高的田块上适宜的密度范围较宽，在中低肥力土地上适宜的密度范围较窄；灌溉条件好的地区可适当密些，干旱或水浇条件差的地区可适当稀些；不同生态气候地区因纬度、温度、日照、地势等自然因素不同，适宜的密度范围不同。在产量构成 3 个因素中，单位面积穗数即密度是最容易掌握的因素，种植密度问题是玉米栽培技术中最为重要的措施，是人为最易调控且又经济有效的增产措施。在影响玉米种植密度的诸多因素中，施肥、灌溉、除草、防治病虫害等技术措施是人为可控的，而光照强度、光的质量、二氧化氮浓度、降雨、湿度、温度等因素则是不可调控的自然因素，这些因素将成为高密度条件下高产的限制因素。合理密植的途径有两个：一是现实性合理密植，就是按现有的各方面具体条件统上述各项因素，来确定适宜的种植密度；二是积极性合理密植，即努力创造条件提高生产水平，从而提高适宜密度上限，获得更高产量①。

3. 种植密度的发展

随着科技进步、投入增加和生产管理水平的提高，我国玉米的种植密度逐年增加，并逐渐重视依据当地气候生态条件、品种特征特性、土壤肥力、灌、施肥水平、病虫害和杂草防治及耕作栽培管理水

---

①　李少昆，王崇桃．玉米生产技术创新·扩散．北京：科学出版社，2010 年 3 月，第 65 页

平，因地制宜地确定适宜的种植密度。20世纪50年代，我国玉米生产水平较低，种植品种为金皇后、白马牙和英粒子等高秆大穗型农家种，施肥量少，加之播种质量差、地下害虫为害、管理粗放，玉米保苗密度低，缺苗率平均为15%～20%，大田生产平均密度不足2 000株/亩，产量在100千克/亩以下，若种植到3 000株/亩，则空秆率就会超过15%。1958年"大跃进"、"放卫星"的年代，片面强调"八字宪法"中的"密"字，致使生产中出现过留苗过密现象。60～70年代，随着杂交种的推广应用，化肥使用数量的增加，农田基本建设条件的改善，科学种田水平迅速提高，玉米种植密度显著增大，平均密度增加至2 000～2 500株/亩，产量达到200千克/亩。

（二）玉米科学施肥技术

玉米是高产作物，需肥量较大，科学施肥是获得玉米高产稳产的关键。20世纪的生产实践表明，我国玉米施肥技术的进步体现在施肥数量逐年增加、肥料品种及比例不断完善、施肥方法更加科学；先是重视氮肥的施用，继后是重视磷肥和钾肥的施用，再到中、微量元素肥料的施用。

施肥技术发展状况

20世纪50～60年代以前，我国玉米田主要施农家肥，这一时期通过调查和试验明确了玉米不同产量水平下吸收氮、磷、钾的数量及施肥量与肥料种类、地力、品种及密植的关系。50年代后期，全国化肥试验协作网组织开展玉米氮、磷、钾肥效试验，研究了氮肥的施用量、施用时期及施用方法，明确了氮肥在玉米生产中的增产作用。这一时期总结了我国农民长期以来积累的因地、因时、看天、看苗的施肥经验，确定了玉米施肥的原则：基肥为主，追肥为辅；有机肥为主，化肥为辅；氮肥为主，磷钾肥为辅；攻穗肥为主，攻粒肥为辅。20世纪70年代，一些科研单位研究了氮肥施用时期对玉米器官形成的促控作用，施穗肥对雌穗分化和植株生长的影响，玉米群体叶色"青、黄"变化与施肥的关系等。针对我国各地玉米种植形式多样、施肥数量悬殊的具体情况探索形成了不同的施肥技术，例如，西南地区套种春玉米，采用"两头重"，重施底肥、巧施拔节肥和猛攻穗肥的施肥方式；华北南部地区"四密一稀"夏玉米，在小麦收获后给玉米"一炮轰"施肥；华北北部窄畦套种玉米，采用拔节、抽雄"前重后轻"施肥模式。以上方法均取得良好的增产效果①。山东农业大学胡昌浩等系统研究了干物积积累与养分吸收分配规律，提出了夏玉米采用不同时期吸收氮、磷、钾量和比例，结束了我国玉米施肥一直沿用北平农事试验场 1933 年玉米吸收氮、磷、钾的历史（表 2−1）。研究明确了氮肥、磷肥与土壤条件、施肥技术的关系，在施足底肥的基础上，拔节期施肥攻秆、孕穗期施肥攻穗、灌浆期施肥攻粒的玉米不同时期施肥的主攻目标，提出了较为系统的氮、磷、钾肥料的施用技术。这一时期，在生产中以单一施肥为主，氮肥的品种主要以碳铵和氨水为主。

表 2−1　不同生育时期氮、磷、钾累进吸收量与比例

生育日期(日/月)	出苗后天数	植株干重 (斤/亩)	(%)	N 占干重(%)	(斤/亩)	(%)	P_2O_5 占干重(%)	(斤/亩)	(%)	K_2O 占干重(%)	(斤/亩)	(%)	$N:P_2O_5:K_2O$
拔节 (13/7)	15	9.00	0.42	2.789	0.251	1.176	1.033	0.093	0.852	1.933	0.174	0.706	2.70:1:1.87
小喇叭口 (21/7)	23	67.75	3.13	2.549	1.727	8.084	0.874	0.592	5.123	1.712	1.16	4.706	2.92:1:1.96
大喇叭口 (30/7)	32	400.15	16.49	1.977	7.198	33.692	0.765	3.023	27.691	1.623	6.495	26.349	2.38:1:2.15
抽雄 (8/8)	41	726.70	33.57	1.421	10.323	48.32	0.583	5.311	48.649	1.99	14.46	58.661	1.94:1:2.72
灌浆 (21/8)	54	1 257.10	58.08	1.089	13.693	64.094	0.562	7.066	64.725	1.214	15.26	61.907	1.94:1:2.16
蜡熟 (15/9)	79	2 135.60	98.66	0.992	21.169	99.181	0.507	10.617	99.084	1.154	24.65	100.000	1.95:1:2.28
完熟 (24/9)	88	2 164.60	100.00	0.987	21.364	100.00	0.504	19.17	100.000	1.129	24.428	99.099	1.95:1:2.24

资料来源：胡昌浩，潘子龙．夏玉米同化产物积累与养分吸收分配规律的研究Ⅱ．氮、磷、钾的吸收、分配与转移规律．中国农业科学，1982 年，第 2 期，第 44 页

（三）抗旱与节水灌溉技术

玉米是需水较多的作物，特别是近年来随着种植密度、施肥量的增加和玉米产量水平的提高，玉米的需水量有较大幅度的增加，水分不足的问题日益突出。旱作玉米在我国玉米种植中一直占据较大比

①　佟屏亚．我国玉米栽培研究的回顾与展望．耕作与栽培，1984，第 6 期，第 31 ～ 39 页

例。降雨不足、季节性分布不匀、降水分布与玉米的需水规律往往不能吻合，已成为制约玉米高产稳产的首要自然因素。

1. 玉米需水规律

有关玉米需水规律的研究表明，玉米以苗期阶段耗水量最少，穗期阶段次之，抽雄至灌浆阶段最多。生育期内日耗水强度变化呈单峰曲线，顶峰值在大喇叭口期至灌浆期。玉米抽雄至灌浆期耗水最为强烈，对水最为敏感，是玉米需水的关键时期，遇旱则造成大幅度减产。东先旺等（1999）对夏玉米高产田水分跟踪测定结果表明，高产条件下穗期（拔节至开花）和花粒期（开花至成熟）阶段的耗水量大幅度增加，日耗水强度随之增强，苗期阶段的模系数下降，而花粒期阶段的模系数达56.4%[1]。因此，高产玉米应增加花粒期阶段水分的配额（表2－2）。

表2－2　夏玉米高产群体阶段耗水量、模系数及日耗水量变化

生育阶段	阶段耗水量 （毫米/亩）	模系数 （%）	日耗水量 [毫米/（亩·天）]
种至拔节	63.4	9.7	2.9
拔节至大喇叭口	119.6	18.3	6.9
大喇叭口至开花	102.5	5.7	11.4
开花至乳熟	133.5	20.4	8.6
乳熟至蜡熟	141.3	21.6	6.7
蜡熟至成熟	94.4	14.4	5.7
全生育期	650.0	100	6.4

2. 节水灌溉技术的发展

新中国成立后，随着农田水利设施的发展，玉米灌溉面积不断扩大。20世纪50年代，通过科学研究，初步查明了玉米在一般产量水平下的需水量，春玉米为每亩200～400立方米，夏玉米为每亩200～300立方米；明确了抽雄期前后是玉米需水高峰期，拔节期和抽雄期灌溉增产效果最显著。各地区还研究了沟灌、畦灌等节水灌技

---

① 东先旺. 超高产夏玉米耗水特性与灌水指标的研究. 莱阳农学院学报，1999年，第3期，第157～162页

术，开始推行计划用水，提倡大畦改小畦、长沟改短沟、串灌改块灌，大力平整土地，进行农田建设，提高灌溉效率。20 世纪 60 ~ 70 年代，在对玉米水分生理研究的基础上，明确了不同地区、不同条件下玉米的需水量和需水规律，研究提出了适宜灌水指标和节水灌溉制度，有效地指导了各地玉米生产因地制宜地进行科学灌溉。80 年代，各地进一步研究提出了高产的土壤适宜水分指标与玉米形态、水分生理及土壤湿度等灌溉诊断指标，为指导玉米适时灌溉提供了可靠依据。近年来，全面开展了农艺、工程和生物节水技术的研发与应用，在作物结构调整、生物节水技术、精细地面灌溉技术、非充分灌溉技术、雨水集蓄利用、节水设备及产品研发、区域节水农业模式等方面取得了明显进展。现代灌溉技术如管灌、喷灌自 70 年代后期开始应用于玉米生产。同时，在利用现代仪器监测水分生理指标和利用水分亏缺理论指导灌溉方面也取得重要进展。从不同区域看，北方春玉米区还大力发展催芽、坐水、点种技术和有利于充分利用自然降雨的新型耕作技术；黄淮海玉米区注重加强灌水技术指导、浇好关键水；西北内陆河流域绿洲农业区推广玉米隔沟交替灌溉和滴灌技术等；西南玉米区和两北旱作玉米区通过修建蓄水池、窖等收集贮存自然降水进行补充灌溉。

上述讨论的 3 项技术是玉米种业在曲折发展过程中影响玉米生产及种业发展的最重要技术指标。其他与玉米生产紧密相关的基本技术还有地膜覆盖与育苗移栽技术、病虫草害防治技术、化学控制技术、玉米生产机械化技术、农田保护性耕作技术、现代信息技术的应用等亦有一定影响。关于它们的发展演变及效用机制，李少昆、王崇桃在其 2010 年出版的《玉米生产技术创新·扩散》一书中有较为详尽的阐述①，故不再赘述。

第二节　玉米种质资源的整理与利用

种质资源是选育优良玉米品种的遗传物质基础。搜集原始素材、

---

① 李少昆，王崇桃．玉米生产技术创新·扩散．北京：科学出版社，2010 年 3 月，第 82 ~ 139 页

拓宽种质基础、开展种质创新、培育优良自交系是配制玉米杂交种的必经途径，是玉米种业的核心环节之一，在玉米种业发展过程中举足轻重。理论必须与实践相结合，探讨玉米种质各种基础理论原理及模式，最终目的还是为玉米的种质利用服务。玉米种业发展是一个繁育、推广、销售乃至加工利用的一个完整产业链。本节将讨论玉米种业曲折发展过程中玉米种质资源整理与利用情况。

一、我国玉米种质资源的搜集过程

20 世纪 50 年代以前，我国玉米等农业科技相对落后，加之社会动乱，一些有识之士虽已开始认识到玉米种质的重要性，但因条件所限，有关玉米种质资源的工作几无开展。直至 1949 年新中国成立后，玉米种质资源的搜集和整理工作才得以提到日程，并在整理研究利用的基础上，选育出许多高产、优质、多抗以及配合力高的自交系，并在育种方法和加速良种繁育方面进行了比较系统的研究，特别是对种质系谱和杂优利用模式的分类研究，为配制玉米杂交种展示提供参考的捷径。玉米种质资源的采集和整理玉米种质资源包括地方品种、育种群体和中间材料以及具有不同特长的突变体、原始类型、野生近缘种、高产杂交种、自交系等。但根据材料来源和育种价值区分，玉米种质资源可分为三大类，即地方品种资源、外来种质资源（包括温带、热带或亚热带材料及野生近缘种）和当代主栽品种资源（包括生产上应用的杂交种、组合、自交系等）。

中央农业部 1950 年 3 月发布《五年良种普及计划（草案）》，要求以县为单位，广泛开展群众性的选种活动，发掘农家优良品种，就地繁殖，扩大推广。1956 年中央农业部再次发出"关于全面征集农作物地方农家品种工作的通知"，要求各地农业行政部门和农业科学研究单位密切配合，依靠当地农业技术推广站，逐乡、逐村、逐户进行大田作物品种的普查和搜集。1957 年中央农业部又发出"关于进一步搜集、整理和保存农家品种的通知"。据 1958 年 3 月召开的"全国大田作物品种会议"统计，全国共搜集玉米品种资源 11 400份。经过"文化革命"一段停顿之后，1979 年 6 月，国家科委和农业部召开"全国农作物品种资源科研工作会议"，联合发出"关于开展农作物品种资源补充征集的通知"，并由科研机构进行保存、整

理、研究和利用。据 1980 年统计资料，全国玉米品种资源超过 1.2
万份，其中硬粒型占 60.2%，马齿型占 12.7%，中间型占 11.6%。

（一）主要玉米地方品种类型

我国长期种植的玉米地方品种主要是硬粒型和少数糯质型，例如
北方春玉米区的火苞米、金顶子、白苞米、老来皱、霜打红、白顶、
高桩；北方夏玉米区的野鸡红、小粒红、金棒锤、小白糙、干白顶；
华北玉米区的武陟矮、石灰篓、大红袍、七叶糯、紫玉米、红玉米；
南方玉米区的小金黄、满堂金；西南玉米区的大籽黄、年全南充秋子
等。据 1984 年全国农作物品种资源考察，共征集整理的优良玉米地
方品种接近 800 份。马齿型玉米在美洲形成较晚，引入我国则是 20
世纪 20 年代以后的事。例如，东北地区的白鹤，1927 年，由吉林省
公主岭农业试验场从美国的沃特泊尔品种中选择培育而成；金皇后是
1930 年由山西铭贤学校教师自美国引入；1931 年长江下游地区从美
国引入一些玉米品种；英粒子原产于欧洲，是 1943 年由丹麦传入辽
宁的；陕西的红心白马牙是 1947 年从美国引进的双交种选育而成；
在河北省唐山地区种植的白马牙，是从意国白经过多年栽培和选择形
成。中间型品种是从硬粒型品种与马齿型品种通过天然杂交和人工选
择逐步形成的。这些品种表现出比硬粒型增产，比马齿型稳产，食味
较马齿型好，有较广的适应性和丰产性，还具有某些特殊的性状，如
抗某种病虫害，适合当地人的饮食习惯，适应特定的地方生态条
件等。

（二）外来玉米种质资源类型

外来玉米种质资源类型可以分为 3 类：一是从国外引入经过现代
育种技术改良选育的温带杂交种、自交系或群体材料；二是从热带、
亚热带低纬度地区引入并不完全适应温带种植的杂交种、自交系和群
体材料；三是从玉米遗传多样性中心及世界各地引入的野生近缘种。
通过各国友好往来和科技交流，从国外先后引进许多优良品种、杂交
种、自交系、雄性不育系以及高蛋白、抗斑病等原始材料。例如，从
阿尔巴尼亚引进的白苏廖娃品种，1961—1963 年，在陕西关中地区
试验示范，在密植条件下与辽东白品种产量相近，但早熟 7 ~ 10 天，
有利于后作小麦的高产；用它作基础材料，选出优良自交系白苏
635。又如，20 世纪 50 年代从朝鲜引进的白马牙、黄马牙，从前苏

联引进的白马牙、黄马牙等，在我国主要玉米产区都大面积推广应用。从国外引入的优良玉米自交系或用国外品种作原始材料选育的自交系，在玉米育种上也起了良好的作用。如自交系 WF9、38-11、为 W20、W24、W153R、W59E 等，在我国育成的第一批双杂交种中曾作为亲本。后来相继引入的国外自交系如 C103、oh43、Mo17、Va35 等，特别是 20 世纪 80 年代以后，玉米育种单位先后从美国杂交种选出一批高产、高配合力、抗病性强、株型紧凑的自交系，如掖478、U8112、5003 等，对组配高产优质杂交种起重要作用。在玉米杂交种的选配上，利用亲缘关系较远的国外材料和国内材料作亲本杂交，是获得高产杂交组合的重要途径之一。

（三）我国独有特用玉米种质资源

1. 甜质玉米

玉米属的一个亚种，因其籽粒在乳熟期含有较多的糖分，鲜嫩多汁，所以又称为甜玉米。甜玉米又分为普通甜玉米和超甜玉米两种类型。普通甜玉米受 $su2$ 隐性突变基因控制，胚乳中含糖分 10%～15%，相当于普通玉米的 2.5 倍。超甜玉米受隐性基因 $sh2$ 控制，籽粒中糖分含量又比普通甜玉米高 2.5～3.0 倍。甜玉米具有蔬菜、水果、粮食、饲料"四位一体"的利用价值。一是采收刚刚吐丝的鲜嫩果穗加工的笋玉米，又称作玉米笋或水果玉米；或以乳熟期采收的青果穗，供煮、蒸及烤食；二是将青鲜果穗或籽粒加工成糊状、粒状或段状罐头、速冻甜玉米穗和粒、脱水甜玉米干、油炸甜玉米粒以及快餐粥类等食品；三是收获玉米雌穗形成尚未外露的柔嫩果穗，可单独烹调，也可与肉同炒，食之滑润脆嫩，清香隽永，可与玉兰片、芦笋媲美；四是将乳熟期采收的甜玉米青鲜果穗，通过清蒸加工，速冻贮藏，延时供应市场。我国甜玉米品种资源有油包米、糖包米、大八杈等。

2. 爆裂玉米

又称爆炸玉米或爆花玉米。起源于美洲的墨西哥、秘鲁、智利沿安第斯山麓广大地区。爆裂玉米果穗和籽粒均较普通玉米小，结构紧实，坚硬透明，遇高温有较大的膨爆性，膨爆系数可达 25～40，即使籽粒被砸成碎块也不会丧失膨爆力，爆裂玉米即由此而得名。籽粒多为黄色或白色，也有红色、蓝色、棕色，甚至花斑色的。但膨爆之后均裸露乳白色的絮状物，呈蘑菇状或蝴蝶状。商品爆玉米花有两种类型：一种为棱形，多为庭院种植，产量较低；一种为球形，产量较高，膨爆性好，适于大田生产，在商业上广泛应用。我国有丰富的爆裂玉米资源，优良品种有爆花白（四川）、黄玉麦（山西）、麦包玉（山东）、白九子（贵州）等，籽粒外形美观，品质优良，一般产量偏低。20 世纪 80 年代以来，科研单位培育出优良爆裂玉米品种，如黄玫瑰、红玛瑙、白雪、泰爆、沪爆等。

3. 糯质玉米

玉米属的一个亚种，其籽粒不透明，无光泽，胚乳全为角质支链淀粉，富有黏糯性，又称黏玉米或蜡质玉米。糯玉米起源于中国西南丘陵地区，可能是在玉米传入我国以后，在云南、广西一带聚居的傣族、哈尼族有喜爱黏食的习俗，在长期栽培实践中从黏粒型玉米突变体选择培育而成。1760 年张宗法著《三农纪》记述：玉米"累累然如芡实大，有黑、白、红、青之色，有粳有粘。"粘（黏），即指的糯质玉米。美国玉米育种家华莱士（H. A. Wallace）著《玉米及其栽培》记述："东方各国广泛栽培糯质玉米至少已有几个世纪了。"据《中国作物遗传资源》报道，糯玉米起源于云南西双版纳和广西的热带、亚热带地区。这一地区至今还可以找到原始性状的糯玉米，如四路糯、紫秆糯、曼金兰黄糯等；云南省傣族、哈尼族聚居区种植的玉米大部分是糯玉米，食用它的青嫩果穗和籽粒（粉），并用来加工做黏粥、糕点、果馅、汤圆、糍粑等。云南省农业科学院保存的糯玉米品种有 250 多个。糯玉米和当地粳粒玉米，在粒色、喜肥性和籽粒品质方面具有相同变异趋势。白粒喜肥水，黄粒适应性广，花乌粒较硬但香味浓郁。科学家研究认为，糯玉米与当地硬粒玉米的过氧化物酶和同工酶谱均具有 5 酶带。这是中国糯玉米的重要特点之一。

中国糯玉米种质资源丰富，据报道有 900 多个品种。籽粒有黄、白、紫、黑诸色，在生产上受欢迎的有：青秆粘、宜山糯、腾冲糯包谷、新平白糯、黄粘玉米、岳麓糯包谷、花丝糯等，一般亩产 100～200 千克，高的在 250 千克以上。20 世纪 90 年代糯玉米受到欢迎，科研单位新育成的糯玉米品种有中糯 1 号（中 08×玉 04）、金黑糯 1 号（03×04）、烟糯 5 号（衡白 522×白 525）、鲁糯 1 号（齐 401×糯 303）、苏糯 1 号（通系 5×衡白 522）等，多以鲜食为主，有些地方进行速冻玉米和罐头食品的加工。

4. 高品质玉米

包括高蛋白玉米和高油玉米。中国农业科学院作物品种资源研究所从种质资的玉源筛选出赖氨酸含量超过 0.4% 的玉米种质有银黄白（山东）、小红脐（山东）、珍珠红（辽宁）、小江岗（江苏）、大金黄（河北）等。高油玉米系指胚脐中含油量较高的玉米。据中国农业科学院对 294 份玉米品种资源分析，脂肪含量超过 5% 的有小粒红（辽宁）、二金黄（四川）、晋单号（山西）。蛋白质含量超过 14% 的有红粘玉米（山东）、小粒白（安徽）、大金黄（江苏）、半金黄（浙江）等。

除此之外，还有一些特殊株型的玉米种质。例如，多穗玉米，产于山东的紫多穗，单株着生 4 ~ 5 分枝，每茎结 3 ~ 4 个，最多可达 10 ~ 15 穗；产于湖北的七姊妹；河北的多穗白，单株分蘖 1 ~ 2 个，单茎结穗 3 ~ 4 个；产于北京的京多 1 号，单茎平均结 3 穗，每亩总 6 000 ~ 8 000 个，是适宜制作罐头的多茎多穗的优良甜玉米品种资源。又如矮生玉米，受矮生基因控制，植株一般在 180 厘米以下，穗位 60 厘米以下。如产于云南的鸡包谷，产于湖北的野鸡爪等。其他还有一些特殊的玉米资源，如多行品种、大粒品种、耐冷品种、抗涝品种、耐雨雾品种、无叶舌品种等。

二、中国玉米种质资源分布

（一）中国玉米种质资源分布状况

毫无疑问，玉米是外来品，但我国地域广袤，气候多样，农业资源丰富，自玉米传入我国后，不断演化发展，至今已形成许多珍贵的特种玉米种质资源。关于中国玉米种质资源研究也较多。朱小阳（1996）报道，截至 1995 年，中国农业科学院作物品种资源研究所共搜集整理玉米种质 15 961 份，其中，中国种质 13 972 份，从 43 个国家引进种质 1 989 份。中国种质中 11 743 份来自云南、广西、贵州、四川、湖北、陕西、山西、山东和吉林。从中评选出许多特异种质资源，其中，糯玉米 909 份、爆裂玉米 277 份、甜玉米 136 份、甜粉玉米 1 份、粉质玉米 39 份、有稃玉米 4 份；矮秆种质 56 份、早熟种质 284 份、双穗种质 225 份、多行种质 90 份。通过抗病种质评价，获得抗大斑病种质 261 份、抗小斑病种质 368 份、抗丝黑穗病种质 1 065份以及抗矮花叶病种质 165 份。从 3 800 份玉米种质中评价出 500 份幼芽期、苗期或乳熟期耐冷性种质。从 5 850 份种质中获得高蛋白质50 份、高油种质 90 份、高淀粉种质 20 份、高赖氨酸种质 40 份①。

（二）中国玉米种质资源密集带

中国农业科学院佟屏亚研究指出，中国玉米种质资源集中分布在从东北向西南走向的狭长地带。从东北黑龙江、吉林、辽宁向西南经内蒙古南部、河北、山西、山东、河南、陕西南部、湖北、四川至贵州、云南、广西等。这个密集带集中了 9 642 份种质资源。有 4 个密集分布区，即云贵高原密集区，包括云南北部、广西西北部、贵州西部和四川东南部；湖北西部—陕西南部—山西—河南密集区；河北—内蒙古东南部—山东密集区；黑龙江南部—吉林—辽北密集区，其种质资源数量分别占全国总数的 40%、19%、12% 和 13%，以云南、广西、四川、山西、湖北等省（区）数量最多②。

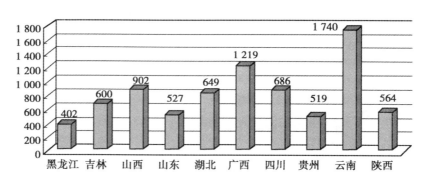

图 2 - 1　中国各省（区）玉米种质资源密集带分布

资料来源：佟屏亚 . 玉米科技史 . 北京：中国农业科学技术出版社，2000 年，第 218 页

中国玉米种质分布密集带的形成，与气候条件、种质特性以及经

---

① 朱小阳 . 中国玉米种质资源 . 种子工程与农业发展 . 北京：中国农业出版社，1997 年，第 596 页

② 佟屏亚 . 玉米科技史 . 北京：中国农业科学技术出版社，2000 年，第 218 页

济因素有密切关系。从气候条件看，玉米原产中、南美洲热带地区，是喜温喜湿的作物，随着经济发展种植地域逐渐向亚热带、温带推移。中国玉米种质分布密集带的西北界限大体上同年降水量 500 毫米的地带平行，表明降水量成为玉米种质分布密集带向西北方向发展的限制因子。同时玉米生长发育的最适温度并不是玉米高产的最适温度，当灌浆期长而且气候冷凉玉米产量就高。中国东北和华北、西南山地具备了这种气候条件。玉米种质分布密集带从东北向西南走向，其种植海拔高度相应升高，如东北种植高度大多低于海拔 500 米，而在 200 米以下比较集中；华北在海拔 1 200 米以下，集中在 300～700 米；湖北、四川等地可种到海拔 1 700 米，云贵高原则可种到海拔 2 500 米，主要集中在 500～1 500 米。这种纬度和海拔高度的变化与玉米灌浆期所需的温度和积温有密切关系①。

三、玉米抗病性改良与种质资源利用

种质的改良、利用和创新是一项长期性的基础研究工作。纵观中国玉米杂交育种的发展历程，突破性新品种的诞生总是以突破性的创新基础素材和培育自交系为前提的。种质改良和创新可以不断克服种质狭窄的难题，为培育高产优质玉米杂交种创造条件。此阶段主要表现为玉米的抗病性改良与野生近缘种等种质利用。

（一）抗病性改良

玉米的抗病性在遗传学概念上可分为垂直抗性和水平抗性。前者是指寄主对病原菌的某一个或多个小种是抵抗或免疫的，而对另一些小种是感病或高感的。后者是指作物对病原菌的全部小种具有同等水平或同样有效的抵抗能力。例如，玉米品种对大斑病具有水平抗性，虽总体感病，但并不严重。自从发现了显性单基因 $Ht1$，经转育到玉米品种后，对 1 号大斑病菌的抗性有所提高；但不久又出现了 2 号小种，能侵害原来抗 1 小号的玉米品种，给抗病育种造成困难。20 世纪 60 年代末玉米大斑病在北方产区突发流行，造成各类杂交种和品种感染并严重减产。

---

① 曹永生．中国主要农作物种质资源地理分布图集．北京：中国农业出版社，1995年，第 111～114 页

20 世纪 70 年代初，抗大斑病的玉米单交种推广推始，又罹受丝黑穗病的危害。80 年代以来又有矮花叶病、丛缩病在部分地区发生。据调查，各地玉米病害繁多，除夏玉米的小斑病，还有青枯病、病毒病以及穗粒腐病等。东北春玉米区以大斑病和丝黑穗病为主，黄淮海夏玉米区以小斑病为主，而青枯病则为全国性的玉米病害。所以，一个品种只抗一种病害难以立足，必须培育兼抗多种病害的自交系。

为保证玉米抗病性改良效果，必须要形成一个群体效应。在此基础上开展的玉米群体改良即是用轮回选择方法使玉米天然授粉品种、人工合成种的产量和农艺性状得到周期性提高。群体改良的目标主要在于获取性状得到改良、株间仍有差异的杂合群体。为了同时能改良多种目标性状，在群体改良方案中引用选择指数法。要兼顾自交系选育的，采用半姊妹与鉴定系相结合的两种轮回选择。中国玉米群体改良工作起步较晚。1955 年，在选育玉米品种间杂交种的同时，河南农学院与洛阳地区农业科学研究所合作，育成了混选 1 号综合品种，种植面积 200 多万亩。之后，科研单位相继育成了豫综 1 号、冀综 1 号等综合品种。在李竞雄等人的倡导下，1983 年把轮回选择列入"六五"国家玉米育种科技攻关课题，以轮回选择为主的群体改良研究得到了加强。

（二）野生近缘种利用

野生近缘种是扩大和丰富玉米种质资源的重要途径之一，应用的材料主要是大刍草以及摩擦禾等。大刍草有一年生和多年生两种。大刍草有发达的根系和支持根，抗倒、抗旱、耐涝，有多种抗病虫基因。河北农垦科学研究所于 1975 年从国外引进一年生大刍草（*Euchlaena mexicana Schrad*）的 3 个系，用矮金 525、C103、自 330 等自交系作母本，分别与之杂交，当代结实良好。杂交 1 代在同一果穗上表现粒型、粒色和大小有明显的差别，多数组合表现为多穗型，植株健壮，秆矮，有选育利用价值。广西玉米研究所利用对大、小斑病表现良好抗性的一个大刍草材料作父本，与群单 105、塘四平头、麻团等进行杂交。杂交 1 代多分枝，果穗增多，籽粒变小，但抗病性增强，生育期延长。利用杂交种的花粉给玉米回交，回交种（BC1）结穗性倾向于玉米，抗病性和抗旱性显著增强，雌雄穗发育良好，双穗株占 41.9%，多穗株占 42.0%。杂种回交后代（BC2）的多穗性、抗病性可以用来进一步改良玉米的栽培性状①。

（三）导入热带种质

热带种质充分重组的群体或种质库。研究表明，热带和亚热带种质遗传差异较大，与温带种质杂交具有较强的杂种优势。在温带种质中导入热带和亚热带种质，可以拓宽玉米种质基础，增加育种群体的遗传多样性，探索杂交优势利用的新模式。现今温带种植的马齿型玉米，大多是18世纪和19世纪美国北方硬粒种与南方马齿种杂交选育而成，不同类型间杂交形成玉米类型的变化并使产量大幅度增长。热带种质可以直接利用，也可以通过与温带种质杂交导入再利用。其操作方法基本如下：一是逐步驯化。对不适应温带种植的热带种质先在相似环境的低纬度区种植，逐年"北进"，使之适应温带地区的生态环境。二是从适应性强的优良热带种质直接选育自交系，再与温带种质自交系杂交，把热带种质的优良特性组合至杂交一代。三是从不很适应的材料中选择早熟、抗病、抗倒等的单株组建新的群体。四是多个优良热带玉米种质充分杂交组成群体，选用热带种质群体内最好的家系进行杂交组成综合群体，然后连续选择早熟性，直至后代群体完全适应温带为止。五是将外来热带种质与本地适应性强的材料杂交、回交，使适当的日长反应基因改组而获得成功。六是组成温带与热带种质充分重组的群体或种质库，又称种质综合种。四川农业大学育种家以此法成功地把热带种质的抗病性和营养体发达等优良性状与温带种质高的经济系数结合在一起②。

四、中单 2 号等标志性玉米品种推广与利用

（一）中单 2 号

中单 2 号是由中国农业科学院作物育种栽培研究所李竞雄院士等专家于 1973 年育成，组合为 Mo17×自 330，1975 年被定名，1979 年后分别通过了陕西、甘肃、宁夏、山东、北京、河北、四川、山西、吉林等省（区）级审（认）定，1990 年通过全国农作物品种审定委

---

① 玉米遗传育种编写组．玉米遗传育种学．北京：科学出版社，1979 年，第 144 页

② 荣廷昭．热带玉米种质在温带玉米育种的应用．作物杂志（增刊），1998 年，第 12～14 页

员会认定（品种登记号为 GS03008—1984）。中单 2 号于 1976 年投入生产后，便在全国范围内迅速扩散，到 1982 年种植面积达到 2 403 万亩，至 1986 年连续 5 年种植面积居全国第一位，1989 年播种面积最高时达到 3 434 万亩，约占全国玉米杂交种种植面积的 14%。至 2004 年，中单 2 号累计推广面积达到 5.57 亿亩，成为我国累计种种植面积最大的玉米杂交种。中单 2 号从育成至今已历时 30 余年，种植面积在 1 000 万亩以上的年份长达 20 年之久，至今仍有一定种植面积，可谓经久不衰，在杂交玉米的发展史上是罕见的。中单 2 号的育成标志着我国玉米单交种的组配和推广进入相对成熟的时期。中单 2 号于 1984 年荣获国家发明一等奖。

中单 2 号属中熟杂交种，春播生育期 120 天左右，黄淮海地区夏播 95～100 天，适宜≥10℃活动积温 2 500℃以上的地区种植。该品种幼苗叶鞘浅紫色，生长势强，叶较宽大，株型挺秀，为平展型，株高 240～250 厘米，穗位高 80～100 厘米，全株 21 片或 22 片叶，果穗长筒形，穗行数 12～14 行，穗轴紫色，籽粒为黄色、马齿型，含蛋白质 9.50%、粗脂肪 3.95%、淀粉 63.41%、赖氨酸 0.32%，育成时亩产在 500～600 千克。1975 年，在北京市通县等 10 个不同地区试验，中单 2 号比当地所有的推广杂交种均显著增产。其中 9 处亩产达到 500 千克以上。大面积生产试验，中单 2 号比当地推广的杂交种增产幅度为 15%～25%，每亩增产 75～100 千克。中单 2 号杂交种不仅丰产性好，且综合抗逆性强、适应范围广。该品种抗青枯病、大斑病、小斑病和丝黑穗病，但不抗赤霉病；根系发达、茎秆坚硬，抗倒性较强，在北方干旱地区表现出苗期抗旱、耐寒、后期抗涝特点。实现了多抗的目标，具有广泛的适应性，年种植面积在 10 万亩以上的省（自治区、直辖市）多达 22 个。北起黑龙江，南到云南，东起山东，西至新疆。覆盖了我国北方春玉米、黄淮海春、夏播玉米、西南山地玉米和西北灌溉玉米 4 大区域，是我同适应性最广的玉米杂交种之一。此外，中单 2 号还适用于各地的多种栽培制度，在一季春播区进行单作或与大豆间作、麦垄套种，在麦茬玉米区可进行夏播，并

86

能在西南丘陵山区瘠薄的红壤酸性土上良好生长[1]。

（二）丹玉 13 号

丹玉 13 号是由丹东市农业科学院前身辽宁省丹东地区农科所吴纪昌等专家于 1979 年以 Mo17Ht 为母本、E28 为父本组配而成的高产、稳产、广适、多抗单交种，是第 3 代玉米单交种的杰出代表。1980—1982 年进行所内比较试验和丹东地区多点鉴定，1982—1984 年参加辽宁省区域试验、生产试验。1985 年经辽宁省品种审定委员会审定通过并命名为丹玉 13 号。1983 年试种 3 000 亩，1984 年种植 47 万亩，1985 年 175 万亩，1987 年就达到 3 374 万亩，超过中单 2 号，成为当时全国种植面积最大的品种，1987—1994 年连续 8 年种植面积居全国第一，最高年份 1989 年达到 5 252 万亩。截至 1994 年年底，丹玉 13 号分别通过辽宁、吉林、四川、河南等 10 多个省（自治区、直辖市）审定，1990 年通过全国农作物品种审定委员会审定（品种登记号 GS03003—1989），已在全国五大玉米产区 24 个省（自治区、直辖市）推广、种植，1984—2007 年累计推广面积 4.22 亿亩，增产粮食 200 多亿千克，增加经济效益 210 多亿元。1989 年荣获国家科技进步一等奖。

丹玉 13 号株高 260～280 厘米。穗位 110 厘米左右，叶片 19 片或 20 片。株型呈塔形，穗位上部叶片宽大上冲，通风透光好。穗长 21～24 厘米，穗粒数 655～750 粒，千粒重 380～430 克，穗粒重 222～254 克，粒马齿型黄色，穗筒形，轴红色，茎秆成熟，比较抗旱、抗倒伏、抗病。生育期 105～130 天，积温在 2 900℃以上的地区均可种植。种植区域遍及 24 个省（自治区、直辖市），北起黑龙江，南至海南岛的春、夏播玉米区均有种植。丹玉 13 号属大穗型杂交种，一般亩产 550 千克。1980—1982 年组合比较试验，平均亩产 578.5 千克，比丹玉 6 号平均增产 24%，比丹玉 11 号平均增产 14.3%。1982—1983 年参加辽宁省区域试验，38 个点次试验中有 37 个增产，排名第一，两年平均亩产 580.5 千克，比丹玉 6 号增产 17.8%，比沈单 3 号增产 15.5%。1983 年参加省级生产试验，10 个点平均亩产

---

[1] 李竞雄. 多抗性丰产玉米杂交种中单 2 号. 中国农业科学，1987 年，第 21 卷，第 27～29 页

562 千克，比对照种平均增产 16.4%。1984 年 10 个生产试验点中 9 个增产，平均亩产 497.5 千克，比对照增产 17.9%。1984 年参加华北区春播组玉米区域试验，在 12 个点中均表现增产，平均亩产 572.7 千克，比对照中单 2 号增产 18%～21.0%，平均增产 9.3%，在所有参试品种中居第一位①。

第三节　玉米种质创新理论及技术演变

种质资源是选育优良品种的遗传物质基础。玉米育种界著名的格言：难在选系，贵在创新，重在组配。搜集原始素材、拓宽种质基础、开展种质创新、培育优良自交系在育种工作中占有重要地位。早在 20 世纪 30 年代，我国就已开始进行玉米种质资源的搜集和整理，特别是新中国成立后，在此基础上选育出诸多高产、优质、多抗以及配合力高的自交系，并在育种方法和良种繁育方面进行了比较系统的研究，特别是对种质系谱和杂优利用模式的划分研究，为配制玉米杂交种展示可供参考的捷径。

一、"南繁"等异地培育理论的创立与推广

农作物异地培育，就是利用我国南方温暖的气候条件，把农作物育种材料夏季在北方种植一代，冬季移至南方再种植一代或两代，这样南北方交替种植，一年繁殖 2～3 代，加速世代繁育，缩短育种年限，加快繁育进程。异地培育理论的创立和实践，促成了我国农作物南繁规模的兴起，对发展农作物育种和种子繁育事业起重要作用。

农作物异地培育理论的研究和创立正是从玉米育种工作开始的。选育一个玉米杂交种，从杂交、选择、评比，直至应用到大田生产，至少需要 7～8 年。20 世纪 50 年代初，河南农学院的吴绍骙教授在地处中原的郑州主持玉米育种工作，程剑萍在地处亚热带的广西柳州进行玉米杂交育种试验。他们彼此交换育种材料，互相帮助种植。这件事启发吴绍骙思考：我国疆土广袤，气候悬殊，从北向南跨越寒温

---

①　吴纪昌，张铁一，陈刚．玉米杂交种丹玉 13 号选育报告．1986 年，第 2 期，第 1～3 页

带、温带、亚热带直至热带，在北方大地还是万里冰封的严冬季节，南方原野已是郁郁葱葱的春暖时光，如果能利用这种得天独厚的"天然大温室"，把北方的玉米材料及时送到南方繁殖，完全可以大大加快玉米种质创新，加速种子繁育进程①。在吴绍骙（河南农学院）、程剑萍（广西柳州农业试验站）和陈汉芝（河南省农业科学院）共同主持下，1956—1959 年开展了"异地培育玉米自交系"的研究课题。结果表明，北方的玉米材料可以在南方正常生长，并成功地培育成自交系，把自交系引种到北方后仍能正常开花结实；异地培育可以加速玉米自交系的世代繁育，并不影响自交系的植物学性状；自交系配合力能继续保持下来，用自交系配制的玉米杂交种，在不同地区种植均表现良好的增产效果。为进一步查明异地培育对玉米自交系配合力的影响，吴绍骙等继续在两地对所培育的自交系进行详细观察。结果发现：①同一自交系在两地自交数代后，同时在郑州种植加以比较，两组的植株形态没有明显的差别。即在南方选育的材料移至北方后仍可以正常生长。②不同植株选出的自交系在配合力上存在着差别，但同一自交材料不因异地培育而受到影响。这就从理论上和实践上否定了所谓的"环境可以改变遗传性状"的理论，从而为玉米和其他作物开展异地培育铺平了道路②。

1960 年 1 月，河南农学院吴绍骙等人联名发表《异地培育对玉米自交系的影响及其在生产上利用可能性的研究》报告，详细阐述异地培育玉米自交系的理论依据及其结果。1960 年 2 月，在"全国玉米科学研究工作会议"上，吴绍骙作了"关于多快好省培育玉米自交系配制杂交种工作方面的一些体会和意见"的报告③。

1961 年 12 月，在湖南省长沙市召开的"全国作物育种学术讨论会"上，吴绍骙在"对当前玉米杂交育种工作的三点建议"的发言中，正式提出"进行异地培育以丰富玉米自交系资源"的可行性建

---

① 吴绍骙．异地培育对玉米自交系的影响及其在生产上利用可能性的研究．河南农学院学报，1960 年，第 124～153 页

② 吴绍骙．异地培育对玉米自交系在生产上利用可能性的研究．河南农学院学报，1961 年，第 1 期，第 14～38 页

③ 吴绍骙．关于多快好省培育玉米自交系配制杂交种工作方面的一些体会和意见．河南农学院报，1961 年，第 1 期，第 38～43 页

议，认为"利用南方生长期长，一年可以种二代甚至三代的有利条件，把北方在生产上利用的玉米自交系移植到南方，以加速繁殖系数是一个值得重视的办法。南北协作进行玉米自交系的异地培育，不仅缩短自交系培育年限，同时通过协作也丰富了南方的玉米自交系资源，从而为配制出更多的丰产杂交种创造了有利条件"①。

玉米异地培育的理论和实践受到中央农业部的重视和学术界的肯定。从 20 世纪 60 年代起，北方许多农业科研单位先后开展玉米异地培育工作。在广东的广州、广西的南宁以南以及云南的元江和西双版纳，特别是海南岛的崖县（现三亚）、陵水、乐东等地，繁殖的玉米材料都获得了预期的结果。到 70 年代末，北方很多科研单位先后在海南岛建立永久性的育种和繁殖基地，每年都有成千上万的科技人员，利用祖国的"天然温室"进行育种材料加代和良种繁育，最多时南繁人员达到 20 万，常年用地面积在 5 万亩以上。中国农业科学院和广东省农业科学院 1971 年 10 月联合在海南岛崖县召开"玉米杂交育种会议"，确认采用异地培育方法可以利用南方优越自然条件，加速世代繁育，不仅使早代自交材料和雄性不育系、恢复系迅速稳定，而且增加选配新组合，鉴定杂交种，加快优系和组合的繁育和复配进程，大大缩短育种年限。1972 年 10 月，国务院发布第 72 号文件，批转农林部"关于当前种子工作的报告"，确定农作物南繁的重点放在科学研究和新品种的加代繁殖上，进一步把此项工作纳入规范化管理轨道。

农作物异地培育理论促成了南繁的兴起，加快了玉米种质创新、品种改良和种子繁育进程。从 20 世纪 80 年代以后，农作物南繁的项目已从原来的北种南繁发展到南种北育；从玉米扩大到其他粮食作物、经济作物和蔬菜作物；从科研育种加代发展到商业种子繁育。农作物异地培育理论的创立和南繁事业的兴起，对加快我国玉米种业的孕育和发展、对我国农产的增加和整个农业的发展做出了重要贡献。

二、玉米杂种优势技术创新与利用

我国玉米育种经历了杂种优势利用技术到细胞工程育种，再到分

---

① 吴绍骙．对当前玉米杂交育种工作三点建议．中国农业科学，1962 年，第 1 期，第 1～10 页

子育种的快速发展，探索出一批育种新技术和新方法，初步形成了较为完整的现代玉米育种技术。杂种优势利用技术正是玉米种业曲折发展过程中育种技术研究和利用取得的重大进展。

（一）杂种优势利用

新中国成立后，我国在玉米自交系的选育、杂种优势群的划分和杂交模式的创建、株型育种、抗病育种、专用玉米育种和玉米雄性不育性的利用研究方面均取得巨大成就。我国玉米育种水平不断提高的一个重要原因就是十分重视杂交种选配技术的研究，从最初的硬粒型×马齿型或本地材料×外引材料的简单组配模式，逐步发展到将大量的育种材料划分成不同的杂种优势种群，并通过育种实践寻求最大产量杂种优势的模式。多年来，在挖掘国内种质和引进外来种质的基础上，先后建立了金皇后、获嘉白马牙、旅大红骨、塘四平头、改良瑞德群、改良兰卡斯特群等多个具有特色的杂种优势类群，并在上述材料基础上相互渗透、重组，创造出一批新群和若干亚群，构建了各类群（或亚群）间的杂种优势模式，充分有效地利用了玉米丰富的遗传变异，极大提高了杂种优势的利用水平和育种效率[①]。

通过划分杂种优势群可真实地反映自交系的遗传背景，有助于自交系改良和杂交种选配，从而减少组合选配的盲目性和配合力测定的工作量，提高育种的工作效率。以杂种优势群为基础，在杂种优势模式的指导下，通过引进外来优异种质，改良当地核心种质和自交系，培育综合性状更突出的杂交种，这一理念已被越来越多的育种家所接受，并广泛地应用于育种实践之中。

在抗病抗逆育种方面，我国玉米育种专家和植保专家合作，通过回交转育，导入抗病基因，提高骨干自交系的抗病力，拓宽了种质资源，培育出一批抗病玉米新材料和新品种。抗逆育种主要采用高密度选择、自然鉴定、人工鉴定等方法。对育种基础材料进行早代高密度种植（S1－S2 种植密度达到 6 000株/亩以上），测定单株及株系的抗倒性、耐旱性、抗病性，淘汰对微环境敏感的基因型。除自然鉴定外，采用茎秆田间抗拉弯强度等指标进行抗倒性鉴定；采用喷雾法、

---

① 戴景瑞．玉米产量性状主基因—多基因遗传效应的初步研究．华北农学报，2001年，第 3 期，第 1~5 页

孢子液灌根法、摩擦接种等人工接种方法鉴定病害；采用新叶内接初孵幼虫方法鉴定玉米螟的抗性；通过设置旱圃和低肥试验开展耐旱、耐贫瘠育种。

在玉米雄性不育性的利用研究方面，相关研究始于 20 世纪 50 年代，华北农业科学研究所刘仲元（1956 年）最早开展此项工作，继之为北京农业大学李竞雄等（1961 年）、四川农业科学研究所杨允奎等（1963 年），他们分别报道了玉米不育性恢复性的遗传测定结果。70 年代初期，华中农学院、辽宁省农业科学院、河南农学院等单位科学家相继开展雄性不育研究和育种工作，并获取了一批不育性和恢复性材料。1970 年前后，雄性不育系杂交组合开始进行生产试验和示范种植。但由于当时育种研究基础较弱，大多数组合都属于 T 型细胞质，抗病性和恢复性均有缺陷；缺乏严密的种子生产体系，不能保证三系亲本繁育和制种质量。1972 年吴绍骙、李竞雄从美国引进 C 型雄性不育材料，1976 年华中农学院等单位育成一批国内起源的 S 组雄性不育材料（唐徐型、双型、辽型、21A 型等），在这两类雄性不育细胞质基础上，先后育成或转育了一批雄性不育系及杂交种[①]。

李竞雄从 1982 年起，利用第 6 染色体上的雄性不育基因的密切连锁与白色胚乳 y 材料，设计进行了若干自交系的回交转育方案。每次回交均选用白粒雄性 ymsl 不育为母本，以双杂合体 ymsl/Ymsl 为父本，然后目测选出白粒种子，种成下年繁殖用的母本，再从黄白分离的穗上选出黄粒，种成下年的父本，供作能散粉的植株。从转育群体中查得 y 与 ms 重组交换值为 27/427，即 5.72cM。

（二）品种更替与育种目标

20 世纪以来，我国玉米育种工作经过了筛选优良农家品种，选育品种间杂交种、双交种到单交种的历程。20 世纪 50 年代在生产上主要应用开放授粉品种，50 年代后期开始推广双交种，自 1966 年选育出新单 1 号以来，单交种发展迅猛，并先后育成和大面积推广了以丹玉 6 号、中单 2 号为代表的优良杂交种，使我国成为世界上大规模应用单交种最早的国家之一。此时期内，主流玉米单交种经历了 2 ～

---

3 次更新换代。

"六五"期间，我国玉米育种研究的重点是高产、抗病杂交种的选育，尤以抗病指标为主。"七五"以来重点开展优质、高产、多抗杂交种的选育和特用玉米品育种，选育出了一批在育种中发挥重要作用的配合力高、多抗、高产、优质的自交系和不育系，新建、改良或引进了若干有利用潜力的玉米群体，利用多种技术创造了一批优异育种材料。20 世纪 50 年代，选育出坊杂 2 号等一批优良品种间杂交种并将其应用于生产，比农家种增产 20% 左右。70 年代，中单 2 号等一批抗病杂交种的育成和推广，有效地抑制了当时大斑病、小斑病及青枯病等多种病害的蔓延，成为抗病育种成功的典型。70 年代后期，掖单 2 号和 80 年代掖单 4 号、掖单 13 号等掖单系列紧凑型杂交种的育成，标志着株型育种的成功和紧凑型玉米大规模走向商业化，成为我国玉米育种发展史上的又一个里程碑。

三、玉米推广体系的初创与曲折发展

玉米等种植业技术推广作为农业教育、科研与农民以及政府与农民之间联系的桥梁和纽带，优良玉米品种只有通过推广才能到达农户手中，取得增产的实际效用。实为玉米种质资源利用过程中最为关键的最后一环。20 世纪初期至新中国成立前，由于政局动荡，社会混乱，农业机构几近瘫痪，玉米品种推广无从谈起，新中国成立后，玉米推广与玉米种业共同经历了一个艰难曲折的从无到有发展过程。

1. 初创形成期（1951—1957 年）

新中国成立后，国家对基层农业技术推广服务体系建设高度重视。1951 年起在华北、东北地区试办农技推广站。1953 年，农业部发布《农业技术推广工作》草案，要求各级政府设立专业技术推广机构，配备专职人员，开展农业技术推广工作，全国逐步建立起"以农场为中心、互助组为基础、功模和技术员为骨干"的基层农业技术推广服务体系。1954 年，农业部颁发了《农业技术推广站工作条例》，对农技站的性质、任务作了规定，全国有 55% 的县和 10% 的区建立了 4 549 个农业技术推广站，配备职工 132 740 人，每百万亩粮田（播种面积）有 1 724 名农技推广人员。1955 年，中央政府要求各地在加强集体化的同时，建立乡村农技推广机构。至 1957 年，全国

已建立农技推广站 13 669 个，有农技人员 9.5 万人，每百万亩粮田有农技人员 46 人。同时，各地植保站也相继建立；以县良种场为骨干、公社良种场为桥梁、生产队种子田为基础的玉米等农作物良种繁育网也初步形成。

2. 曲折发展期（1958—1977 年）

随着农业集体化的发展和人民公社的普遍建立，乡农业技术推广站改为人民公社农业技术推广站，1958 年以后，受政治运动和自然灾害的影响，基层农技推广服务体系网络建设起伏波动。1959—1961 年，百万亩粮田农技人员数下降到 34 人。这是农技推广体系受到的第一次冲击。1961 年 12 月，农业部在全国农业工作会议上提出了整顿三站（农技站、种子站、畜牧兽医站）的意见，开始在县级建立、恢复农业技术推广站，隶属县农业局。1962 年年底，农业部发出了《关于充实农业技术推广工作的指示》，对农技站的任务、工作方法、人员配备、生活待遇、奖励制度以及领导关系等又作了一次明确的规定，很多县在农业技术推广站的基础上发展形成了植保站、土肥站、种子站（种子公司）等专业技术站。1963—1965 年，经过恢复、完善、调整和充实，每百万亩粮田农技人员数回升到 4 266 人。

"文化大革命"中，受极"左"思潮的影响，国家办的县以上农技推广机构再次受到冲击。但在一些地方，因发展农业生产所需，乡村的科技推广机构得到发展。如 1969 年湖南省华容县创建县办农科所、公社办农科站、大队办农科队、小队办实验小组的"四级农业科学试验网"，1971 年湖南省在全省推广华容县经验。1974 年 10 月，经国务院批准，农林部和中国科学院在华容召开现场会，推广这一作法，大力推动四级农科网在全国的建设。至 1975 年，全国有 1 140 个县有农业科学研究所 2.7 万个公社有农业科学试验站，33.2 万个大队有农业科学试验小组，农业科技人员达 1 100 多万人，试验田有4 200 多万亩①。

---

① 谢建华．基层农技推广体系发展与改革研究．中国农业大学硕士论文，2004 年，第 15~18 页

第三章 玉米种业的产业化发展
（1979 年至今）

第一节 现代玉米种业的科技变革

改革开放后，玉米等农业科技蓬勃发展，玉米种业亦迎来现代产业化发展时期，主要体现两个方面的重大变革：即现代玉米育种技术的创新和现代玉米杂交优势群的形成与利用。正是在科学理论指导下，大批优良玉米品种得以培育并被推广利用，农大 108 即是此阶段标志性玉米品种。

一、现代玉米育种技术的创新

（一）玉米雄性不育研究

河南农业大学陈伟程等于 1974 年从北京农业大学引进该背景为 W182B 的 C 型胞质雄性不育系，完成 C 型豫农 704 单交种的三系配套。1986 年测定了 67 个自交系，对 C 型雄性不育性的反应性强、弱恢复性，玉米 C 型雄性不育性及其恢复性是一种稳定的遗传特性，其恢复性可能由 Rf3、Rf4 两对独立的显性重复基因所支配或涉及 Rf4、Rf5、Rf6 三个基因位点。秦泰辰（1989）对 Y1－1 型育系恢复基因研究，确定与 C 群不育系都具有 Rf4、Rf5 两对较强的恢复基因，而 C 群有一对（Rf6）较弱的恢复基因。Y1－1 型不育系第 3 对恢复基因与 C 群有别，Y1－1 型不育系为 Rf7。刘宗华等于 1994 年研究玉米雄性不育胞质杂交种育性恢复稳定性，认为 ES 型胞质杂交种具有较高的恢复性和稳定性，在生产上具有较大的应用潜力[1]。

20 世纪 90 年代雄性不育转向分子水平的研究，重点探讨雄性不育杂种优势利用的理论。秦泰辰（1997）对不育系 Y1－1 胞质线粒

---

[1] 秦泰辰. 作物雄性不育化育种. 北京：中国农业出版社，1993 年

体 DNA（mtDNA）进行分析，用两套 T、C 与 S 群的同核异质系为材料（含 Y1－1 不育系胞质），同时参照 Kemble. R. J 线粒体提取与酶切方法，用碱性蛋白膜醋酸氨水溶液展开法，以 II－300 型电镜观察各类胞质 mtDNA 的形状。从酶切图谱看与出，$Hind$Ⅲ 与 XhoⅠ 两种内切酶能有效区分各类胞质，而 BamHL 与 EcoRL 的分辨力较差。$Hind$Ⅲ 切割 mtDNA 后，不育系 Y1－1 型胞质酶谱与 T 群和 S 群不育胞质有明显差别，与 C 群相比，在低分子量上也呈有类似结果，在电镜下观察各类不育胞质的 mtDNA 结构，如 DNA 分子有线性和环状的，大小各异。Y1－1 的 mtDNA 结构分子量（含线性和环状），除具有电泳图谱上相接近 DNA 分子量大小以外，还存在电泳中未出现的一些环状与线性分子[1]。

（二）细胞工程育种

以细胞的全能性和体细胞分裂的均等性作为理论依据，自 20 世纪 80 年代以来，我国逐步建立起细胞工程育种技术，包括单倍体诱导及加倍技术、体细胞无性系变异及利用技术、染色体工程育种技术等，在利用线粒体互补法预测杂种优势、单倍体和诱变育种等方面都取得了突破性进展，在玉米花粉培育单倍体育种方面更是位居世界先进行列。利用体细胞无性系变异及细胞突变体筛选等技术已培育出耐盐抗旱玉米新品种。玉米单倍体育种指利用孤雌生殖、孤雄生殖和无配子生殖产生倍体的育种方法，因其能够产生大量单倍体、受基因型影响小、可在短时间内获得纯合的株系，故可大大提高选系效率，是选育玉米自交系的一种快捷、经济的方法。中国农业大学、吉林省农业科学院、山东省农业科学院、北京农林科学院等多家育种单位已初步建立了单倍体选系法，用于快速选育纯合自交系。中国农业大学在 BHO X Stock6 后代选育出高油型孤雌生殖单倍体诱导系农大高诱 1 号、高诱 2 号等，诱导率 4%～8%，在冬季海南最高可以达到 9%～11%；吉林省农业科学院的吉诱 3 号，诱导率也可达 10% 左右，达到国际先进水平，国内大型种子企业已开始规模化应用。

（三）分子育种

"九五"以来，生物技术在各类作物育种中的广泛应用对作物育

---

① 李竞雄. 玉米育种研究进展. 北京：科学出版社，1992 年

种学产生了极其深远的影响，并发展成为一门新兴的农作物分子育种学这一新学科。分子遗传和基因工程技术的飞速发展为拓宽玉米种质的遗传基础和开展种质创新的研究提供了新的途径，为培育高产出、低投入、环保型的玉米新品种提供了新的方法。我国自 20 世纪 80 年代开始玉米遗传转化研究，先后探索利用转基因技术和分子标记技术开展玉米育种新材料、新方法的研究，取得长足的进步，整体水平接近国际先进水平。

1. 分子标记技术

分子标记技术已经广泛用于玉米遗传育种研究，对加速玉米育种进程，提高选择效率，辅助鉴别和筛选含有抗病、特异品质等目标性状的玉米种质有重要的意义。"九五"以来，我国利用分子标记定位玉米产量、抗性和品质的 QTL 研究取得重要进展，分子标记辅助选择技术开始进入育种程序。中国农业大学利用玉米强优势组合的分离群体，检测到控制产量、行粒数、行数和百粒重的主效 QTL，分别为 5 个、5 个、7 个和 5 个，分别可以解释 35.5%、37.4%、61.5% 和 39.7% 的遗传变异，以高油玉米自交系为材料，采用 SSR 标记定位了若干个玉米籽粒油分、淀粉和蛋白质含量的 QTL。特别是在玉米 1 号染色体和 6 号染色体发现了两个遗传效应较高的主效 QTL。中国农业大学与吉林省农业科学院合作，利用高抗丝黑穗病自交系吉 1037 与感病黄早 4 杂交和同交群体进行玉米丝黑穗病抗病基因的精细定位研究与作图，将抗病基因定位在 2 号染色体（bin2.09）和 5 号染色体（bin5.03）区段，发展 SNP、CAPS、STS 共 6 个标记，找到较紧密连锁的标记，遗传距离小于 7.7cM，利用发展的分子标记辅助选择，在回交 BC3 后代中获得高抗丝黑穗的材料 69 份。中国农业科学院系统开展了玉米优异种质中抗丝黑穗病、粗缩病与耐旱 QTL 定位及标记开发工作，发掘的抗玉米丝黑穗病、粗缩病与耐旱主效 QTL 效应达到 20% ~ 30%，连锁标记在 2cM 以内，基因功能表达分析证实了其中的两个标记与耐旱 EST 相连。目前，已鉴定出 200 多个耐旱候选基因的 SNP，与 CIMMYT 合作构建了含 1 536 个 SNP 标记的芯片。四川农业大学采用 SSR 和 AFLP 标记在两个群体定位了抗玉米纹枯病的 QTL，获得了与多个抗性 QTL 连锁的分子标记，发掘出两个与抗性 QTL。紧密相连锁且效应较大的标记 phil16 和 umcl044，对抗性分子标记辅助选择，获得多个高抗玉米纹枯病自交系。以 N87 – 1，X9526 的 F2 群体和 SSR 标记，对 ASI、产量等性状进行了 QTI 初级定位研究，在 4 号、5 号、7 号染色体上检测到了一些与玉米耐旱特性有关的通用 QTL 关键区域。华中农业大学利用分子标记辅助选择将质量性状基因 *RF*3 成功地转育到不同遗传背景的玉米自交系中①。20 世纪 90 年代，我国分子标记辅助育种进入实际应用阶段。中国农业科学院、中国农业大学、中国科学院遗传研究所和华中农业大学分别利用 SSR、RAPD、RFLP 和 AFLP 分子标记，对我国最有应用价值的玉米自交系进行了杂种优势群的研究，将参试的自交系划分为 5 ~ 6 个杂种优势群（表 3 – 1），建立利用分子标记划分玉米杂种优势群的技术体系，在分子水平上对我国玉米种质的现状有了初步的认识，提高了玉米杂交种亲本选配的预见性。中国农业科学院采用 02 基因的 SSR 标记 phi057，通过建立滚动回交与标记相结合的玉米分子聚合育种技术体系，大规模开展了优质蛋白玉米分子育种材料创制，选育出优良自交系 CD2 和 CD7，已配制出中试 401 等优良杂交组合。利用分子标记技术对玉米抗病、抗旱等性状进行精细定位，为这些抗逆基因的克隆、转化及利用打下良好基础，为今后分子标记辅助选择育种提供了便利，有利于加快育种进程、缩短育种年限、提高育种效率。

表 3 – 1　玉米自交系 AFLP 标记分群的结果

群　序	自交系名称	群　别
1	Mo17、获唐黄、F：349、81515	Lancaster
2	综3、综1、48 – 2	综群
3	478、7922、130IP	改良 Reid
4	P167	待定新群
5	P139、P131B、178、P25	P 群
6	武126、H78	唐群

资料来源：戴景瑞. 利用 DNA—AFLP 技术研究玉米基因的差异表达. 作物学报，2001 年，第 3 期

2. 转基因技术

转基因技术是对基因进行定向改造、重组转移的新技术，可打破

---

①　李建生. 玉米分子育种研究进展. 中国农业科技导报，2007 年，第 2 期，第 10 ~ 13 页

物种界限，在抗性、品质、产量等性状的协调改良中已显示出巨大潜力。1983 年世界上首次获得转基因生物，1986 年首批转基因生物被允许进行中间试验，1994 年首例转基因生物被批准进入市场，转基因研究被各国政府视为农业新技术革命的重要组成部分。1996 年转基因作物开始规模化应用，至 2008 年推广面积已达到 18.75 亿亩。在玉米转基因育种方面，目前，世界上已将多个基因导入玉米，培育出了一批抗虫、抗除草剂、抗盐、抗旱、优质的玉米新品种或新种质，2008 年全球转基因玉米面积已达到 5.60 亿亩，其中，抗虫和抗除草剂转基因玉米种植面积最大。在国内，中国农业大学于 1989 年开始玉米转基因抗虫育种，1992 年获得了第一批转 Bt 基因抗虫玉米。目前，我国利用农杆菌介导法、基因枪介导法及花粉管通道法已建立了玉米转基因技术体系；在无选择标记、选择标记基因删除和目标基因产物定时降、植物组织特异性优势表达等核心技术方面已具有较强的创新能力；在转基因高植酸酶玉米、抗虫玉米方面取得重要成果，同时创制出一批具有特殊性状的玉米转基因新品系和新材料，例如，中国农业大学先后利用基因枪导入、子房注射、超声波介导的方法分别将 Bt 基因和蛋白质酶抑制基因转化到玉米中，共获得 13 个转化体。分子杂交和田间接虫鉴定中，有 22 个穗行的所有单株均表现抗虫性；来自蛋白质酶抑制基因转化体的 51 个穗行，有 31 个同交穗行的抗虫性表现 11∶1 的分离①。1995 年以后，中国农业大学在获得稳定抗虫转化体的基础上，采用回交转育、自交选育、自交系直接转化等途径培育出优良的抗虫自交系和杂交种，取得了可喜的进展，抗虫转基因玉米目前已进入生产性试验阶段。植酸酶既可以降解植酸，释放出无机磷，提高人类和动物对磷的利用，又可以提高人类和动物铁、锌的吸收效率。中国农业科学院研究获得了高效表达植酸酶的转基因玉米，表达的植酸酶活性能够满足饲料生产的需要，降低饲料成本，这一研究标志着饲料添加剂研究进入第二代环保型产品研制新阶段。

近年来，集成分子标记、转基因和分子设计育种的理论和技术，

---

① 中国作物学会.2007—2008 年作物学学科发展报告.北京：中国科学技术出版社，2008 年

我国已初步形成了玉米分子育种理论和方法体系框架，选育出含目标基因的玉米新品系，玉米育种已进入了生物技术与常规技术有机结合的阶段。在玉米育种技术不断更新的今天，转基因技术在种质素材拓宽、杂交种抗逆、抗病及产量的提高中都将会扮演越来越重要的角色。随着基因组学和蛋白组学的飞速发展，分子育种正在由目前只能改变单个或少数遗传性状向系统改良转变，应用品种分子设计提升植物育种理论与技术已成为科学家的共识。基于基因组学、生物信息学与常规育种相结合的分子设计育种逐步成为定向、高效、系统改良作物的新技术。

（四）育种技术的应用现状

国家玉米产业技术体系 2008 年 1 月对玉米育种技术的选择和利用情况调研结果显示：80 位玉米遗传育种者选择和利用常规技术的占 96.3%、单倍体诱导技术的占 25%、分子标记技术的占 18.8%、常规技术 + 分子标记的占 18.8%、常规技术 + 转基因技术的占 10%、转基因技术的占 5%；未来 10 年内的利用方向依次为：常规技术 + 分子标记 + 转基因技术 + 细胞工程技术占 50%、常规技术 + 分子标记占 45%、常规技术 + 转基因技术占 32%、常规技术占 31.3%、单倍体诱导技术占 28.8%、分子标记技术占 15%。由此可见，常规育种技术仍然是当前我国玉米育种的主导技术，如何进一步完善和优化现有常规技术仍然是今后重要的研究课题；此外，单倍体诱导技术和分子标记技术已逐步得到育种者的认可。今后 10 年，常规技术虽然仍占有一定比例，但复合育种技术已被认为是主要的发展和利用方向。据统计，在当前常规育种技术中，利用二环系法（含综合种选系）者占 96.25%、单倍体诱导育种占 7.5%、远缘杂交占 5.0%、群体改良占 3.75%、一环选系（含群体选系）占 3.75%、回交改良占 1.25%。这一结果表明，二环系法是目前我国玉米育种者广泛采用的技术，占有绝对优势；单倍体诱导、远缘杂交、群体改良等育种技术应用比例不高，为 3% ~8%[1]。

我国目前主要采用二环系法选育自交系，同时采用回交、群体改良或姊妹交，增加自交系的抗逆性，提高制种产量；通过回交转育，

---

① 李建生. 玉米分子育种研究进展. 中国农业科技导报，2007 年，第 2 期，第 10 ~
13 页

导入抗病基因，提高骨干自交系的抗病性。采用二环系法育种技术配制选系基础材料的缺陷是遗传基础相对狭窄，不容易聚合多种优异基因、综合特性、品质指标和配合力高的突破性自交系。育种技术的选择与种质基础有关，今后应注重在采用二环系法的同时，不断拓宽种质基础，进一步加强群体改良技术、单倍体育种技术、辐射育种技术、分子标记等辅助育种技术和转基因育种技术的研究和利用；通过上述育种技术创新玉米自交系基础材料，同时结合抗逆选择、品质指标选择、多生态环境鉴定等多种育种法选育优良自交系和杂交种。

二、玉米杂交优势群的形成与利用

（一）玉米杂交优势群发展状况

中国玉米生产上主栽杂交种的亲本自交系，是育种家选用来自国内外的种质资源，运用现代育种技术，通过优中选优逐步改良育成，具有良好的丰产性和广泛的适应性，集中地反映了中国现代育种水平和种质资源优势。育种家通过科学实验和育种经验，可以鉴定出某些品种和群体的遗传种质明显地优于另一些品种和群体的遗传种质，有预见性地从中选用适宜的自交系，组配优良杂交种的几率高。20 世纪 90 年代，玉米育种家对国内玉米骨干自交系进行系统分类研究，以系谱来源、杂交优势和配合力为主，以生理参数、遗传距离为辅，探索玉米杂交优势群的划分，对指导选育玉米自交系和组配杂交种具有重要意义，也是指导群体合成与改良种质的理论基础。兰盛发（1992）等利用产量对照优势值，按类平均法进行聚类，将 14 个玉米自交系划分 4 个优势群，各优势群间具有较大的产量杂交优势，而在为优势群内自交系的产量、配合力等性状存在较大的差异。因而有可能依据优势群培育自交系，按高产杂优模式选配杂优组合。陈彦惠（1996）研究表明，中国玉米杂交种的种质基础主要是由 7 个来源系统所组成，即兰卡斯特系统、瑞德系统、四平头系统、旅大红骨系统、获嘉白马牙系统、金皇后系统和其他系统。其中，兰卡斯特和瑞德系统来源于美国种质，四平头、旅大红骨、获嘉白马牙和金皇后 4个系统来源于中国地方品种。陈彦惠用来源不同的 15 个自交系为材料，对杂交优势和配合力测定分析，根据自交系之间的遗传差异，划分为四平头、旅大红骨、兰卡斯特、瑞德和 RL 系统 5 个优势类群，比较了不同类群所组成的不同杂优模式的特点①。朱小阳（1996）报道，中国农业科学院作物品种资源研究所将 2 112 份来源于国内外的品种、杂交种、群体及其二环系所育自交系划分为 10 个类群，即旅大红骨、四平头、获嘉白马牙、东北马齿、金皇后、英粒子、兰卡斯特、瑞德、墨西哥马齿以及 Suwan 类群。河南省农业科学院王懿波（1997）研究，中国主要杂交种划分为 5 个杂交优势群和 9 个亚群②。

（二）玉米杂交优势群的划分依据

1. 配合力

自交系的配合力和杂交优势与系谱来源有很大的一致性。以各系统代表系进行双列杂交的配合力和杂交优势分析表明，不同群间杂交有很高的配合力和杂交优势，同群内杂交绝大部分配合力和杂交优势显著低于不同类群间杂交，个别系间虽有略高的配合力（如铁 7922×5033 等），但与不同群间的高配合力组合相差甚远。表明群内虽有遗传差异，但不足以形成强优势高配组合）。Reid 系统多为来自美国（约占 40%）利用的骨干系，以其作亲本的杂交组合约占 80% 左右，我国从中选系多为美国 20 世纪 70～80 年代杂交组合，所含 Reid 种质比例更大，但无杂法查清其亲缘关系，主要依据其与各群代表系 B73（Reid）、Mo17（LanI）、自 330（LanI）、黄早 4（四平头）、丹 340（旅大红骨）等的配合力和杂交优势测定以及在育种工作中长期利用的经验确定。

2. 遗传距离

王懿波（1997）对 54 个常用系 22 个表型性状遗传距离进行聚类分析，大部分有亲缘关系的系聚为一类，有些有亲缘关系的系聚在两类，如 Mo17 和齐 302、矮金 525 和白 525、获白等；也有一些无亲缘关系但有较高配合力的系聚如旅 9 宽和自 330、旅 28 和获白等，增减为一类，部分自交系或减少部分性状后再作聚类。由于表型性状不能完全反映自交系间的本质差异，且受取材、试验地点和调查性状数量的影响，因而聚类分析结果亦只能作为参考指标。

---

① 陈彦惠. 玉米遗传育种学. 郑州：河南科学技术出版社，1996 年
② 王懿波. 中国玉米主要种质杂种优势群的划分及其改良利用. 华北农学报，1997 年，第 1 期，第 74～80 页

3. 生理参数

大部分改良系与原系的光合强度、可溶性糖含量、叶绿素含量等生理参数有类似的变化趋势，但主要生理指标并不都相似，如U8112、铁7922、掖478具有相似叶绿素含量和光合强度。但掖478的可溶性糖含量较低，而铁7922的含量较高。有些无亲缘关系则有相近的生理参数，如掖515与铁7922的三项生理指标相近，但这3项生理指标与配合力和杂交优势无本质联系，仅作为划分杂交优势群的参考指标①。

（三）玉米主要种质杂优群利用

改良Reid杂交优势群的种质主要为美国杂交种选系，含Reid种质。Lan杂交优势群包括以C103×187－2育成的Mo17为代表和以oh43衍生系自330为代表的两个亚群，二者均来自不同的原始农家种，经过自然选择和人工选择，形成了两个相互独立且有很高配合力的亚群，亦可视为两个独立的杂交优势群。四平头杂交优势群以黄早4改良系为主，形成一个独立的杂交优势群。旅大红骨杂交优势群以旅9的衍生系和旅系统的综合种选系为主。其他杂交优势群种质来源复杂，经过改良分化出新的杂交优势群，即国外杂交种选、综合品种及群体选、Suwan群体选和其他低纬度种质4个亚群。中国玉米生产上利用最多的主要是改良Reid、Lan（包括Mo17亚群和自330亚群）、四平头、旅大红骨和其他种质等5个杂优群和9个杂优亚群。并列出了各类群的主要骨干系。

1. 改良Reid杂优群

本群系以中粗较长穗为主，株型好，耐密植，茎秆坚硬，抗倒伏，多中间型或半马齿型，花粉量较少，制种产量高，宜作母本。主要代表系铁7922、郑32、U8112、掖478及其改良系均属此群。种质复杂多样，其中5003含Reid成分较少，但作为矮生多基因材料，对降低Reid群系株高、提高配合力有明显效果，且与Lan、四平头、旅大红骨类群。群有很高的配合力，因而归入改良Reid群。外杂选亚群W59E、掖17等可用来改良此群系，以提高其配合力、抗病性、品质和适应性等，同时可保持与其余各群系间高配合力的遗传特点。

---

① 佟屏亚．中国玉米科技史．北京：中国农业科学技术出版社，2000年，第240~245页

2. Lan 杂优群

此群分为两个亚群。一是 Mo17 亚群。本群系多长穗，制种产量高，抗病性较好，适应性广，宜作母本。有些系花粉量较多，亦作父本，用适宜的种质进行改良以提高配合力、抗病性和自身产量。以 C103 的二环系 Mo17 及其改良系为主，如齐 302、77、杂 C546、1324 等。一是自 330 亚群。本群系多粗穗，适应性强，花粉量多，宜作父本，有些系亦可作母本。以自 330 改良系为主，如 3H－2、oh43、200B、龙系 17 等，可用黄改系、墨黄 9 系等种质进行改良，也可用一些农家种或综合种选系改良。这两个亚群系间有较高的配合力，其中以中单 2 号（Mo17×自 330）最为突出，可作为两个独立杂交优势群对待。在改良此群系时应尽可能使两个亚群不产生遗传混杂，以保持亚群间高配合力的遗传特点。

3. 四平头杂优群

本群系多为硬粒型，株型好，抗病性强，耐旱耐瘠，适应性广，花粉量多，宜作父本。以黄改系为主，如武 314、掖 502、京 7、昌 7 等，基本保持了黄早 4 的遗传特点，可用旅大红骨群系、Suwan、自 330 亚群系进行改良。

4. 旅大红骨杂优群

本群系多粗穗，半硬粒或中间型，株型和抗病性较好，适应性广，花粉量多，宜作父本。以旅 8 的改良系和杂交种的选系为主，如丹 340、郑 22 等，可用黄改系、Suwan 系和综合品种选亚群系等进行改良。

5. 其他杂交优势群

还有其他一些杂交优势群，种质来源复杂，类型较多，主要是：①外杂选亚群。多为国外杂交种和品种选系及其改良系，有些与 Reid 群和 Mo17 亚群种质有一定关系，如掖 107、J7 等，可用于改良 Reid 和 Mo17 群系，并可对其余适宜种质进行改良。②综合种选亚群。主要为群选种、农家种、综合种等选系，遗传基础复杂，如群选种综 31、混 517、集 2911、东 237 等，农家品种选系如获白、吉 63、白鹤、甸 11 等，应作为四大类群种质的补充种质改良利用。③Suwan 亚群。为新形成的低纬度种质，如 S37、S73、S2－4、Q3012 等。此群品质好，抗病耐旱，但偏晚熟。宜与黄改系和旅大红骨及综合品种选亚群系相互改良。④Tuxpeno 低纬度种质亚群。以墨西哥综合种选为主，如墨黄 9、Sc12、ETO 等，根据具体特点分别作为以上 4 类群种质的补充种质改良利用（表 3 - 2）。

表 3 - 2 中国主要玉米种质杂交优势群划分

I. 改良Reid杂优群 (1)	II. Lan 杂优群		III. 四平头杂优群 (4)	IV. 旅大红骨杂优群 (5)	V. 其他种质杂优群			
	II.1Mo17亚群 (2)	II.2 自330亚群 (3)			V1 外杂选亚群 (6)	V2 综合种选亚群 (7)	V3Suwan亚群 (8)	V4 其他低纬度亚群 (9)
B73	Mo17	自330	黄早4	旅9	矮525	混517	Suwan 1	Tuxpeno 1
武105	C103	oh43	塘四平头	旅28	金03	武102	Suwan 2	81565
武109	二南24	oh45	京7	旅9宽	埃及205	太183	S2 - 4	墨白94
原武02	77	凤可1	京7黄	F28	M14	吉63	SC17	郑白11
苏80 - 1	Va35a35	威风322	武314	丹340	系14	吉818	辐S1	毕449
铁7922	48 - 2	200B	披515	丹360	系3	铁133	S1611	毕405
U8112	关17	3H - 2	H21	丹375	W59F2911	铁	8085泰	墨黄9B
郑32	齐35	446	昌7	340早	Bup44	蜥46	Q3012	墨9B
5003	齐302	春09	冀35	SL2166	白苏635	东237	N9	ETO
披478	许05	毕306	文黄31413	丹黄02	三团	53	S37	楚201
7884 - 7	1324	毕411	双741	丹341	披107	414	573	Sc12
铁C8605	吉846	龙330早	披502	丹232	披52106	综3		
户803	吉842	长3154	黄野4 3	丹337	J7	综31		
户835	杂C546	靖28	白野四2	郑17		21087		
冀815	485	龙系17	444	郑22	丹598	晴795		
披832	4F1	朝23	四自4	丹735	披859			
鲁原29	Va36		天4		P138	甸11		
9046	6170		K12		178	英64		
4112	长554		吉853		多黄22	许052		
Kl0	获唐白四2			87 - 1	白鹤43			
K14	唐黄17			K22	大黄46			

资料来源：佟屏亚．中国玉米科技史．北京：中国农业科学技术出版社，2000 年，第244 页

（四）中国玉米种质遗传组成与变化

根据玉米育种家对玉米种质杂交优势群的划分，可以看出，1978—1998 年种植面积 100 万亩以上玉米杂交种组成的自交系类群有很大的变化（表 3 - 3）。1978 年组配杂交种的外杂选亚群（26.18%）和综合种亚群（28.82%）在生产上所占面积占绝对优势，曾在 20 世纪 70 年代占较大比重的四平头杂优群（10.42%）和旅大红骨杂优群（8.79%）面积明显下降，Mo17 亚群和自 330 亚群

所占面积逐步增加，而改良 Reid 杂优群所占面积仅 1.63%。到 1990 年，应用的玉米自交系类群发生显著变化，组配杂交种的外杂选亚群和综合种亚群分别降至 10.18% 和 6.56%；四平头杂优群和旅大红骨杂优群所占面积上升至 24.60% 和 14.37%。特别指出的是 Lan 杂优群中的 Mo17 亚群所占面积剧增至 36.40%，居所有类群之首。1998 年资料显示，改良 Reid 杂优群从 1990 年所占面积的 10.30% 增至 27.26%，Lan 杂优群为 24.19%，四平头杂优群为 16.16%，旅大红骨杂优群为 12.91%，外选杂优群、综合种亚群和自 330 亚群所占面积比例下降。但新选育的 Suwan 亚群和其他亚群有 5 个系所配组合初显端倪。总的来说，玉米种质基础已明显地集中在改良 Reid 杂优群、Lan 杂优群、四平头杂优群和旅大红骨杂优群四大类群，其面积占总面积的 80.52%；从另一方面说，玉米种质相对更为集中，遗传基础趋于狭窄。新型杂优群的出现表明科研探索和技术创新有新的进展。

表 3-3　1978—1998 年种植面积 100 万亩以上玉米自交系类群的变化

类型	1978		1980		1985		1990		1995		1998	
	系数	占面积(%)	系数	占面积(%)	系数	占面积(%)	系数	占面积(%)	系数	占面积(%)	系数	占面积(%)
I.改良 Reid 杂优群（1）	4	163	2	171	5	507	10	1 030	20	2 032	35	2 726
II.Lan 杂优群.1Mo17（2）	5	847	4	999	14	2 611	14	3 064	22	2367	21	1 798
杂优群II.2自330亚群（3）	10	1 571	12	2 131	11	1 667	5	336	7	751	10	621
III.四平头杂优群（4）	3	1 042	2	849	4	1 492	10	2 460	16	1 754	16	1 616
IV.旅大红骨杂优群（5）	2	879	1	834	3	311	4	1 437	8	1 654	12	1 291
V1 外杂选亚群（6）	28	2 618	21	2 012	15	1 831	9	1 018	9	982	8	724
V2 综合种选亚群（7）	29	2 882	23	3 007	23	1 582	10	656	8	441	20	1 066
V3Suwan 亚群（8）	—		—		—		—		1	019	3	114
V4 其他低纬度亚群（9）	—		—		—		—		—		2	043

资料来源：佟屏亚.中国玉米科技史.北京：中国农业科学技术出版社，2000 年，第 246 页

（五）主要玉米种质杂优群利用模式

正确划分种质优势类群并建立起相应的杂优模式，对成功组配杂交种有重要意义。根据玉米主要种质杂交优势群划分，王懿波（1997）将中国玉米种质杂交优势利用划分为 10 种主体模式和 16 种子模式（表3-4）。在 16 种子模式中，利用最多的子模式有 4 种：即改良 Reid 群×四平头群、改良 Reid 群×旅大红骨群、Mo17 亚群×四平头群、Mo17 亚群×自 330 亚群。有明显杂交优势的子模式有 3 种：改良 Reid 群×Suwan 亚群、改良 Reid 群×综合种选亚群、改良 Reid 群×自 330 亚群。而长期广泛利用的 Mo17 亚群×其他群、自 330 亚群×其他群子模式已明显减少，四平头群×综合种选亚群、外杂选亚群×综合种选亚群亦有明显减少趋势。而 Suwan × Tuxpenol、Suwan×ETO 等热带种质模式尚待开发利用。

表3-4　中国玉米主要种质杂交优势群利用模式

主体模式	子模式
1. 改良 Reid 群×Lancaster 群	1. 改良 Reid 群×Mo17 亚群
2. 改良 Reid 群×四平头群	2. 改良 Reid 群×自 330 亚群
3. 改良 Reid 群×旅大红骨群	3. 改良 Reid 群×四平头杂优群
4. 改良 Reid 群×旅大红骨杂优群	4. 改良 Reid 群×旅大红骨杂优群
	5. 改良 Reid 群×外杂选亚群
5. Lancaster 群×四平头群	6. 改良 Reid 群×综合种选亚群
	7. 改良 Reid 群× Suwan 亚群
6. Lancaster 群×旅大红骨群	8. Mo17 亚群×四平头杂优群
	9. Mo17 亚群×旅大红骨群
7. Lancaster 群×其他类群	10. Mo17 亚群×其他类群
	11. 自 330 亚群×旅大红骨群
8. 四平头群×其他类群	12. 自 330 亚群×其他类群
	13. 四平头群×外杂选亚群
9. Mo17 亚群×自 330 亚群	14. 四平头群×综合种选亚群
	15. Mo17 亚群×自 330 亚群
10. 外杂选亚群×综合种选亚群	16. 外杂选亚群×综合种选亚群

资料来源：佟屏亚. 中国玉米科技史. 北京：中国农业科学技术出版社，2000 年，第247 页

玉米育种家指出，应着重在无强优势或无模式的杂交优势群间或

某一杂交优势群内进行选系或改良或用其他群的低纬度种质及外杂选或综合种选亚群的适宜种质进行改良，育成的新系组配新优组合的成功几率会大大提高。不应在强优势群间杂交选系，因其育成新优组合的成功几率明显降低，如旅大红骨与四平头、四平头与自 330 杂交选系效果较好。外杂选亚群中尚有一些系间具有较高的配合力，如 P318 × 掖 52106 综合品种选亚群亦如此，如甸 11 × 大黄 46 等。在改良 Reid 群、Mo17 亚群、自 330 亚群、旅大红骨群时应尽可能选用与其配合力不足以形成杂优模式的农家种质，如混 517、获白、吉 63、铁 133、白鹤 43 等。有些农家种选系如获白、吉 63、混 517 以及外杂选亚群中的矮金 525、M14、Bup44 等在 20 世纪 70～80 年代曾发挥过重要作用，有很多优良性状应进行强化改良和再度利用。Suwan 种质已育成一些新系用于生产，应以优良的综合种选系改良，提高 Suwan 选系的适应性以及提高农家种和综合种选系的抗病性。

玉米杂优群的划分及杂优模式的构建，表明玉米育种技术向理论思维方式的靠近，反映出指导思想与观念的跃进。尽管至今还不了解杂交优势的形成原因，但杂交优势群的划分对指导选育自交系、尤其是二环系的选育技术、群体合成与改良技术、杂交种选配技术以及育种管理技术等，在一定程度上摆脱盲目性。但在不同生态地区，其杂优模式不完全相同，而且是在不断发展和变化，随着玉米种质的改良和创新，特别是数量遗传学方法与分子生物学技术的结合，原有的模式通过不断的改良和完善，将进一步促进杂优群的划分，可能还会不断发现、鉴定和形成新的杂优模式。

三、掖单 13 号等标志性玉米品种推广与利用

（一）掖单 13 号

掖单 13 号是山东省莱州市农业科学院李登海研究员于 1988 年以掖 478 自交系为母本、丹 340 为父本杂交育成，是我国 20 世纪 90 年代重点推广的第 4 代玉米单交种的杰出代表。自 1990 年以来，其先后通过宁夏、陕西、河南、山西、山东、新疆、甘肃、江苏、上海、内蒙古、黑龙江等 11 个省（自治区、直辖市）审（认）定。1998 年通过了全围农作物品种审定委员会审定（品种登记号为国审玉 980014），成为"八五"、"九五"期间国家区域试验和大部分省（自

治区、直辖市）的区试对照品种。1990 年，农业部在莱州召开的全国玉米生产会议上决定在"八五"期间推广紧凑型玉米 1 亿亩，增产粮食 100 亿千克，掖单 13 号被确定为首推品种。1996 年掖单 13 号被农业部确定为"九五"期间的重点推广品种。据农业部农技推广服务中心统计，1993—1998 年连续 6 年推广面积在 2 000 万亩以上，1995—1999 年连续 5 年种植面积居全国第一，最高年份达 3 397 万亩。占全同当年玉米统计面积的 12.2%。掖单 13 号为我国"八五"期间玉米生产再上一个新台阶和"九五"期间玉米生产的发展做出了突出贡献。1991—2007 年累计推广面积 2.31 亿亩，增产粮食 220 多亿千克，增加社会经济效益 220 多亿元。1995 年获得山东省科学技术进步奖一等奖，2003 年荣获国家科学技术进步奖一等奖。

掖单 13 号幼苗叶鞘紫色，叶片紫绿色，株型紧凑，株高 250 厘米左右，穗位高 100 厘米左右，果穗圆筒形，穗行数 16 ~ 18 行，穗轴白色，籽粒黄色，马齿型；春播生育期 125 天左右，夏播 110 天左右，属中晚熟杂交种；抗倒伏，抗大斑病、小斑病和黑粉病，感矮花叶病，轻感青枯病、纹枯病、粗缩病和丝黑穗病；一般亩产 600 千克左右。经过全国区域试验、大面积示范及小面积高产田试验证明，掖单 13 号具有较高的产量潜力，适宜在我国大部分玉米种植区种植。且品质优良，经农业部谷物品质监督检验测试中心检验，籽粒粗蛋白含量 8.66%，赖氨酸含量 0.29%，粗脂肪含量 4.72%，粗淀粉含量 72.05%。

（二）农大 108

农大 108 组合为黄 C × X178，是由中国农业大学许启凤教授 1991 年育成，为 20 世纪 90 年代中后期至 21 世纪初全国重点推广的稳产、大穗型、粮饲兼用的优质玉米新品种，属第 5 代玉米单交种的优秀代表。农大 108 于 1994—1996 年参加京、津、冀、晋等省（直辖市）及全国区试，1997—1999 年相继通过京、冀、津、晋、渝等省（直辖市）审定，1998 年通过国家农作物品种审定委员会审（审定编号为国审玉 980002）。2001 年又第二次扩审黄淮海、西南区及东南区号为国审玉 2001002），成为全国第一个二次扩审的新品种，同时被农业部在东北、华北、黄淮海、西南区及东南区春或夏玉米全国区试的统一对照。农大 108 自 1998 年通过审定开始推广以来，种植

109

面积迅速扩大。1998 年种植面积 136 万亩，1999 年 1 175 万亩，2000 年达到 2 811 万亩，面积超过掖单 13 号，至 2003 年连续 4 年种植面积居全国第一，最高年份 2002 年达到 4 099 万亩，在全国 24 个省（自治区、直辖市）推广种植，占全国当年玉米播种面积的 1.1%，直到 2004 年被郑单 958 所替代。2007 年统计，农大 108 仍有 1 092 万亩的种植面积。1998—2007 年农大 108 累计推广面积达 2.30 亿亩，增产玉米 100 多亿千克，增加社会效益 100 多亿元。农大 108 于 1997 年 4 月申请并于 2001 年 7 月获得发明专利（专利号：N1161136A），于 2002 年 5 月获得植物新品种保护证书，2000 年获北京市科技进步一等奖和农业部丰收计划一等奖，2002 年荣获国家科技进步一等奖。此外，农大 108 是我国唯一自己培育的且全国大面积推广的杂交种。

农大 108 株型半紧凑，株高 250~80 厘米，穗位高 100~120 厘米，全株叶片数 22 片或 23 片。在北京地区春播生育期为 121 天左右，抽雄、吐丝和成熟比掖单 13 号晚 3~5 天，夏播 108 天，属中晚熟品种。果穗近筒形，穗轴粉红色，穗长 20~25 厘米，穗粗约 4.9 厘米，每穗 16~18 行，行粒数 35~45 粒，结实性较好，很少秃尖，出粒率 84%~85%。籽粒黄色半马齿型，顶部色浅，两侧较深，品质好。中抗大斑病、小斑病、黑粉病、病毒病和弯孢菌叶斑病，轻感纹枯病和青枯病，田间发病都较轻，育成时亩产为 550~600 千克。1994 年全国 11 个省（自治区、直辖市）23 个点（包括春播、夏播）平均亩产 581.3 千克，比对照增产 27.0%。1995 年全国 15 省（自治区、直辖市）65 个点平均亩产 550.2 千克，比对照沈单 7 号平均增产 31.5%，比掖单 13 号增产 59.7%，比丹玉 13 号增产 37.7%，比农大 60 增产 23.3%，比中单 2 号增产 29.9%。1996—1997 年全国区试 164 个点，平均亩产 550.7~625.9 千克，比 4 个对照平均增产 24.7%。其中，最高亩产 932.6 千克，大田平亩产增加 50 千克以上。此外，农大 108 的稳产性好还表现在边际效应小、群体内部调节能力强、综合抗性强等方面。品种产量的变异系数从一定程度上可反映品种的适应性。石中泉等（2005）分析了近 20 年来河北省推广面积最大的 9 个品种区试产量的变异系数，结果农大 108 为 0.107 2，在 9 个品种中为最低的一个。

（三）郑单958[①]

郑单958是河南省农业科学院粮食作物研究所堵纯信等专家1996年以自选系郑58作母本，外引系昌7-2（选）作父本育成的玉米单交种，系Reid群×塘四平头杂优模式，它集高产、稳产、优质耐密、广适多抗于一身，是我国第6代玉米单种的优秀代表。郑单958于1997—1998年参加河南省区域试验，1998—1999年参加国家黄淮海夏玉米区域试验，1999年同时参加河南省和国家生产试验，2000年通过了全国农作物品种审定委员会审定（审定编号为国审玉120000009），另外还相继通过河南（豫审证字第13号）、河北（冀审玉200002号）、山东（鲁种审字第0319号）、辽宁（辽农审证字2005年第820号）、吉林（吉审玉2005028号）、内蒙古（蒙认玉200200）、新疆（新审玉2003年005号）、山西（晋引玉2007004）、北京（京审玉2008005）和黑龙江（黑审玉2009004）等省（自治区、直辖市）审（认）定，2002年获新品种保护授权（品种权号：CNA200000535）。该品种一般亩产500千克，高产可达1 000千克以上，并且制种产量高，一经推广就受到广大农户、企业和基层农业主管部门欢迎，加之北京德农种业等大型种子公司的运作及种子管理部门的积极引导，其推广面积急速扩大。2000年通过审定，2001年种植面积192万亩，2002年就达到1 325万亩，2003年2 135万亩，2004年4 295万亩，2005年5 177万亩，2006年达到5 859万亩，全国累计推广面积1 909亿亩，增产110.58亿千克，增收106.19亿元。2004年以来，已连续6年成为全国第一大种植面积的玉米品种，并且是新中国成立以来种植面积最大、推广速度最快的品种。目前，该品种不仅成为黄淮海夏玉米区的主栽品种，而且已推广至东北春玉米区的内蒙古、辽宁、吉林及黑龙江南部地区，推广区域基本覆盖北纬32°~45°，东经75°~130°的广大玉米种植区域，成为我国玉米第6次品种更新换代的标志品种和玉米育种史上的又一个里程碑，为国家粮食安全作出了巨大贡献，荣获2007年度国家科技进步一等奖。

---

① 李晓君，李少昆，王芳. 郑单958品种扩散特点与推广建议. 作物杂志，2007年第3期，第74~75页

第二节　现代玉米种业市场与体制发展变革

20 世纪初至改革开放前中国玉米种业一直受制于政治、经济体制的束缚，虽已起步，却在曲折中艰难发展。改革开放后，玉米种业才真正走上现代市场经济发展之路。本节将重点回顾我国玉米种业发展的历程，玉米种业体制的转变以及玉米品种评定与审（认）定的演变，尽可能展现玉米种业演变过程的真实面貌。

一、玉米种业发展的历史进程

20 世纪，中国玉米种业相关科技由传统向现代转变，促使玉米种业从无到有，逐步发展为大规模的现代化产业。在此过程中，杂交玉米种子的培育和推广起着关键作用。根据玉米种业发展演变的特点，可把中国玉米种子产业分为 3 个时期。

（一）玉米种业肇始萌芽时期（1900—1948 年）

中国玉米种子科学繁育事业，发端于 19 世纪末 20 世纪初。一批有志之士广开风气，维新耳目，振兴农业，创办报刊介绍欧美先进科学知识和实施农政新法，主张从欧美引进农作物优良品种。但是，我国清末办起的基层小规模农事试验场，并不具备培育新种的能力。它们的功能就是试种新引进的作物种子。试种成功后，再教乡民种植并提供部分种子。1902 年，直隶农事试验场最先从日本引进玉米良种。1906 年，奉天农事试验场把研究玉米品种列为六科之一，从美国引进 14 个玉米优良品种进行比较试验[1]。

1930—1936 年，中央大学农学院金善宝、丁振麟在南京大胜关农事试验场开展杂交玉米试验，包括自交系选育、杂交种组配和品种间杂交，共获自交系 305 系，其中，自交 7 年者 105 系，自交 4 年者 155 系；杂交选育共得杂交种 115 种，其中，测交种 27 种，单杂交种 85 种。1936 年产量评比结果，杂交种比普通玉米优良品种（南京黄），最低平均增产 20%，最高达 30%。金善宝著文"近代玉米育

112

---

① 苑鹏欣．清末直隶农事试验场．历史档案，2004 年，第一期

种法"，详细介绍杂交玉米育种方法、育种经验以及发展前景①。

四川省农事改进所李先闻、张连桂等于 1936 年从四川各地搜集 1 342 个玉米农家品种，用系谱法选育自交系。经过多年选择和自交，选出 21 系、92 系等 9 个性状优异的自交系，1942 年开始组配杂交种，先后在绵阳、成都等地试种比较。从中选出双 404、双 411、双 452、双 458 四个硬粒型双杂交种，1943—1945 年扩大示范，比当地农家种增产 20.0% ~30.5%②。

（二）1949—1978 年改革开放前国家统筹时期

自 20 世纪 50 年代以来，我国玉米种子工作可以分为 3 个具体发展阶段，即农户自留自用时期；种子"四自一辅"时期；种子"四化一供"时期③。

1. 农户自留自用时期

中国农民有句谚语：好种出好苗，好苗产量高。种玉米要获取高产，就必须选用良种，农民始终把良种放在玉米增产的重要地位。新中国成立初期，基于农业技术比较落后，玉米生产上应用的全是农家品种，可以说是"家家种田，户户年留种，种粮不分，以粮代种"。1949 年 12 月，农业部召开第一次"全国农业工作会议"，把推广良种作为发展农业生产的重要措施。1950 年 3 月，农业部发布《五年良种普及计划（草案）》，要求各地开展群众性的选种留种活动，发掘优良农家品种，就地繁殖，扩大推广。全国各级农业部门成立了种子机构，实行行政、技术两位一体的种子指导与推广体制。全国共评选出玉米良种 200 多个，其中有 43 个良种大面积推广，对玉米增产起一定作用。农业部 1954 年 12 月召开"全国种农业部子工作会议"，要求加速农作物良种的评选和推广，逐步建立良种繁育制度，加强地、县繁殖农场和农业社种子田的建设。1957 年，全国玉米良种覆盖率达 50% 以上。

---

① 金善宝，丁振麟. 中大农学院大胜关农事试验场最近玉米大豆试验成绩简报. 农学丛刊，1935 年，第 3 卷，第 1 期

② 李先闻. 玉米育种之理论与四川杂交玉米之培育. 农报，1947 年，第 12 卷，第 1 期

③ 佟屏亚. 中国玉米科技史. 北京：中国农业科学技术出版社，2000 年，第 294 ~ 296 页

2. 种子"四自一辅"时期

农业部在 1958 年 4 月召开的"全国种子工作会议"上，针对一些地区种子大调大运以及商品粮代替种子造成严重混杂的教训，确定种子工作要依靠农业合作社自繁、自选、自留、自用，辅之以调剂（通称为"四自一辅"）的方针，要求集体生产单位自留玉米生产用种，国家进行必要的良种调剂。经国务院批准，从中央到地方相继成立了种子公司或种子管理站，在当时社会经济条件下，这一措施有利于保障农业用种。

杂交玉米的培育和推广，是种子商品发展史上的一个里程碑。种子商品化主要标志是名副其实、粮生产分工的出现并确立，由此，玉米种子商品率日趋提高；交换形式虽然还是以物易物，但随着商品种子生产投入的社会必要劳动时间的增加，种子价值表现形式即交换价值明显提高；生产和交换的社会化与现实生产、交换关系显示出来。这样一来，玉米杂交种子的繁殖亲本和配制杂交种就突破了原有的供种方法。1958 年 12 月，农业部颁布《全国玉米杂交种繁殖推广工作试行方案》，加强玉米良种的繁殖和推广工作。针对农作物种子混杂退化的问题。1962 年 11 月，中共中央、国务院发布《关于加强种子工作的决定》，要求整顿和加强农业科研机构、繁殖农场和推广良种的种子站。特别指出："玉米杂交种这一类的优良种子，主要靠专门的育种场繁殖。"经过调整，恢复了原有的种子示范繁殖农场，新建了一批良种繁殖农场。1964 年 8 月，农业部在黑龙江省种繁殖农场。1965 年林甸县召开"全国种子工作现场会"，推广该县计划供种实现农作物良种化的经验。在全国形成了以县级良种场为核心，公社、大队良种场为桥梁，生产队种子田为基础的三级良种繁育体系，加快了玉米良种的推广速度。20 世纪 60 年代"文化大革命"中，大部分地区撤销了玉米种子机构，有的同农业部门合并，有的归行政部门兼管，良种繁育推广体系遭到严重破坏，玉米种子出现多（品种多）、乱（布局乱）、杂（种子杂）的局面。1972 年 12 月，国务院批转农林部"关于当前种子工作的报告"，试图整顿玉米种子混杂问题，但在当时社会动乱环境条件下，作用甚微。

3. 种子"四化一供"时期

随着农业现代化建设的发展进程，1977 年 8 月，中央农林部在山东省栖霞县召开大队供种经验交流会，推广栖霞县改进和创造的以生产大队为单位建立专业队，统一繁殖、统一保管、统一供种的经验。1978 年 5 月，国务院第 98 号文件批转了农林部"关于加强种子工作的报告"，要求从中央到地方把种子公司和种子基地建设起来，实行行政、技术、经营"三位一体"的种子管理体制，健全良种繁育推广体系，逐步实现品种布局区域化、种子生产专业化、种子加工机械化和种子质量标准化；实现以县为单位统一供种（以后通称为"四化一供"）。种子公司的建立和"四化一供"的实施，标志着玉米种子商品化发展的开端。主要标志是：产需之间出现了经营服务环节，促进了种子行业内部专业分工；适应种子商品社会化生产，确立了产、供、需之间专业化协作关系；出现了种子加工业，简单的种子商品生产宣告结束，继种子商品在量的方面的发展，开始了在质的方面的变化；交换手段的货币形式占据主导地位，标志种子商品化程度有了根本性的提高。

1978 年 6 月，农林部在河北省正定县召开 9 省（市、县）的种子试点工作座谈会，决定投资 1 200 万元在全国建立 12 个"四化一供"试点县和良种繁育推广体系，后来又逐步扩大了试点范围。"四化一供"提高了农业供种水平。1978 年，中央财政部通过中国种子公司核拨流动资金 1.73 亿元，扩大建设种子"四化一供"试点县。1983 年，国家在建设商品粮基地县的投资中，又确定其中一部分为良种繁育体系建设资金。1978—1984 年全国先后建成种子"四化一供"县、市 460 多个，跨省、区种多处子生产基地 50 多个①。

（三）社会主义市场经济蓬勃发展时期（1979 年至今）

玉米种子经营原归粮食部门，1958 年划归农业种子部门，在比较长的时期由县级种子部门实行"预约繁殖，预约收购，预约供应"；规定种子经营以"不赔钱，少赔钱"为原则，调种费用以及地区差价由国家补贴。1980 年以后，为适应农村和农业生产形势的变化，玉米种子经营原则上改为"不赔钱，略有盈余"；良种购销改为"以粮换种"和"种粮脱钩、以货币计价"两种方式，并实行县、

① 当代中国丛书编辑部．当代中国的农作物业．北京：中国社会科学出版社，1988年，第 158～475 页

乡、村多层次供种。随着市场经济的发展，玉米种子经营管理出现一系列的问题，迫切需要有关种子管理的法规。1989 年国务院发布了《中华人民共和国种子管理条例》，1991 年农业部又发布了《中华人民共和国种子管理条例农作物种子实施细则》，以确保管理条例的贯彻执行。对玉米优良品种的评定，长期以来缺乏科学鉴定分析技术及其标准。1976 年，农林部颁发了《主要农作物种子分级标准》和《主要农作物种子检验办法》。1983 年，国家标准局正式发布《农作物种子检验规程》。各地相继健全了种子检验机构，引进先进检验仪器设备，培训种子检验人才。1996 年 12 月，国家技术监督局发布《农作物种子质量标准》，对玉米杂交种子的分级作出明确的规定。

随着农业现代化的建设进程，种子生产专业化提到日程上来。1978 年，中国种子部门首次引进国外玉米种子精选加工设备，在北京通县建立加工示范厂；到 1985 年，全国已陆续建立 15 座玉米种子精选加工厂；到 1995 年，全国建成种子精选加工厂达 490 座，在种子系统配备复式精选机和重力式精选机 9 000 多台，种子烘干机 400 多台，玉米果穗烘干室 500 多座，检验仪器 4 万台件，种子加工中小型配套设备 600 多套。还从国外引进现代化种子机械加工成套设备。

二、中国玉米种业体制的转变

1950 年 8 月，从中央到地方各级农业部门成立了种子机构，实行行政、技术"两位一体"的种子指导与推广体制，负责评选良种和种子示范推广。1956 年，农业部设立种子管理局，实行行政、技术、经营"三位一体"的管理体制，加强对种子工作的领导。1958 年，经国务院批准，中央和各省（区）设立种子公司或种子管理站，省以下按自然区划设立种子分公司，但县级只设种子站，负责种子经营和调剂管理。之后，逐步建立和完善了良种繁育制度以及品种区域试验制度、种子审定制度、种子检验制度等，加强种子管理和保障农业供种。1978 年 7 月，农林部设置中国种子公司建制，但仍然与种子管理局实行行政、技术、经营"三位一体"，一套人马，两块牌子。1984 年为适应经济体制改革的形势，将种子管理划归行政部门，种子经营由种子公司负责，但因存在职责、经费、人员等诸多问题，政企难以分开。1987 年 10 月，农牧渔业部决定种子管理站和公司分开，正式成立中国种子公司，从 1988 年 1 月起，种子部门的机构、职能以及人、财、物完全分开。中国种子公司定为部属企业。1995年 8 月农业部决定，全国种子总站、农技推广总站、植物保护总站、土壤肥料总站合并组建全国农业技术推广服务中心。1995 年 10 月，中国种子公司更名为中国种业集团公司，经国务院批准，从 1992 年2 月起，中国种业集团公司隶属国家经济贸易委员会。

　　中国拥有世界上最大的种子生产与供应系统。截至 2000 年统计，全国共建有县级以上种子公司（站）2 700 家，职工 4.7 万人；注册登记的种子经营点 32 500 多家；国有原种场、育种场经营点 2 300 多处，职工约 40 万人，耕地 3 000 多万亩。一些县级种子公司与种子生产者签订合同向农民提供商品种子，另一些县级种子公司依靠调运种子从事经营活动；地区级种子公司则利用省、地级农业科研单位或高等农业院校提供的原原种（或育种者种子）生产原种，并提供给县级种子公司，有些地级种子公司也生产和经销商品种子；省级种子公司和国家种子公司主要任务是制定种子生产与经营计划以及负责地区余缺调剂，国家种子公司还承担国际种子贸易进出口业务。中国育种科研、种子管理和经营分属 3 个相互独立的机构，由各级政府直接管辖，很大程度上受政府行政干预。种子工作存在许多明显的弊端。一是束缚种子公司的经营活动。种子公司的经营活动受命于当地政府，经营自主权不能充分发挥。经营活动首先要保证县域供种，种子调运受政府的约束，还要保证地方政府税收、就业、福利等；二是限制了种子产业的发展。种子公司微利经营，限制提高经营利润与公司资产积累。种子公司隶属于政府的服务部门，其发展与经营，基本上是中央设什么机构，地、县就有什么机构，上下机构设置重复，组织上的多环节，导致了人浮于事，工作效率低下。除县级种子公司主要承担种子供应外，其他种子公司则主要承担种子经营的管理与种子余缺的调剂，造成育种、繁种、推广脱节；三是种子经营缺乏竞争。县级种子公司是种子供应的主渠道，在县域范围实行垄断经营。

　　种子公司属于事业单位，可以得到政府事业费资助，基本建设得到各级政府的专项拨款，获得国家政策性银行的贷款支持或低息贷款，优先得到有关新品种的信息与材料。最重要的是国有种子公司是唯一具有"两杂"种子（杂交玉米与杂交水稻）经营权的单位，具有种子质量检验与种子经营许可证发放等权利，拟从事种子经营必须经种子公司（站）的批准，从而排除了其他单位或个人从事种子经营的可能性。

国有种子公司的种子经营技术性很强，但其最终是一个商业化过程，利用现有的体制优势与国家有关政策获得利润最大化。其优势主要体现在以下 3 个方面：一是国有种子公司在政府特殊政策的庇护下垄断经营，例如，享有唯一的玉米、水稻"两杂"种子经营权，获取较高的经营利润；二是国有种子公司享受国家财政补贴与各项资助，从而使其在种子市场上具有竞争优势；三是国有种子公司掌握新品种区域试验的信息，有优秀的种子技术人才，优先控制新品种的种子经营市场。可以说，国有种子公司占据着政策、资金、物资、人才等方面得天独厚的优势地位。

从 20 世纪 80 年代中期便开始种子机构政企分开的改革，实际上并未顺利实施。据报道，1995 年，全国省、地、县级种子机构基本上仍为一家，省级（不含中国台湾）种子机构中，"一套人马、两块牌子"。在 30 个省级种子机构中，站和公司分设的有 4 家（辽、粤、甘、琼），只有种子公司的一家（川），其他 25 家都是站、公司合一的；330 个地、市级种子机构中，站和公司分设的有 29 家；在 2 323 个县级种子机构中，站和公司分设的有 107 家。"一套人马、两块牌子"的省、地、县级种子机构，分别占同级种子机构总数的 80%、91.2% 和 95.4%。至 2000 年，种子站和种子公司仍然有分有合，但大部分省（区、市）种子机构基本上保持着计划经济垄断经营的管理体制。据全国农业技术推广服务中心孙世贤报道，中国种业管理从上至下缺乏集中统一的协调机制：一是农业部种子管理机构设置比较分散。中国种子公司划归国家经济贸易委员会后，农业部保留和新建了许多种子管理业务部门，如种子及植物检疫处、农技中心植物检疫处、良种区试繁育处、种子检验处、种子行业指导处、植物新品种保护办公室、转基因管理办公室以及全国农作物审定委员会办公室，它们分属于农业部不同的司、局、委，政出多门，互不协调，缺乏沟通，遇到关乎种业全局的大事难以操作。二是省、地、县级种子公司管理机构明显重叠，相互牵制，给种业地方保护主义创造了条件。三是对中国种业发展尤其是对组建大型种业集团设置了许多难以逾越的障碍，不利于种子产业化和育、繁、推一体化。四是新品种推广按生态区进行，而种子管理则按行政区划实施，无疑形成新品种推广的障碍。要指出的是，农业部设置了那么多的种子业务部门，却缺少一个代表统一意志和统一指导全国种业权威机构，这和改革后的政府职能转变的要求不相符合，很难适应全国种业发展的新形势。

三、玉米品种评定与审（认）定的演变

一个优良玉米品种，必须具有高产、稳产、适应性广、抗逆性强的特点，经过审定，才能推广应用。如何在众多育种新组合中选定具有上述特点的优良品种。通常的做法首先是进行新品种的区域试验，鉴定、选拔有推广应用前景的品种，确适宜推广地区；其次是区试中选的品种，要进行生产试验，在大田生产条件和较大面积上与当地当家品种进行种植比较，进一步验证新品种的丰产性、适应性和抗逆性，同时总结配套栽培技术，显示新品种的优越性，起示范作用；最后是对完成上述试验程序并达到审（认）定标准的品种，由育种单位或育种家提出申请，经省级以上农作物品种审定委员会审定或认定。一个新品种一旦通过审（认）定，就成为合法的推广品种。区域试验和生产试验是新品种展示、信息扩散的窗口。

（一）区域试验的发展演变

区域试验是客观评价新杂交种的主要途径，是品种更新的依据。区域试验主要是对一个新品种的生态适应性、丰产性、稳定性、抗逆性及其有别于其他品种的异质性等进行鉴定。

我国玉米区域试验工作始于 20 世纪 60 年代前后的品种间杂交种利用时期，当时仅在东北、华北等少数省（自治区、直辖市）进行，试点也少，试验主要由国家和各省（自治区、直辖市）级种子管理部门及农业科研单位主持承担。自 1973 年起，我国建立了玉米分区区域试验制度，根据地理位置、生态条件及栽培耕作制度等把全国划分为 5 个协作区，全面开展玉米新品种区域试验。在"文革"期间，部分大区区试工作曾中断多年，1984 年起又全面恢复工作[①]。20 世纪 80 年代以来，随着生产条件的改变和科技进步，我国玉米事业蓬

---

① 曾三省．我国玉米区域试验的回顾．作物杂志，1993 年，第 1 期，第 12～13 页

勃发展，一大批同类型的玉米新品种进入区域试验。为适应生产发展需要，科学地鉴定和评价不同类型的玉米新品种进入区域试验。为适应生产发展需要，科学地鉴定和评价不同类型杂交种在不同生产条件下的表现，根据生态区育种进展、生产发展需要和玉米品种的生长发育特性及株型特点，将不同类型的品种划分为不同组别的区域试验。省（自治区、直辖市）试设立预备区试和正式区试，在正式区试中又安排有平丘组、山区组，或套种组、直播组，或春播组、夏播组，或耐密组、普通组等，以便筛选不同类型的品种，适应不同地区、不同耕作制度的需要。随着特种玉米的推广应用，1984 年后又增加了高赖氨酸玉米和甜玉米区域试验。20 世纪 90 年代初，全国玉米区域试验分为东北春、华北春、华北夏、西南和东南五大片，每年设立 100 个左右的试点（次），参试品种在 60 ~ 70 个，除了全国大区区试外，主产玉米的各省（自治区、直辖市）还建立了省级区域试验制度，全国参试品种达几百个。1995 年根据农业部"四个一"的目标，在"科技兴农计划"和"种子工程"项目下，全国农业技术推广服务中心组织了玉米新品种筛选试验，取代原有、示范、审定、推广步骤①。1987 年 11 月国家计委和农牧渔业部共同下达的 5 种农作物国家品种区域试验基地建设项目通过验收，共兴建农作物区试基地 168 个，其中玉米区试基地 32 个。"九五"以来，国家把区域试验站建设列为"种子工程"的建设内容之一，在各省（自治区、直辖市）按不同生态区统规划建设了一定数量的国家级区域试验站，为稳定试验点和提高试验质量起到了极大的促进作用。

（二）品种的审（认）定的演变

品种审定是一种行政许可制度，具有市场准入的强制性，属于国家级和省级人民政府农业行政部门规定的审定作物范围的新品种必须经过审定后，才能进入生产、推广和销售，未获得品种审定证书就进行生产和销售将要承担相应的法律责任。品种审定实行国家与省（自治区、直辖市）两级审批，由同级品种审定委员会负责审查，同级农业行政部门颁发审定证书，通过审定的品种在审定指定的生态区

---

① 孙世贤．"九五"期间我国玉米品种已基本实现一次更换．种子科技，2000 年，第 6 期，第 338 ~ 340 页

120

域生产推广销售有效。

早在 20 世纪 50 年代，农业部门对当时大田生产用种组织了群众性评选，推选出一批优良品种，发挥了很好的增产作用。以后产生了以科研单位为主的联合鉴定形式推荐优良品种。对新选育的农作物品种进行有领导、有组织的审定工作，是从 20 世纪 80 年代初一些省（自治区、直辖市）及国家农作物品种审定委员会成立后开始的。1981 年 12 月农业部在北京召开了全国农作物品种审定委员会成立大会。会议期间审议了《全国农作物品种审定试行条例》，按作物划分了玉米等 8 个专业审定小组。在全国农作物品种审定委员会成立之前，陕西、甘肃等 19 个省（自治区、直辖市）也成立了省级品种审定委员会。1997 年 10 月农业部第 23 号令，发布了《全国农作物审定委员会章程》和《全国农作物品种审定办法》，品种审定由省级以上农作物品种审定委员会进行，一个新品种一旦通过审定，就成为合法的推广品种。品种审定的程序是，由育种单位或育种家提出品种审定申请书，附带玉米品种区域试验及生产试验等资料，并繁殖一定数量的亲本自交系和杂交种种子。由农作物品种审定委员会玉米专业组初审，报审定委员会表决通过。通过审定的品种。必须具有高产、稳产、适应性广、抗逆性强的特点，并达到区域试验的选拔标准。前期审定推广程序基本是：品比试验 2 年，区试 2~3 年，生产试验 1~2 年：该过程时间长、环节多，良种出台慢，应用推广迟，不少品种已在大面积推广了才获审定通过。为缩短试验年限，一些省（自治区、直辖市），从 1997 年起又改三年区试为二年、二年生产试验为一年，并可以交叉进行。从 1996 年起全国玉米新品种筛选试验中初步尝试在区域试验的同时组织预备试验和生产试验。

2001 年 2 月 26 日农业部令第 44 号发布《主要农作物品种审定办法》，其中规定，申请审定的品种府当具备下列条件：①人工选育或发现并经过改良；②与现有品种（本级品种审定委员会已受理或审定通过的品种）有明显区别；③遗传性状相对稳定；④形态特征和生物学特性一致；⑤具有适当的名称。

品种审定的法律依据是全国人大常委会颁布的《中华人民共和国种子法》（以下简称《种子法》）以及农业部发布的各种配套规章。由于原先的"全国农作物品种审定委员会"是依据《国家种子管理条例》（以下简称《条例》）设立的，随着《种子法》实施，原《条例》废止。《种子法》要求设立更规范、更明确的国家级审定机构，据此，农业部组建了第一届国家农作物品种审定委员会，并于 2002 年 12 月 17 日在北京召开了成立大会。审定委员会设玉米等 8 个专业委员会，负责国家级主要农作物品种审定工作。在《种子法》中明确规定审定办法由国务院农业、林业行政主管部门制定，取消了各地自行制定品种审定的办法，使得品种审定制度和办法能够全国统一。各地在开展品种审定时都采用相同的程序和标准进行衡量，有利于相邻省（自治区、直辖市）间审定品种的互相引用，避免重复审定，节约人力、物力和财力。2006 年发布的《农作物品种审定规范—玉米》（NY–T1197—2006），将品种界定为经过人工选育具备特异性、一致性、稳定性，具有适当的名称。我国在审定了一大批玉米优良品种的同时，还认定了一些优良玉米品种，这些品种在全国玉米生产上发挥了重要作用。有些玉米品种在生产上种植面积较大，具有较好的丰产性、适应性、抗逆性或品质优良或有些突出优点而受到种植者欢迎，由于某种原因未参加省（自治区、直辖市）区域试验或未通过品种审定，对这些品种可以按玉米品种审定程序进行及时认定，通过认定的品种，才能合法推广利用，这不仅弥补了品种区域试验的不足，而且有利于生产的发展①。

经过审定、认定的品种。一般对其适应性、丰产性、稳产性及综合性状等方面有比较准确和全面的认识。在引用种植时，不会有大的风险和造成大的经济损失。有利于实现高产稳急产的目标：品种区试、审（认）定工作有效地遏止了不良品种的乱引、乱推，避免给生产造成重大损失，保护了农民的利益，取得了显著的成效。1996 年、1997 年通过国家和省级审（认）定的玉米品种分别有 51 个和 65 个，2007 年和 2008 年分别达到 523 个和 467 个。2000—2008 年 10 月国家和各省级审（认）定通过的玉米品种 3 594 个，其中，国家审

---

① 廖琴. 国家农作物品种区试审定工作取得新进展. 中国种业，2001 年，第 1 期，第 9 ~ 11 页

定品种 340 个，省级审定 3 254 个①。

四、玉米品种推广体系的推进与创新

（一）玉米品种推广体系的改革推进（1978—1998 年）

新中国成立至改革开放前，玉米品种推广体系与其他农业推广体系共同创立并取得一定成绩，虽历经曲折，但毕竟为其后的进一步发展奠定了基础。改革开放后，玉米品种推广体系迅速推进，迅猛发展。1978 年，随着农村家庭联产承包责任制的实行，原先的"四级农科网"也相应解体。为完善农村双层经营体制，基层农业技术推广服务体系建设得到快速发展，一是以专业站为主的基层农技推广体系形成；二是县级农技推广机构向综合化方向发展；三是基层农技推广机构的稳定和发展。同时，各地重视乡镇农技推广服务机构建设。这期间，农业技术推广服务体系基本以农技推广机构为主，农民自发的科技服务组织，如农民专业技术协会或研究会等也开始创建，并在少数地方取得较好成效。

1982 年在国家行政机关改革中，农牧渔业部将粮油局、经作局、种子局合并成立农业局，同时组建了全国农业技术推广总站和全国种子总站（与中国种子公司合署办公，1987 年分开）；将原来的植保局转变为事业性质的全国植物保护总站；1986 年国家成立国土资源部时，农牧渔业部组建成立全国土肥总站。各省、市、县农业部门也建立了相应的专业推广站。到 20 世纪 80 年代中后期，我国在种植业范围内基本建立了种子、植保、土肥和栽培技术四个专业的技术推广机构，并逐步形成由中央、省（市、自治区）、地区（市）、县、区或乡镇五级专业技术推广网络，加上村级农业技术推广组织，构建了新中国成立以来最完整的网络。1983 年，农牧渔业部颁发《农业技术推广条例》（试行），对农技推广工作的机构、任务、编制、队伍、设备、经费和奖惩做了具体规定。

1979 年，农牧渔业部在 29 个县试办农业技术推广中心，把种植业的各个专业站组合起来，集试验、示范、推广于一体，以发挥整体

---

① 孙世贤，廖琴. 全国玉米审定品种名录（2000—2008）. 北京：中国农业科学技术出版社，2008 年 11 月

技术优势。1982 年和 1986 年中央两个 1 号文件给予肯定。1982 年，中共中央在"1 号文件"中指出："重点办好县一级推广机构，逐步把技术推广、植保、土肥等农业技术机构结合起来，实行统一领导、分工协作，使各项技术综合应用于农业生产"。在中央"1 号文件"的号召下，全国范围内加强县农业技术推广中心建设，国家计委列专项资金给以支持。到 1996 年，全国共建县中心 1 800 多个，占农业县数的 75%，总投资约 20 亿元，其中，中央投资约占 25%。

随着国家财政体制的改革，基层特别是乡镇农技推广机构不同程度地出现"断奶"、"抽血"现象，存在新的"断线、破网"趋势。为此，国家出台了一系列积极有效政策和措施，稳定发展基层农技推广体系。1992 年农业部和人事部联合下发《乡镇农技推广机构人员编制标准（试行）》；1993 年 7 月《中华人民共和国农业技术推广法》正式颁布实施；1993 年农业部、林业部、水利部、人事部、国家计委、财政部等六部委联合发出《关于稳定农业技术推广体系的通知》；1996 年《中共中央国务院关于"九五"时期和今年农村工作的主要任务和政策措施》（中发〔1996〕2 号文件）对乡镇农技推广机构实行"三定"（定性、定编、定员）工作；1997 年，国务院决定在全国开展"农业科技推广年"活动；1998 年 6 月，中共中央办公厅和国务院办公厅联合发出《关于当前农业和农村工作的通知》（中办发〔1998〕13 号）文件，明确在机构改革中推广体系实行"机构不乱，人员不散，网络不断，经遇不减"的政策，并要求农业推广体系要解放思想，强化市场观念和服务意识，逐步完善市场经济条件下的运行机制，增加活力。到 1998 年年底，全国基层乡镇农技推广机构基本建立，其中 90% 的乡镇建有乡农技站等专业站，10% 的乡镇建有综合站；事业费列入财政预算的乡农技站数占总数的 98.3%，全国乡农技站实有编制近 19 万多人，新增农技干部编制近 3 万个，平均每站 4 ~ 5 人，基本达到定编标准。

（二） 玉米品种推广体系创新发展 （1999 年至今）

在这一阶段，我国新一轮机构改革全面深入。1999 年起进行地方机构改革，在机构改革的同进，事业单位人事劳动制度改革深入进行，农村税费改革全面试点。与此同时，我国农业经济进入新的发展阶段，农业产业结构调整步伐加快；我国成功加入 WTO （世界贸易组织），农业产品面临国内和国际两个市场的竞争。我国基层农技推广服务体系进入改革期，体制和机制创新是这一时期的鲜明特征，农技推广体系在改革中求稳定，在改革中求发展。改革的重点是稳定和加强国家农技推广服务体系的公益性职能，放开搞活经营性服务，建立适应市场体制的多元化农技推广服务体系。

1999 年年初，针对即将开始的地方机构改革对基层农技推广体系造成的影响，农业部、人事部、中编办、财政部联合起草了《关于稳定基层农业技术推广体系的意见》（以下简称《意见》）上报国务院。国务院办公厅转发《意见》（国办发 79 号文件），在再次肯定基层农技推广体系的基础作用、保持基层农技推广体系稳定的同时，强调农技推广机构要通过改革得到稳定和发展。同年 10 月，农业部种植业管理司和全国农业技术推广服务中心联合在湖南郴州召开体系经验交流会，重点交流了各地改革创新的经验，强调农技推广体系要在改革中稳定、在创新中发展。

2000 年中央办公厅、国务院办公厅发出《关于县乡人员编制精简的意见》（中办发〔2000〕30 号），要求乡镇成立农业综合服务中心，管理权限由县级主管部门下放到乡镇政府，人员数量减少 20％。为支持和促进基层农技推广机构改革，2000 年中央在"3 号文件"中要求："从今年起，各级财政要拨出专项经费作为启动资金，支持各地以现有乡镇技术推广机构为基础，有计划、有重点地创办一批农业科技示范场，使之成为农业新技术试验示范基地、优良种植繁育基地、实用技术培训基地，在结构调整中发挥作用。"这为基层农技推广体系的改革和稳定发展指出了一条新途径。

2002 年，《中共中央、国务院关于做好 2002 年农业和农村工作的意见》（中央"2 号文件"）中指出："继续推进农业科技推广体制改革，逐步建立起分别承担经营性服务和公益性职能的农业技术推广体系。公益性技术工作，特别是农作物病虫害和动物疫病的测报、预防等，应有专门的机构和队伍承担，所需经费由财政供给。""一般性技术推广工作，要依托现有乡镇科技推广机构，在国家扶持下逐步改制为技术推广、生产经营相结合的实体。有关部门要抓紧制定农业科技推广体制的改革方案，选择部分地区进行试点，总结经验，逐步实施。"同年 3 月 15 日，国务院办公厅发出通知，提出落实中央"2

号文件"有关政策的意见（国办函〔2002〕22 号），并责成由农业部牵头，会同科技部、中编办、财政部等部门落实。标志着基层农技推广体系进入较完善新阶段①。

第三节　现代玉米种业发展态势分析

现代玉米种业主要包括品种研发玉米品种研发体系、玉米种子生产、加工及销售体系、玉米种子行业管理体系及玉米产业组织结构等方面。本节将结合相关研究资料对这些方面的具体发展状况逐一分析。

一、玉米品种研发体系

（一）科研体系现状

优良玉米种是玉米种子产业发展的核心，我国农业科研单位和育种家培育出许多优良农作物新品种，对促进农业发展和提高产量起到了重要作用。计划经济时代，因体制的原因，新品种由科研选育，无偿转交给种子经营单位或推广部门应用。由此形成了政府出钱搞育种、公司无偿用品种的模式。这种机制运行的结果是：育种单位千辛万苦育成的新品种，种子经营企业轻而易举地获取丰厚的经营利润，造成了育种的不如卖种的、搞科研的不如搞经营的。随着科研体制改革的深入和玉米种子产业市场化程度的提高，科研与经营环节间的市场化取向加强，目前科研单位采取有偿方式向经营单位转让育成品种，品种研发的市场价值逐步凸显出来。虽然我国育种科研单位在改革中得到了快速发展，但仍然存在的一系列问题：一是制度创新落后；二是科研体系条块分割，研究机构重复设置；三是研究力量分散、研究项目重复；四是科研决策、应用和成果推广与市场需求相脱节。

（二）玉米品种研发资源分布

伴随着育种科研体制改革，民营资本、外资相继进入玉米品种开

① 谢建华．基层农技推广体系发展与改革研究．中国农业大学硕士论文，2004 年，第 15～18 页

发领域，但目前我国玉米品种研发的主体依然由国有科研单位承担。从表3－5中看出，国审品种中由科研院所申报的比例虽呈下降趋势，但仍在半数左右；近几年，企业与科研院所合作开发品种数量增多，但究其实质，其研发能力仍然在国有科研院所。

表3－5　1999—2005 国家审定玉米品种表

申报单位		1999 年	2000 年	2001 年	2002 年	2003 年	2004 年	2005 年
科研院所	国家级	7	1	1		4	1	1
	省级	7	9	4	1	14	4	9
	市以下	8	4	5	1	12	5	5
	合计	22	14	10		30	10	15
企业单位	全国性	3	1				5	9
	地方性	3	2	2			7	5
	国外公司	5	2	3			2	2
	合计						14	16
总　　计		26	16	13	1	43	24	31

资料来源：全国农作物审定品种目录．北京：中国农业科学技术出版社，2005 年

（三）科研单位改制成功案例分析

1. 国有科研院所改制的难点

国有科研单位改制存在着先天不足：一是虽然掌握了新品种资源，但可能因缺乏资金而在种子生产、市场开发上受到限制，无法迈向经营领域；二是科研院所、育种家擅长科学研究，缺乏营销、管理技能；三是科研单位掌握市场信息分散。

2. 育种科研单位改制案例分析

（1）江苏明天种业科技有限公司

江苏明天种业科技有限公司是江苏省农业科学院于 2001 年发起成立的股份制种子企业，是适应科研体制改革及科研单位从实体创收向产业发展应运产生的。该公司由江苏省农业科学院出资控股，联合 9 个地区农科所共同合资组建，是集育、繁、销为一体的科技型种子企业，注册资本 3 000 万元，公司为全国种业 50 强企业。明天种业虽然是由江苏省农业科学院组建并控股的企业，但有健全的现代企业制度、比较完善的法人治理结构，并建立起责、权、利有机结合的运行

机制。董事会只决定公司发展的方向和策略，总经理负责企业日常经营管理，公司采取招聘方式，从江苏省的市县种子单位选拔有经验的科研、管理、营销人员到公司工作。企业制度的创新为明天种业的发展注入了生机与活力，作为发起人的江苏省农业科学院的科研资产也发挥出效能。

（2）吉林吉农高新技术发展股份有限公司

吉林吉农高新技术发展股份有限公司是吉林省农业科学院剥离出能够进入市场经营领域资产后，于 1999 年 4 月组建的。吉林省农业科学院从 1999 年起开始了以"一院两体"为主要内容的体制改革，一院两体是在充分尊重农业科研自身发展规律和特点的前提下，将能够进入竞争领域的研究机构或任务从事业单位中剥离出来建立企业或进入企业，在企业机制下实现发展，从而加速技术和成果向现实生产力的转化。通过营造"产业经营主体"，该院实现了部分科研工作向生产经营领域的转移。经过几年的发展，公司形成了育、繁、推一体的经营格局，公司被评为中国种业 50 强企业。两户省级育种科研单位改制较为成功的原因所在：一是将优良经营性资产剥离出来，二是建立良好的运行机制和激励机制，三是实现产业化经营，研发与市场紧密结合起来。

二、玉米种子生产、加工及销售体系

玉米种子质量是企业参与市场竞争的基础，它一方面依靠科研育种，另一方面依靠制种过程控制和先进的加工工艺、设备。

（一）玉米种子生产体系

20 世纪 90 年代后期，因西北地区自然条件的优势和土地、劳动力价格的比较优势，我国制种基地从东北地区向西北地区转移，目前甘肃省是我国制种面积最大的地区，每年玉米种子制种数量占我国年度种子生产量的 50% 以上。2005 年全国杂交玉米制种面积 400 万亩，其中甘肃为 123 万亩、辽宁省 76 万亩、新疆 45 万亩、内蒙古 45 万亩、山西 33 万亩，制种产量 11 亿～12 亿千克，制种数量超过市场需求量 2 亿千克左右，这已是连续几年出现市场供大于求的局面。制种基地资源主要由三类企业占有，一是由一批大型玉米种子产业化经营企业拥有，此类公司建设自己的制种、加工基地，为市场销售提供可靠的保障；二是由一些中小型经营企业拥有，但基地规模较小；三是由基地所在地企业拥有，这些企业主要为其他经营企业代繁玉米种子。

（二）玉米种子加工体系

我国玉米种子加工业的发展可概括总结为由单机到成套，由小型成套设备向大型成套设备发展的过程。20世纪80年代我国两次大规模引进国外种子加工成套设备，使我国玉米种子加工工艺与设备有了很大提高。90年代中后期，农业部实施"种子工程"，再次引进了一批世界先进水平的种子加工设备。目前，我国玉米种子成套加工生产线主要集中在一批产业化经营的大型企业，而一些中小经营规模企业普遍采用单机加工工艺和设备。当前玉米种子加工中存在的主要问题有：一是种子分级、多次分级的现实意义与经济意义并未充分表现出来，制约了玉米种子加工水平的提升；二是一些企业为降低成本，提高价格竞争能力，通过采用简单加工工艺、设备降低加工成本，在自然条件允许的情况下，靠高茬挂晒等方法自然降水，节省烘干费用，还有一些企业在玉米种子繁育基地采用单机加工方法降低运输费用。

（三）玉米种子销售体系

由于玉米种子行业利润相对较高，进入20世纪末21世纪初，各类资本投资该领域增多，其中规模化经营企业数量有明显的上升。2004年我国拥有种子经营许可证企业9 000多家，其中，拥有全国经营许可证企业80多家，外商投资企业经营许可证企业70多家。对于终端销售商，由于行业进入壁垒低、退出障碍较低，目前全国零售商已达8万~10万户。目前，玉米种子营销链已凸显出专业化分工的趋势，大型种业公司多采取"代理商制"，一般直接把网络建设到市、县级，由市、县级代理商利用其网络开展销售。而一些具有网络优势和较强市场开发能力的市、县销售商也在寻求与有实力和品种资源公司的合作。随着玉米种子市场竞争的加剧，市场营销手段不断创新，快速消费品的市场营销理念已引入到玉米种子销售领域，电视广告、终端促销、精品包装、POP海报等营销手法已广泛采用；代理制、深度分销、终端加盟店等形式已逐渐被种业企业采纳；甚至在消费品行业出现的终端争夺战在玉米种业也已初现端倪。

（四）资本市场对玉米种业发展的推动作用

玉米种子产业的发展离不开资本的推动，1997 年 4 月 22 日丰乐种业股票在深圳证券交易所上市，丰乐种业成为中国种业上市第一股，此后秦丰农业、登海种业、敦煌种业等公司相继登陆中国股票市场；华冠科技利用募集资金收购了北京德农股权，成为控股股东；2005 年 11 月北京奥瑞金股票在美国 NASDAQ 上市交易。中国玉米种业的市场潜力和开放环境也吸引种业跨国公司的进入，美国孟山都公司与中国种子集团公司合资兴办中种迪卡公司，国际玉米种业巨头美国先锋公司分别与登海种业、敦煌种业组建了合资公司。国内资本市场和外资的进入推动了中国玉米种业的快速发展，一批产业化、规模化经营企业脱颖而出，带动了行业集中度的提高。

三、玉米种子行业管理体系

（一）政府管理体系

《种子法》颁布以前，我国主要依靠计划手段配置育种、生产、销售资源，在政府主导下，玉米种业体制形成了品种选育以科研机构为主，种子生产经营以国有种子公司为主渠道，各级乡镇推广机构为分销网络的系统。种子管理体制基本是"政、事、企"三合一，种子管理站与种子公司是一套人马两块牌子，种子管理部门既是监督机构又是经营机构，种子管理部门集行政管理、事业服务、种子经销于一体，3 种职能间缺乏制衡和约束。

《种子法》颁布后，以法律形式确定了种子行政主管部门的工作职责，种子管理部门与种子公司开始脱钩，同时，工商、检疫、质量管理等部门在行业运行中的作用得到强化。

（二）行业协会

适应种业市场体系建设的需要，我国成立了各级种子协会，该组织在维护正常的市场竞争和交易秩序、推动企业自律、保护经营者和消费者的权益、组织行业开展内部交流、对外交往方面发挥了独特的作用。2000 年、2003 年，中国种子协会分别评出种业百强、种业 50 强，这些工作对企业品牌建设、诚信经营等方面起到了推进作用。

（三）重要行业管理规定

1. 品种审定管理

玉米等主要农作物品种在推广应用前应当通过国家级或者省级审定，省级以上农业主管部门负责品种审定管理工作。

2. 生产许可管理

玉米等主要农作物杂交种子及其亲本种子生产许可证，由生产所在地县级政府农业主管部门审核，省级农业主管部门核发。

3. 经营许可管理

种子经营实行许可制度，种子经营者必须先取得种子经营许可证后，方可申请办理营业执照。种子经营许可证实行分级审批的发放制度，种子经营许可证由省级农业主管部门核发，实行选育、生产、经营相结合并达到规定的注册资本金额的种子公司的经营许可证，由国务院农业主管部门核发。

4. 进出口管理、检疫管理

从事种子进出口业务的公司的种子经营许可证，由国务院农业主管部门核发；进口种子和出口种子必须实施检疫。

四、玉米产业组织结构

（一）国有种子企业改革

《种子法》颁布以前，种子生产经营以国有种子公司为主渠道，国有资本在行业占有绝对优势，由于专营和行业利润水平较高，企业普遍粗放经营，运行效率低下。《种子法》实施后，国有种子公司的生产经营活动受到很大冲击，各种矛盾集中突发显现，种子销售额急剧下降，经营成本居高不下，企业普遍处于高负债经营状态。山西省种子公司是我国种业体制改革的第一家国有种子公司。1998年，为适应种业发展新形势，山西省种子公司积极探索体制和机制创新之路，由公司统一运作开展业务部门利润承包，进而按业务范围由总公司控股，吸收员工入股，组建了5家种子有限公司。但伴随着公司业务的发展，体制和机制方面存在的问题日益显现，公司实施了产权制度改革和资产重组。2002年6月，公司拟定了奖励一块、期权一块、保留一块、认购一块的改制方案，经过一年的运作，组建了山西天元种业有限公司，国有股占26.98%，经营者持股占40%，全员入股占

33.02%。改制后的公司实现了产权主体多元化、分散化，企业真正成为了法人实体和市场竞争主体。2003 年 4 月，改制后的天元种业资产增值达到 3 000 多万元，并获农业部颁发的全国种业经营资质。随着公司的发展，国有股继续退出，减为 14%，经营者持股增至 58%，员工持股为 28%，股权分布更趋合理。从山西省种子公司改革的成功经验看，国有种子公司根本出路在于产权多元化，国有资产从控股地位退出。

（二）中国玉米种子企业经营模式比较

《种子法》实施后，玉米种业企业组织结构发生了深刻变化，崛起了一批育、繁、销一体化经营并具较强竞争力的种子公司，目前，拥有全国经营许可证的种子公司已达 80 多家。在玉米种业，品种权日益成为竞争的焦点，为适应竞争需要，这些企业的品种开发模式也发生着变化。大部分企业已从单纯购买方式向合作开发方式转变，企业与科研单位的合作关系向纵深方向发展。在玉米种子生产方面，登海种业采取委托代繁方式，企业对生产数量和产品质量控制难度较大；敦煌种业拥有较大的制种基地，主要是为其他公司代繁玉米种子，企业毛利率水平较低；其他公司均建有自己的生产基地，但满足销售需求的程度有所不同。在市场营销方面，这些公司多采用代理商制，对营销链下游销售商的依赖程度较高。近几年，有些企业为提高盈利水平，摆脱对中间商的依赖，开始了专营店、特许经销店等直营方式的探索。从企业经营业务模式看，北京德农、奥瑞金、登海种业采取了专业化经营的策略，而敦煌种业、丰乐种业等上市公司利用募集资金开展了非相关多元化经营，但实际效果并不理想，其中，也有企业机制、企业基础方面的原因（表 3 - 6）。可见，现阶段采取合作开发品种、自建基地、代理商制、种业内多元化经营的模式更适合我国玉米种业企业的发展、扩张。

（三）玉米种业企业的竞争力

玉米种业是一个特殊的产业，从玉米种子研发、品种申报、试验示范、种子生产、质检、收购、精选、分装、仓储物流、市场营销、售后等环节的复杂性和联动性来看，玉米种业企业的核心竞争力来自于新品种研发能力、生产标准和质量控制、市场营销及综合以上三大体系的管理整合能力。主要体现在 4 个方面。一是注重开发核心优良玉米品种。高产、优质玉米品种是消费者的核心需求，品种成为玉米种业企业发展的核心问题，优良品种的选育、开发能力是企业竞争力的核心要素；二是完善售后服务体系。售前示范推广、售后服务、销售网络通达是满足消费者需求的必要手段，在品种同质化现象增多的形势下，品牌、服务营销作用日益突出，市场营销成为企业竞争力的提升要素；三是重视质量。玉米种子的品质和质量是消费者购买的重要选择因素，质量控制是企业竞争力的保障要素；四是加强管理。玉米种业属高经营风险行业，存在诸多不确定性因素；产业环节较多，需协同发展，管理能力成为企业竞争力的基本要素。

表 3-6　中国玉米种业优势企业经营模式比较

公司名称	品种来源	生产	销售	经营业务模式
北京德农	外购、合作开发、自主研发	自建基地	代理商制	专业化经营
登海种业	自主研发	委托代繁	代理商制专卖店	专业化经营
奥瑞金	外购、合作开发、自主研发	自建基地、代繁	代理商制	专业化经营
东亚种业	自主研发、合作开发	自建基地为主	代理商制专卖店	非相关多元化
屯玉种业	外购、合作开发	自建基地	代理商制	种业内多元化
敦煌种业	外购	为其他公司代繁	无销售网络	非相关多元化
丰乐种业	外购、合作开发	自建基地	代理商制	非相关多元化
金色年华	外购、合作开发、自主研发	自建基地、代繁	代理商制专卖店	种业内多元化

（四）中国种业法律体系

鉴于种子产品的特殊性，各国普遍采取立法方式对种子运作过程实施管理。发达国家较早地颁布了种子管理法律、法规。瑞士政府于1861年就颁布了《种子法》，禁止生产和出售掺杂种子，较中国早139年；英国议会于1869年通过法令，规定不准出售丧失生命力的种子、掺假的种子和含杂草率高的种子；美国国会于1912年通过了种子进口法，1939年颁布了《美国联邦种子法》；日本于1947年颁布了《日本种苗法》。中国于2000年颁布、施行了《种子法》，作为一种制度安排，《种子法》推进了中国种业的市场化进程，为种业发展带来了新的机遇。

1.《种子法》

2000年12月1日《种子法》正式施行，2001年2月农业部又发布了 5 个配套规章,对《种子法》进行了细化,大大增加了《种子法》的可操作性。《种子法》及其配套规章对推进种业改革,与国际接轨,保障种业持续健康发展起到了重要推动作用。一是提高了种子行业的准入条件,促进了优胜劣汰《种子法》及其配套规章规定,领取种子经营许可证的公司要具有与经营种子种类和数量相适应的资金及独立承担民事责任的能力;申请主要农作物杂交种子的经营许可证,注册资本要达到 500 万元,而且需要省级以上农业行政主管部门考核合格的种子检验人员 2~3 名,拥有成套种子加工设备等条件。而在《种子法》实施以前,申领种子经营许可证需注册资本 100 万~200 万元。二是增加了对种子企业的约束,严格规范了其生产经营行为。《种子法》及其配套规章规定了销售的种子必须进行"加工、分级、包装",否则不允许在市场流通销售;"销售的种子应当附有标签,标签应当标注种子的类别、质量指标、检疫证明、种子生产及经营许可证的编号或者进口审批文号"等事项,"标签标注的内容应当与销售种子相符"等内容。三是打破了种子企业地方性垄断,使竞争合法化。原来的《农作物种子条例实施细则》规定"各级农业部门的种子公司是种子生产经营的主渠道,负责按计划供应良种",即每个省有自己的省级种子公司,每个地区有地区级种子公司,每个县有县级的种子公司,每个种子公司都有自己的势力范围。《种子法》及其配套规章打破了这种格局,不再指定销售的主渠道,鼓励种子公司按照市场规则运作,这为有实力的种子企业合法竞争提供了保护。四是赋予了种子企业自主经营权,保护了其合法权益。《种子法》及其配套规章规定农业主管部门不得参与和从事种子生产经营活动,与生产经营机构在人员和财务上必须分开,不得强迫农民购买种子,农民具有自主购种权,使用行政手段保护当地种子公司或者限制外来公司都是违法的,这为种子市场打破地区封锁,种子公司合法进行自我保护提供了保障。五是促进了种子企业进行科技创新,提高了农业生产水平配套规章对种子企业的科研机构作出明确的规定,育、繁、销一体化企业自有种子销售量必须占经营量的 50% 以上,种子企业必须建立自己的科研队伍。

2. 《植物新品种保护条例》

1997 年 3 月,国务院正式发布了《植物新品种保护条例》,但推迟两年后于1999年4月正式启动实施，同日中国正式加入国际植物新品种保护联盟。2000年颁布的《种子法》进一步明确规定，在我国实行植物新品种保护制度。这些法律、条例的颁布、施行使我国农业领域的知识产权保护制度得到进一步加强，结束了中国无偿使用农业新品种科研成果的历史。实施植物新品种保护制度以来，主管部门已经接到申请3 000多件，批准800多件，各级品种审定数量也在逐年增多，《植物新品种保护条例》的出台对我国育种科研和种业发展起到了十分重要的作用。一是有利于农业技术持续创新。在市场经济条件下，通过授予品种权人生产、销售和繁殖材料的排他独占权，通过品种转让从市场获得相应的经济回报，才能更好地激励和调动育种单位、育种家的积极性；二是有利于创新资源的有效配置。实行植物新品种保护制度，育种成果都以《植物新品种保护公报》等形式迅速向社会公布，使科技人员在立项前准确地把握国内外的育种科技信息，确定育种目标，提高育种效率；三是促进农业科技成果产业化。植物新品种保护条例从法律制度上将公平竞争机制引入育种和种子领域，使种子企业和科研单位根据市场经济规律进行优化组合、优势互补；同时面向市场调整育种目标，加速适销对路新品种的培育和推广；四是推动国际种业交流与合作。按照世界贸易组织规定，任何成员国若因知识产权保护不力，将遭到贸易方面的交叉报复。我国过去没有植物新品种保护制度，没有互惠互利的交换环境，一些优良的植物新品种难以引进，中国的优良品种在外国得不到保护而流失。植物新品种保护制度为育种家和种子企业到国外申请品种权，国外单位和个人依法在中国获得品种权铺平了道路。

五、玉米种业需求及风险控制状况

（一）市场价值大、商品化程度高

我国商品种子的市场销售额大约在200亿元人民币左右，常年种子使用量在125亿千克左右，其中，玉米种子的销售额为60亿元左右，市场占有率最高，达到30%，其他依此为：水稻种子销售额47亿元左右，市场占有率23%，蔬菜种子销售额30亿元左右，市场占有率15%，小麦种子销售额23亿元左右，市场占有率11%（表3-7）。

表 3 – 7　中国种子市场主要产品结构

作物种类	播种面积（亿亩）	销售额（亿元）	市场占有率（%）	种子总产量（万吨）	种子商品量（万吨）	商品率（%）
玉　米	3.9	60	30	120	118	98.3
水　稻	4.7	47	23	70	45	64.3
油　菜	1.0	5	2	1	1	100
小　麦	4.3	23	11	650	160	24.6
棉　花	0.6	8	4	10	9	90
大　豆	1.2	3		30	9	30
花　卉		4	2			
蔬　菜	2.0	30	15	3		
瓜　类		5	3		25	
其　他		10	5			
合　计		200		1 250	380	

资料来源：农业部种植业管理司种子与植物检疫处

136

　　在大田作物中，商品率最高的是玉米，达到 98%，最低的是小麦，仅为 24.6%，种子商品化程度不仅决定了市场规模，也决定其市场的稳定性，商品率越高，市场越稳定，商品率越低，市场越容易波动，经营企业风险就越大。同时，玉米种子市场毛利率水平亦较高从经济效益来看，蔬菜和经济作物的毛利率水平较高，在 50% 左右，大田作物种子的毛利率水平相对较低，平均在 10% ~ 30%，玉米种子是大田作物种子中毛利率水平较高的品种之一。

（二）种子消费者分散、消费数量有限

　　在中国，农村实行家庭联产承包经营制度，农民是玉米种子的主要消费者，农户对所经营的土地种植品种、规模具有完全的决策权力。目前，中国人均耕地 1.41 亩，农业劳动力人均耕地仅有 3 亩多，这就决定玉米种子市场需求的分散性。而在欧美等国，政府允许私人拥有土地，农场主种植面积较大，如在美国，每个农业劳动力耕地在 2 250 亩左右，是我国的 680 多倍，并且受机械化播种、收割、定单销售等因素制约，农场主一般采取单一品种种植，因此其购买种子数量较大，玉米种子市场需求相对集中，这也是欧美等发达国家种业产业化经营的基础性因素。在中国玉米种业，由于目标客户明确，为种植玉米的农民，其消费需求一致性极强，因此行业基本不存在市场细分，企业也无法实现差异化的营销战略。由于我国玉米种子消费者分散、消费数量小，目前，种子销售市场存在数量庞大的终端经销商，多数产业化经营企业只能采取代理商制开展产品销售。2001年，中央下发了《关于做好农村承包地使用权流转工作的通知》，对今后农业规模化种植起到积极的推进作用，种子消费将呈现集中的趋势。

（三）玉米种子市场需求相对稳定

我国政府高度重视农业问题，面对农业耕地减少的趋势采取了一系列措施，总体上看，进入21世纪我国玉米种植面积相对稳定，一般在3.6亿~3.9亿亩，年用种量在9亿~9.5亿千克。因受农业耕作方式、经营规模等因素的影响，我国玉米的生产成本与市场价格均高于美国、阿根廷等国家，但我国从粮食安全考虑，实施了玉米进口限制和鼓励出口的政策；欧美等国玉米品种研发能力很强，但由于受生态条件、品种试验周期等限制，加之我国种粮比较低，限制了中国直接从国外进口玉米种子；我国玉米种子出口数量也较少，多为国外公司在国内代繁制种。目前，玉米及玉米种子的进出口还未对国内玉米种子市场产生影响、冲击。近几年来，由于农业生产资料价格的上涨，带动了玉米制种成本的上升，由于玉米品种植物新品种保护条例的实施，具有保护权品种的销售数量增多，而这些品种多由种子经营企业购买而来，企业经营成本上升也导致了玉米种子价格的上涨，由此导致了玉米种子总市场价值的不断增大。在玉米种子市场需求量相对稳定，市场价值稳步增大的形势下，对于种业经营企业，需要在既定的玉米种子市场容量上争取市场占有率，也需要提高企业管理水平，降低成本，在上升的市场价值中获取更大的效益。

（四）玉米种子需求弹性小、供给弹性大

与其他行业不同的是玉米种子的需求价格弹性非常小，即种子价格的变化对农户的需求几乎没有影响。种子是必需的农业生产资料，具有不可替代性，并且玉米种子在种植成本中所占比例较低，因此，农民并不会因为价格上涨或降低就少买或多买种子。玉米种子的供给价格弹性较大，由于玉米种子具有不可替代性，当种子市场价格上涨时，短期会带动下一生产周期制种数量的增长，长期价格上涨将会导致产业外资金流向该产业，从而增加市场供给。

（五） 玉米种业农户地位突出

种子的生产者和使用者都是农民，玉米种子产业链条中两头是农户，即种子生产由农户完成，而消费者也是种植农户，企业承担着组织制种、加工、销售的职责。在生产过程中，制种农户的生产积极性、技术贯彻水平和守约状况都会对企业的种子生产及成本产生直接影响。在销售过程中，由于信息不对称、市场识别能力差等原因，农户消费决策过程中极易受到销售商营销策略的影响。

（六） 中国玉米种业风险

1. 自然灾害带来生产上的不稳定性

从 20 世纪末，我国玉米制种从东北、内蒙古东部等地向甘肃、内蒙古西部、新疆等优势区域转移，目前甘肃省制种数量约占全国玉米生产量的 50% 左右。当前，在制种面积一定的情况下，气候条件依然是影响我国农作物产量和制种量的主要因素，并且由于玉米制种区域过于集中，自然灾害对玉米种子生产的潜在影响更为突出。2004年，甘肃省出现冻害，导致玉米种子减产，2005 年玉米种子市场价格随之上涨。

2. 制种质量的不稳定性

目前，玉米制种基地多以乡村为组织单元，企业与乡村签订预约生产合同，乡村再与农户签定生产合同，这种"千家万户"的制种方式存在可控性比较差的问题，常由于生产规范、标准无法有效执行，导致玉米种子生产质量难以控制。

3. 品种开发投资风险大

新品种选育周期长，一般需要 6 ~ 8 年，选育出的品种在大面积的生产中的表现也很难预测，新品种的开发具有投资回收期长、风险大的特点。

4. 种子企业面临的行业经营风险

农作物种子具有当年生产来年使用的特点，当年销售的种子需要提前一年安排生产，由于产销不同期，故整个经营活动存在很大的盲目性。玉米种子生产周期长，自然条件和分散的制种农户对种子的产量、质量影响较大，种子生产量难以准确控制，市场需求也由于上一年品种在生产上的表现而存有不确定性，售后也具有一定的生产性风险，这些都决定了玉米种业是经营难度较大、风险较高的行业。

第四节　现代玉米种业公司个案分析——以登海、德农种业为例

一、登海种业

山东登海种业股份有限公司是中国种业五十强企业的上市公司，是以玉米种子研发、经营为核心的农业高科技企业，由著名的玉米育种和栽培专家李登海研究员创建。公司不仅是山东省高新技术企业、山东省农业产业化龙头企业、山东省工商管理局免检企业，还是"国家玉米工程技术研究中心"（山东）、"国家玉米新品种技术研究推广中心"的依托单位。公司注册资本 8 800 万元，2005 年 4 月 18 日，公司向社会公众发行股票 2 200 万股，在深圳证券交易所中小企业板成功上市。公司现有总资产 8 亿多元，员工 500 多人，试验用地 90 公顷，并与美国先锋公司合资成立了由登海种业控股的"山东登海先锋种业有限公司"。

公司的竞争优势在于其玉米研发核心群体，由李登海为代表的国内一流育种专家担当，以现代科技为创新手段，通过加大科研投入，在全国设立了 20 处育种中心和试验站，已选育出 100 多个紧凑型玉米杂交种，其中 24 个玉米杂交种新品种通过审定，获得 2 项发明专利和 29 项植物新品种权，先后获得国家科技进步一等奖、国家星火一等奖等 23 项国家及省部级奖励。公司注重高新技术研究工作，"九五"以来，先后承担 863 计划、植物转基因专项等国家级课题 11 项，达到了国家级科研单位的水平。

公司注重产品质量，推行品牌战略，严格执行 ISO 9001：2000 质量管理体系标准，实施全程质量监控。建立了 20 万亩稳定的制种生产基地和国内一流的大型种子加工生产线，形成了覆盖全国不同生态区的市场营销网络，年产销玉米新品种 4 000 多万千克，累计增加经济效益近亿元。产品深受消费者好评，"登海"牌玉米良种被评为山东省名牌产品。

（一）成长历程

1972 年，李登海风华正茂，看到家乡种植业传统依旧，大田还

种着沿袭了 400 多年的农家品种，却得知美国的先锋种子公司玉米高产田亩产已超过 1 200 千克，比中国的 10 倍还多，心中很是苦闷，更多疑问。于是，他下定决心走良种高产的道路，专注于玉米高产的科研理论，正好适应了当时国家提倡扶持粮食作物高产的政策。1972 年国家提倡品种改良，开展杂交品种代替农家品种的改革，并在全国推广实践，由此全国进入历史性的品种改良阶段。抓住时代机遇，经过 8 年高产实验，李登海对 100 多个平展型玉米品种进行了重点研究，发现当时推广的平展型玉米亩产不超过 700 千克，研究实践表明，新开发的紧凑型玉米可以有效突破我国平展型玉米的产量极限，大幅度提高产量，由亩产不足 700 千克提高到 1 100 千克。因此，李登海及其研究团队对玉米密植性植株形态的进行了新设计，并开创了中国玉米从农家品种到平展杂交型再到紧凑杂交型连续跳跃式改良的重大历史突破，最终研究培育出紧凑型"掖单 13 号"等标志性玉米高产品种，获得国内外玉米育种界的高度认可。我国的玉米产量也在 20 世纪 90 年代超过美国紧凑、半紧凑型玉米产量，创造了夏玉米单产的世界纪录。在成绩面前，李登海没有固步自封，而是更加致力于玉米高产研究。为了使杂交优势得到积累，不断实现阶段性突破，李登海坚定目标，在创新、实践和再创新、再实践的过程中，提出"紧凑型 + 高配合力"的科学育种理论，着重阐明在低密度下的玉米产量增长主要靠杂种优势，高密度下的玉米产量增长主要是杂种优势和群体光能利用的有机结合。

创业之初，登海种业秉承科学技术是第一生产力的理念。作为全国第一家农业民营玉米科技企业，李登海和他的登海种业，在较短的时间内，率先完成了从育种实践到种子产业化的飞跃，进而成为中国玉米种业的佼佼者。先后有 17 项科研成果获得国家和省部级奖励，有 19 个优质杂交玉米种通过国家或省级审定。在全国 28 个省、布、自治区推广种植。最高年份约占全国玉米年种植面积的 1/3，占山东省的 80% 以上，累计推广面积达到 6 亿 ~ 7 亿亩，为国家增产粮食 670 多亿千克，增加经济效益 600 多亿元。1995—1999 年，连续 5 年在农业部公布的全国农业科研单位新成果的数量、新品种推广面积以及产生的社会效益排行榜上。登海种业均名列第一，可谓是当之无愧的"玉米状元"。玉米育种是一个复杂的农业技术系统工程，科技含量极高。一个个玉米新品种的培育成功并得以推广种植，皆是与农业科技密不可分。李登海为了不断创新，加大玉米新品种的开发力度，进而使科研成果尽快变成现实生产力，不断向着更高的目标攀登。玉米要高产，品种是关键，知识和观念的更新是主导的第一要素。李登海的"紧凑型＋杂种优势"育种新理论，对玉米育种具有重大影响。现在95%以上的科研单位都在进行此项研究。正是在这一理论的指导下，李登海成功地选育出了株型紧凑、抗病、高配合力的玉米自交系和紧凑型玉米杂交种40多个，申请授权保护品种25个，其中，2个获得技术专利权，6个授予保护权，占全国首批授权保护品种的1/6。国内科研机构利用李登海育成的自交系，组配育成杂交种达60多个，其中，用478自交系育成的杂交种通过审定的就达25个以上。为了充分发挥新品种的增产作用，李登海领导的科技小组打破育种与栽培学科分立的状况，在培育新品种的同时，连续不间断地进行玉米高产综合配套技术研究，创造了国内春玉米亩产1 455.1千克的高产记录。在长期栽培实践中，总结出一整套规范化的玉米高产栽培"提纯复壮"模式，走出了一条"以紧凑型玉米杂交种为核心，以播种为基础，以密度为保障，以肥水调控为重点，播种、密度，肥水调控有机结合"的独特的技术路线，丰富了我国玉米高产栽培技术理论，开辟了一条我国玉米高产高效的成功道路，极具先进性、效益丰厚、技术辐射深广。

（二）产业发展

科研生产必须与市场化经营相结合，才具有更强的发展生机和活力。1985年，李登海为了使玉米种业尽快产业化，加快科技成果转化的步伐，在产业体制上进行了大胆探索和积极创造，创办了全国第一家农业民营科研单位，开了民营科技发展的先河。1998年7月，在兼并31个种子生产经营单位的基础上，创立了莱州市登海种业（集团）有限公司，2000年12月，经山东省人民政府批准，变更成立了山东登海种业股份有限公司，从起初的2万元资金起步，发展到目前拥有资产1.62亿元，年盈利2 000万元的玉米业科技型企业，为实现种子产业化经营开通了路子。基础研究的投入及科技与市场之间渠道的建设，加速了登海种业的科研创新步伐，并在较短的时间内进入良性循环阶段。登海种业以科技创新优势为主，同时兼顾体制创新，已成为我国科研院所今后改革发展的方向。登海种业体制发展说明了改革必须以观念更新为先导，要大胆地走进市场、熟悉市场，做到以市场促开发，以开发促科研，而科研反过来推进成果的市场化。"八五"计划期间国家重点推广的"掖单"系列紧凑型种子达 1 亿亩，市场要素含量逐步增加。登海种业的创造活力加速了种子推广的步伐。登海种业的"金色种子"工程推广种植面积达 6.7 亿亩。尤其在种子的推广销售上，登海种业与全国 100 多个单位建立了广泛的营销服务体系，设立了 4 个子公司和 900 多个新品种试验示范推广网点，使登海种业产业化具备了提升职能扩张优势的条件。业界皆认为，在中国唯一能够与国外种子公司相抗衡的，具有国际竞争力的种业就是登海种业。在加速良种产业化进程方面，能够最大限度地为全国各个地区不同的种植需求提供不同的种子。登海种业的市场广度已成全国金色网络。在此过程中，在全国范围内广泛吸引科技精英，开展种子科研和营销，把科研和种业推向全国。在有代表性的生态地区设立育种中心和实验站，就地育种，推广和辐射，形成网络经营，形成规模效应。坚持科技创新和努力开拓大市场，利用海南岛的独特气候特点，开展一年繁育 3 代，缩短时间，加大研究量。

　　登海种业经过 20 多年时间的高效发展，在世界玉米界引起了广泛的重视，国际知名的种子公司竞相向他们提出了科技合作的要求。莱州市农业科学院，山东登海种业股份有限公司在育种产业化的道路上实现科研、育种、栽培、推广和经营一体化，开辟了行之有效的玉米种业公司化发展之路。为了克服条块限制、排外思想及地方保护主义不利因素的束缚，登海种业在管理上充分发挥民营企业的机制优势。利用股份制的先进性，实行科学的决策，科学的管理，使企业的发展与外部市场经济的客观要求相适应，发挥了应有作用并取得良好的经济效益和社会效益，营销规模急剧膨胀。同时，登海种业的发展与《种子法》的颁布实施形成同步推力，国家的利益、农民的利益和企业的利益取得了一致。民营企业要实现高增长、快发展就必须不断解放思想，更新观念，更新知识，做到科学领导和具体指导相统一，结合实践，瞄准世界先进水平，集中精力搞技术创新和市场化经营，努力探讨科技资本运营问题，与国内同行业竞争，与世界各国同行业竞争。用市场的手段发展种业的大市场，创造大效益，科学组织营销、分配、开发、资本运营，进而形成一条完整的种业产业链。因为玉米种业是一个大产业，它在发展与创新进而向高层次产业迈步方面，必须立足科研开发，面向广大的市场。日益膨胀的市场份额也要求科研院所与市场必须形成一体化。

2001 年起，在经营策略上，登海种业实行科研与经营的"优势杂交"。一是计划实施"百千万"人才工程，即在全国范围内，聘请"一百名玉米科研高精尖人才，几千名高级经营专才，几十万家玉米制种农户"，全力推进登海种业超高强度发展。二是高起点，突出抓好优质玉米专业种子公司，创造条件，开展玉米杂交种进出口业务。通过建立和强化高质量玉米杂交品种为核心的研究开发体系，创造性地培育拥有自主知识产权的优良自交系和杂交种，健全高科技含量的种子保障技术，利用分子育种技术和常规育种技术相结合，力争在玉米育种领域占领技术制高点。三是加强国际间的交流与合作，增强我国优质玉米品种在世界上的竞争力，以提高登海种业在国际市场上的份额。目前，登海种业已选送 100 多个新品种在外国参试，并已与欧洲、非洲、美洲和东南亚等国家农业科研机构建立了交流合作关系。四是结合西部大开发，建立新疆、内蒙古、宁夏、甘肃等总规模为40 万亩的良种繁育基地，改代繁制为利益共享、风险共担的责任合作制，形成新的良种繁育体系。实施玉米淀粉精深加工工程，利用高新技术装备，投资生产改性淀粉，改变我国玉米淀粉产量低、质量不稳、工艺落后、品种数量少的状况。登海种业计划在国内聘请知名专家指导生产，建立糯玉米中产基地，并致力于建成国内一流的改性淀粉供应基地。同时，除搞好种子的烘干、包衣、提高抗病虫害能力和商品的标准档次外，加速糯、甜、高油和青饲等特种玉米品种的选育。

（三）企业管理

作为一位开创性民营企业家，无先例可循，李登海只能不断摸索。从莱州市玉米研究所，到莱州市农业科学院，再到莱州市登海种业（集团）有限公司、山东登海种业股份有限公司，企业随着我国经济体制改革的不断深化也不断进行改革创新，从 2 万元资产、几个人的"科技个体户"，发展壮大成为正式上市的全国种业五十强的现代化大公司，李登海用了 20 年时间将其公司在全国做大做强。1992

年，李登海的玉米研究所初具规模，也有了一定的知名度。为紧密团结共同创业者，处理好积累和分配的关系，为将来的大发展奠定基础，李登海选择主要管理人员和骨干技术人员共同出资，组建起全国首家集科研、生产、推广、经营于一体的种子产业化农业科技企业。20 世纪 90 年代后期，全国种子行业不断放开，各级育种科研单位和各类种子公司纷纷改制走产业化的路子，国外种子公司纷纷进入中国市场，市场竞争日趋激烈。在地方政府的支持下，1997 年，李登海斥资 2 400 万元，买断了全国颇有影响的当地镇种子公司，组建了莱州市登海种业有限公司，第二年增资扩建成莱州市登海种业（集团）有限公司。为了加快发展，迎接入世带来的新的挑战，加快企业发展，进一步增强竞争实力，2000 年，李登海又决定将莱州市登海种业集团有限公司整体变更设立为山东登海种业股份有限公司，迈出了建立、完善现代企业制度、进入资本市场、加速企业发展的第一步。

（四）经营理念

李登海的种业思想是创业、创造、创新，更新知识，更新观念，跳跃发展。登海种业经营理念乃是占领行业制高点，用高科技发展玉米种业。李登海经过近 30 年的高科技攻关和持续探索，实现了玉米种业在广度和深度上的突破。在紧凑型玉米育种和栽培方面持续刷新我国夏玉米的高产纪录，创造了我国小麦、玉米一年二季亩产 1 576 千克的最高纪录，同时还创造了夏玉米亩产 1 029 千克的世界纪录。首次，在我国确立了紧凑型玉米育种的方向，开创了我国玉米生产应用紧凑型玉米杂交种的新时代。1978 年，登海种业培育出我国第一个紧凑型玉米杂交种"掖单 2 号"，先后选育出 38 个在我国玉米育种上被广泛应用的具有株型紧凑、抗病、抗倒、高配合力等突出优点的骨干自交系和 48 个登海系列、掖单系列玉米杂交种及一大批紧凑型玉米新组合。仅"掖单 2 号"玉米品种累计种植面积达 2.66 亿亩，20 年持久不衰，在全国占有较大市场份额。创造了世界种业发展史上的一个奇迹。"掖单 13 号"在 1989 年创造了当时亩产 1 529 千克的世界夏玉米最高纪录："掖单 12 号"自 1988 年以来连续 6 年出口日本，成为我国最早打入国际市场的商品玉米品种。1990 年，国家农业部在莱州市召开全国玉米生产会议，决定在"八五"期间年推广紧凑型玉米 1 亿亩，登海种业的"掖单 12 号"、"掖单 13 号"

被确定为重点推广品种。李登海选育的新品种，1989 年在日本熊本的品比试验中，无论是经济产量和抗逆性均超过美国先锋种子公司的品种。如今，登海种业已发展为国家玉米工程技术研究中心的依托单位，农业部育、繁、推、销一体化的试点单位，全国紧凑型玉米研究发展的科研中心。李登海在科技育种方面，还第一个开创了以紧凑型玉米杂交种夺取玉米高产的创新研究体系，开辟了利用紧凑型玉米来开辟和发展我国玉米优质高产、高效的最佳途径。

2005 年，公司完成主营业务虽收入 414 亿元，同比增长 3 939%，利润完成 19 亿元，同比增长 2 337%，净利润完成 86 058 万元，同比增长 279%。这一业绩来之不易，全国玉米种子市场状况是连续第三年供大于求，全行业处于低谷期。一方面，国家对"三农"的重视程度进一步提高，农民增收的期望更强烈，直接导致制种生产成本大幅度上升。由于基地农民要求以每亩制种保产值的方式计算制种费用，致使制种成本由原来的平均每千克 3.4 元上升到平均 1 千克超过 4 元，增幅达 18%。另一方面，种子行业并购、联合之风日盛，竞争更加激烈。种子企业之间的联合已由过去的"公司聘请专家搞科研"或"科研院所办公司"，转为"种子公司直接向科研院所（或专家）买品种"，相对本公司的独立科研、独占经营具有周期短、灵活性强、覆盖范围大的特点，致使竞争压力剧增；加之，由于大批农村壮劳动力外出务工，大田玉米种植粗放、简单化，一部分"懒汉品种"受到农民的追捧，对本公司的品种销售形成一定的竞争压力。另外，各大公司为争夺市场、争夺代理商，纷纷提高销售返利，加剧了玉米种子市场竞争状况。针对上述市场竞争和变化情况，公司采取了一系列措施。一是持续加大科研投入，保持科研领先的优势。报告期内，共投入科研经费 1 224 万元，使用专项科研经费 159 万元，合计比 2004 年增加投入 142 万元，同比增长 11.45%。有 2 个玉米新品种通过国家审定，6 个玉米新品种通过省级审定，29 个玉米新品种参加国家级预试、区试，103 个玉米新品种参加省级预试、区试。玉米高产栽培再次创造世界夏玉米新纪录"登海超试 1 号"单产达到 1 402.86 千克，将世界夏玉米单产纪录提高了 27%。报告期内，公司新增国家立项科研课题 7 项，其中，"优良玉米自交系选育新方法研究"和"超级玉米杂交组合选配及筛选研究"是国家"超级玉米种质创新及中国玉米标准 DNA 指纹库构建"课题中的重要子课题。报告期内，公司已建成运行的育种中心（试验站）12 处，四川、唐山、四平、莱州试验站各有一个新品种审定。二是加强基地建设，强化生产管理，降低成本，提高种子质量。2005 年，公司安排制种面积 3 万亩。在重点强调制种安全性的基础上，狠抓了种子质量，所产 3 300 万千克种子全部合格，为解决库存种子较多的问题提供了可靠的保证。新疆、宁夏和内蒙古西部三大自有生产基地建设基本完成，自有基地产种置达到总生产量的 30%。在一定程度上稳定了生产基地，降低了生产成本。三是加强市场营销，扩大销售，提高收入。面对日趋激烈的市场竞争，公司采取了增加销售人员、增设专卖店、调整销售区域等措施，一万多个经销网点销售玉米种子 5 127.47 万千克，实现销售收入 3.92 亿元；西由分公司销售蔬莱种子 38.76 万千克，实现销售收入 1 785.1 万元，公司小麦生产部实现销售收入 249 万元；花卉研究所实现销售收入 1 142 万元。

（五）发展展望

1. 种子行业的发展趋势

从 2001 年《中华人民共和国种子法》正式实施，种子行业仍处在从计划体制向市场体制转轨的过程中。随着全行业市场化程度的提高和法制环境的不断优化，行业集中度也会逐步提高，具备自主研发实力、产业化水平高的大公司将具备更强的市场控制力。同时随着"国家科学和技术中、长期发展规划纲要配套政策"的实施，知识产权保护力度的加大，种子企业主要依靠自主创新能力提高竞争力的格局将逐步形成。

2. 发展机遇

管理层所关注的未来公司发展机遇和挑战，公司发展战略以及拟拓展新的业务、拟开发的新产品、拟投资的新项目等。公司今后一个时期面临的发展机遇：一是我国是农业大国，玉米种植面积稳中有升，每年的玉米种子市场需求稳定在 9 亿~10 亿千克左右。同时，党中央国务院关于建设社会主义新农村的战略部署以及免除农业税等惠农政策，将极大地调动农民种粮积极性，会拉动玉米良种的需求量的增加；二是国家正在大力提倡建设创新型国家，登海种业是典型的自主创新型企业，是国家重点扶持的企业，可以享受到国家的很多优惠政策；三是公司发行股票募集资金投资项目已陆续开工建设，部分生产加工基地、分装储运中心已发挥作用；四是公司的品牌影响力进一步扩大，科研保持领先水平、生产基地建设进一步加强，发展后劲充足，实现年度目标任务的基础条件较好；五是公司对内部运行机制、薪酬福利等进行的一系列调整改革已初见成效，公司的凝聚力更强，管理层的执行力得到提升，员工的工作热情更高。

二、北京德农种业有限公司发展战略

（一）成长历程

北京德农种业有限公司是在整合国内数家优势种子企业后通过新设合并方式于 2002 年成立的，公司注册在北京市中关村科技园，注册资本 1 亿元人民币，拥有全国农作物种子经营许可证。公司控股股东为上市公司黑龙江华冠科技股份有限公司，2003 年万向集团成为黑龙江华冠科技股份有限公司控股股东，至此北京德农成为万向集团的成员企业。公司先后被评为中国种业五十强企业、北京市农业产业化重点龙头企业、北京市高新技术企业、中关村科技园区海淀园优秀新技术企业。2005 年公司销售玉米种子数量在国内市场占有率已达到 7%，位居玉米种业前列。在公司的发展过程中形成了自己公司的核心竞争力。①成本优势。公司实现了产业化经营，从制种、加工到销售各环节都由公司自行完成，对各类成本项目有着非常强的控制能力；规模化经营也有效地降低了公司的经营成本。②品牌优势。公司始终坚持以德兴农的经营宗旨，经过多年的市场积累，目前"北京德农"品牌在经销商和农民当中享有较高的知名度、美誉度。2006年，"北京德农"的主导玉米品种郑单 958 从产品销量、销售价格、销售进度均有很强的市场竞争力，公司高度重视产品质量的经营理念得到了回报，"北京德农"已成为玉米种业市场上的优势品牌。③资金优势。公司凭借市场占有率的稳步提高和对成本费用的控制能力，经济效益持续增长，企业资金积累增多，对外融资能力增强，公司已与一些金融机构建立战略合作关系，获得授信额度。借助良好的盈利能力和通畅的融资渠道，公司能够及时抓住投资机会，获取更为有利的竞争地位。为充分发挥好北京德农品牌的优势，提高销售工作的计划性，近几年，公司实施了预收款的市场营销方式。在每年 11 月前经销商按每一定比例向公司预交种子款，采取这种方式后公司将应在销售季节流入的现金提前收到公司，同时也缓解了由于生产季节性造成的收购资金紧张。④后续品种储备的优势。目前，公司主导品种郑单 958 已进入市场成熟期，市场规模呈现稳定状态，公司需要培育新的市场品种来保持发展势头，浚单 20、锐步 1 号等品种已经表现出良好的市场潜力，公司的持续发展有了品种上的保障。⑤综合竞争优势 公司实现了一体化经营，并保持了科研、生产、销售环节的均衡与协调发展，企业综合竞争实力加强。反观国内其他主要竞争对手，多因某一瓶颈环节而制约了企业的发展。

（二）经营理念

1. 产业化经营

公司始终坚持产业化经营的理念，在发起设立之初，将玉米种业的一些优势企业、资源纳入公司，形成了制种、加工、销售等产业环节的有机结合，初步构建起产业化经营的雏形。伴随着企业的发展，公司采取收购、自建方式，不断地加大生产基地面积，提高销售网络覆盖面；为适应市场竞争需要，公司加强了科研建设，先后建立了东北、北方、黄淮海、海南等 4 个育种中心和 6 个综合试验站，公司针对国内种业科研现状，采取了自主研发、合作开发、品种购买的科研模式，目前，已拥有 29 个国审、省审品种。目前，公司已实现了科研、生产、销售一体化经营，并保持各环节的均衡、协调发展，企业综合竞争能力在玉米种业具有显著优势。

2. 规模化经营

目前，公司已在甘肃张掖、武威、内蒙古赤峰、巴盟和新疆等优势制种区建有制种基地 30 万亩，能够满足不同熟期杂交玉米种子的生产；公司按照国际通行规则，在制种基地建有烘干、脱粒、精选、包衣、包装一条龙的现代化种子加工生产线 8 条，年加工能力达 1.5 亿千克；公司在全国三大玉米主产区建立 16 个销售分支机构，网络分布合理、辐射性强。规模化的生产与销售降低了公司的生产成本、管理费用和销售费用。此外，在公司总体经营规模提高的同时，根据市场变化，对品种结构进行了调整，逐步缩减经营的品种数量，单一品种的制种规模、销售数量和能力进一步加大。

3. 专业化经营

北京德农主营业务突出，主要从事玉米种子的科研、生产、销售，兼营油葵、牧草、小麦、棉花等品种，目前，玉米种业营业收入占全部营业的收入的95％以上。由于公司实施了专业化的经营战略，企业资源集中，保障了玉米种子业务的产业化、规模化。

4. 高度重视产品质量

公司建有自己的生产基地，避免了其他公司采取委托代繁方式所带来的产品质量的不可控制性；公司与基地制种农户保持长期的合作关系，对农户系统的技术培训成为公司产品质量稳步提升的基础；公司通过ISO9001：2000版国际质量体系认证，制定并严格执行高于国家行业质量标准的企业内控标准。

（三）发展机遇与挑战

公司发展的机遇主要体现在玉米种业市场和国家政策上。一是玉米种业市场规模大、发展潜力大。中国玉米种子市场位列世界第二，仅次于美国；与发达国家相比，目前，我国玉米种子的价格和毛利率水平仍然很低，以美国为例，美国主要粮食作物种子和粮食价格比为30：1，而我国为6：1，相差5倍，仍有很大的市场发展空间。此外，饲料工业、玉米深加工的快速发展必然刺激玉米种植，也会间接拉动玉米种子产业的发展。二是国家产业政策扶持。2005年，我国农业科技对农业的贡献率达到48％，其中，优良品种对农业的贡献功不可没，我国政府和社会各界对种子产业寄予了很高的期望，出台了多项优惠政策扶植种子产业的发展。国家对种子经营企业的增值税、所得税等方面给予了优惠政策。为促进种植业结构调整，国家对玉米、小麦等优质、高产品种实施了良种补贴政策。国家制定专项规划支持种业发展。1996年国家开始实施种子工程，主要包括"建立现代种子产业体制和科学的管理制度，形成结构优化、布局合理的种子产业体系，实现种子生产专业化、经营集团化、管理规范化、育繁推销一体化、大田用种商品化"等方面的内容。国家对列入种子工程的项目在投资、贴息、利率、税收等方面给予了政策支持。此外，国家推出了取消农业税、种粮补贴等项政策支持种植业发展，这些政策也将对种子产业的发展起到推进作用。三是玉米种业具有较高盈利水平。从丰乐种业、登海种业、敦煌种业、华冠科技、奥瑞金等上市公司公布的各年度报告看，经营玉米种子的毛利率水平较高，一般在30%～40%，登海种业最高时达到50%，敦煌种业主要开展种子代繁业务，毛利率水平较低，但也在20%以上。作为玉米产业链的下游，玉米深加工企业毛利率水平一般在10%～20%，这与玉米种业存在巨大差距。四是种业具有垄断经营的可能。从消费者角度看，玉米种植农户的消费需求具有一致性，不存在需求差异。从市场供给看，随着《植物新品种保护条例》的实施，政府对新品种保护的力度大大加强，原来一个品种由众多种子公司经营的现象将会消失，取而代之的是品种由一家公司或者几家公司联合经营。在某一种植区域，可能由于品种的优良表现和经营企业的强大市场开发，这一品种的销售占据相当大的市场份额，形成一种垄断经营的局面。五是玉米种业存在较多的重组机会。我国玉米种业还是一个新兴的产业，《种子法》颁布以后才开始真正向市场化方向发展。当前我国的玉米种子企业规模较小，竞争实力普遍较弱，产业资源配置重复，行业整合的空间较大。

同时，公司也面临一定的威胁和挑战。①20世纪90年代后期，国外生物技术迅猛发展，转基因种子得到广泛应用。尽管我国玉米常规育种水平与发达国家相当，但在转基因等生物育种技术方面仍有明显差距。目前我国已许可进口转基因大豆、转基因棉花品种，如转基因玉米品种放开，势必会对以常规育种为主的中国玉米种业产生巨大的影响。②当前我国对国外公司在中国独资或控股经营主要农作物种子进行了限制，但是随着加入WTO过渡期的结束和我国种业市场体系的逐步发展、完善，政策放开只是时间问题。③同业竞争对手为抢占市场份额，提高竞争能力，开展了"跑马圈地"，如敦煌种业牵手美国先锋种业，北京奥瑞金利用在美国上市募集资金展开资产重组和收购。④存在竞争劣势。公司于2002年成立，在3年多的时间内，公司通过收购、自建方式设立了许多分支机构，现已达19个，但目前公司总部与分支机构间的两级管理体系还不能适应新的市场竞争形势和发展要求，企业内部资源也需要进一步整合。公司成立后，完全依靠自身积累实现了快速发展、壮大，在当今宽松的资本市场和开放的经营环境下，公司需借助资本市场和外资的力量实现扩张目标。同时，公司成立时间较短，企业文化建设刚刚起步，公司内部经营理念、企业文化融合不够，企业文化和制度建设与公司发展不相适应。

（四）发展战略

总体战略即是提高以品种占有为核心的企业竞争力，稳步提高市场占有率，增强企业盈利能力，保持玉米种业的领先地位，开发新的业务领域。

1. 增强科研能力，提高产业化经营水平

品种研发能力是企业的核心竞争力，这一观念已被国内外玉米种业所认可并已被证明。在中国，短期之内，玉米种子企业的竞争是机制的竞争，但在未来，企业的竞争将是科技和管理的竞争。目前，北京德农种业有限公司已形成了产业化经营的格局，在科研、生产、市场营销三大环节上，科研是薄弱环节，因此对北京德农而言，增强公司竞争能力的核心是提高公司的产业化经营水平，而提高公司产业化经营水平的关键是增强科研能力。

2. 依托品种优势，实施品牌战略

品牌是企业综合竞争能力的表现方式，也是企业竞争的一种手段，它需要长期的培育和积累。北京德农品牌的定位是"高产优质，价格合理，信誉至上"，实施北京德农品牌战略的基础是"优良的品种、优异的产品质量、完善的技术支持"，北京德农品牌的目标是成为种业的领导品牌。

3. 企业盈利能力提升战略

继续保持规模化生产和规模化销售，提高市场占有率，降低生产成本和销售费用，保持公司在玉米种业的成本竞争优势，获取高于行业平均水平的利润。企业进入水稻种子业务领域的优势，在中国，水稻种子在市场规模、商品率等方面与玉米种子具有同样的市场地位。中国在水稻种子研发方面处于领先地位。目前北京德农已在西南、江苏、安徽等区域设有分支机构，如公司开展水稻种子业务后，现有这些渠道可得到充分利用。主要体现于以下方面：①提高合作研发水平，增强自主研发能力调整自主研发、合研开发、购买品种的科研结构，逐步发展为以自主研发为主，合作研发和品种购买为补充的品种开发格局。根据市场变化情况，选准时机，收购科研单位。采取招聘方式，制定有效的激励机制，引进育种家。向国有或民营科研单位投资，优先获取品种产权或经营权。逐步增加公司科研投入，壮大科研队伍，增强科研手段。通过对外合作，引进种质资源，合作研发品种。②加强对外合作。优势互补是达成合作的基础，目前北京德农在基地建设、种子加工和市场营销上具有很强的优势，这种优势是国外种子公司短期内无法获取的，这是它们寻找合作伙伴的条件，而国外公司拥有科研的优势，这也正是北京德农所需要的。目前公司已与美国、瑞士等国的玉米种子公司建立了育种上的合作关系。③资产并购。并购方式具有快速进入、起点高的优点，对于水稻种子业务，公司可采取收购、兼并现有水稻种子公司的方式直接切入。④销售渠道整合。对于市场规模相对较小的区域，可采取网络下移的方式，做精、做细市场，提高市场占有率和盈利空间。建立对经销商的考核体系，实行优胜劣汰，保持经销商队伍的竞争力。⑤提高风险管理能力。进一步调整、优化基地布局，降低制种风险。建立与生产基地的长期合作关系，加强对制种农户的培训，降低制种过程中的质量风险。建立市场信息网络系统，做好市场需求预测，衔接好生产、销售环节。

第四章　20世纪中国玉米种业发展影响分析

第一节　促进玉米产量提高和种植面积扩大

一、新中国成立前产量与面积的提高

玉米传入我国已 400 余年，伴随着社会的发展和科学技术的进步。玉米的单产水平逐年提高。但是在 20 世纪初至新中国成立前的几十年里，由于长时期的战乱和自然灾害，玉米生产的物质投入未能增加，玉米种业科技较为落后，管理粗放，但玉米种业已开始萌芽。1902 年建于保定的直隶农事试验场，最先从日本引进玉米良种。1906 年奉天农事试验场从日本引进新式玉米播种器、自束器和脱粒器等。1906 年农工商部北平农事试验场成立，先后从国外引进玉米新品种、新式农具和推广新技术[①]。1908 年 4 月吉林农事试验场立，从国外引进 14 个、玉米新品种进行试种推广；所属农安县分场试种的有美国红玉米、黄玉米、奉天白冠品种。1909 年，黑龙江农林试验场试种的有呼兰玉米、墨尔根、大赉和日本品种[②]。玉米产量开始有所增长。

由表 4-1 可见，20 世纪初期，我国玉米生产已有了一定发展，特别是在适宜种植玉米的地区，例如，河南、山东以及辽宁、四川、湖北等省玉米生产发展较快，种植面积和单产均有相当的增长，其中河北和四川玉米种植面积均已超过千万亩。1918—1929 年，河北省玉米种植面积从 847 万亩增至 1 429 万亩，单产从 48 千克增加到 86

[①]　李文治. 中国近代农业史资料（第一辑）. 北京：三联书店，1957 年，第 858 ~ 895 页

[②]　农保中. 清代东北农业试验机关的兴起及近代农业技术的引进. 中国农史，1997 年，第 3 期，第 85 ~ 92 页

千克，总产量从 40 万吨增至 123 万吨。四川省玉米种植面积从亩增至 1 175 万亩，单产从 62 千克增至 113 千克，总产量从 56 万吨增至 133 万吨①。据卜凯（1947）报道，20 世纪 20 年代末，玉米已从位居"六谷"跃升到仅次于水稻、小麦、谷子、高粱的第五位，种植面积占农作物总面积的 9.6%，总产量 4 000 万～5 000 万担（1 担 = 50 千克，下同）；而在北方旱作农业地区，玉米种植面积已跃升为主粮位置②。

表 4 – 1　1914—1929 年中国玉米产量及面积增加情况

地区	1914—1918 年			1924—1929 年		
	总产量（万吨）	面积（万亩）	单产（千克/亩）	总产量（万吨）	面积（万亩）	单产（千克/亩）
河　北	847.2	48	40	1429.3	86	123
山　西	159.5	63	11	374.8	96	36
辽　宁	395.8	62	27	848.8	162	107
吉　林	389.9	32	14	329.1	140	46
黑龙江	281.5	37	11	246.4	108	27
江　苏	279.7	75	23	362.0	91	33
浙　江	138.8	116	18	101.9	106	11
安　徽	30.9	98	3	46.7	113	5
福　建	0.5	78	—	—	—	—
江　西	8.6	120	11	7.4	93	7
山　东	272.7	61	17	551.6	86	47
河　南	492.9	47	54	795.3	74	59
湖　北	230.5	101	25	100.5	138	14
湖　南	14.1	75	23	16.5	91	33
广　东	10.1	—	1	13.1	114	2
广　西	170.3	98	22	—	—	—
四　川	832.8	62	56	1 175.6	113	133
贵　州	—	—	22	292.8	122	36
云　南	191.1	82	17	258.5	97	55
陕　西	142.4	53	8	347.8	90	31
甘　肃	115.1	36	6	118.7	98	12
新　疆	272.0	138	41	272.0	146	36

资料来源：许道夫. 中国近代农业生产及贸易统计资料. 上海：上海人民出版社，1983 年

① 许道夫. 中国年近代农业生产及贸易统计资料. 上海：上海人民出版社，1983 年
② 卜凯. 中国土地利用. 南京：金陵大学农经院出版，1947 年

20 世纪 30 年代后，欧美许多国家在中国办学校，兴教会，有不少传教士、教师引进许多玉米优良品种。例如，1930 年在山西省太谷铭贤学校执教的美籍教师穆懿尔（R. T. Moyer），从美国中西部引进金皇后等优质玉米品种。1931—1936 年，在校农场进行栽培试验，平均每亩产量 273.5 千克，最高亩产 353.5 千克，这在当时山西农家是罕见的高产。1939 年在山西平定、汾阳、沁县、长治、晋城、霍县、太原 7 县试验示范，比当地农家种增产 46.8% ~ 162.9%，迅速在山西各地推广应用。40 年代引种至北方大部分地区[①]。

1940 年，日本"兴亚院华北联络部"和驻北平日本大使馆共同制订《开发华北农业之计划》，拟在华北地区（包括河北、山东、山西以及河南的部分县）压缩经济作物面积，扩大粮食（特别是玉米和甘薯）作物面积，增加粮食产量。其目的不仅为攫取军粮，还为供应日本国内的粮食需要。1943 年太平洋战争爆发后，日伪加快实施华北开发计划的"杂粮增产计划"，拟在 10 年中扩大玉米面积 100 万亩，增加总产 160 万吨。采取的措施是：繁殖推广优良品种。从国内外征集玉米良种进行品种比较以及培育品种间杂交种，每年推广面积 212.5 万亩，4 年后推广 850 万亩，增产玉米 20%[②]。引进和培育双交种，从培育第 8 年开始每年推广双交种 294 万亩，增产玉米 30%。为完成开发华北农业计划，日伪华北产业科学研究所（后更名为华北农事试验场）进行玉米品种改良。1939 年从农家种"北平黄玉米"进行混合集团选择后，经纯系育种逐年淘汰，1942 年育成春播玉米华农 1 号，3 年区试平均亩产 180 千克，比对照品种增产 15.0%，并在河北省北部及东部示范推广。1942 年从农家种"通州早生"选出夏玉米华农 2 号，3 年区试平均亩产 178 千克，比对照品种增产 16.3%，在河北省的平、津、唐地区以及山东、河南推广[③]。

① 佟屏亚. 玉米史话. 北京：中国农业出版社，1988 年，第 97 ~ 101 页

② 叶笃庄，等. 战时日人开发华北农业计划之研究. 第六节"杂粮增产计划". 1948 年

③ 农林部中央农业实验所编译. 伪华北农事试验场农业部分试验成绩摘要（1938—1945）. 1947 年，第 8 ~ 10 页

　　抗战期间，许多农业科技工作者奔赴抗日根据地。延安从 1939 年起陆续建立自然科学研究院、农业学校、农业试验场、示范农场等。1939 年 3 月，在延安的红寺村成立陕甘宁边区农业学校和边区农业试验场，1940 年 3 月，在延安杜甫川建立光华农场，开展农业科学研究和技术推广工作。当时，毛泽东同志还曾指出："有了优良品种，既不增加劳动力、肥料，也能获得较多的收成"[①]。试验单位与农场或农户合作开办示范田圃，引进、推广、栽植优良玉米品种，试用新法是当时抗日根据地发展玉米生产采取的重要措施。陕甘宁边区和晋察冀边区种植的玉米多是本地农家种，混杂退化，产量不高。1940 年引进玉米优良品种金皇后，产量高，品质好，立即受到政府重视和农民欢迎。据延安《解放日报》报道："马齿玉米（即金皇后玉米）的穗子有一尺多长，粒大，排列整齐，有的穗子生一千零八十粒，比本地玉米又粗又大（本地种每穗约有四百六十粒），每垧地收四石五斗，比本地玉米每垧多收二石四斗，产量几乎高一倍。"它的优点是籽粒长，骨子细，产量比当地品种高 30% 以上。延安县推广种植光华农场选出的金皇后玉米，比普通玉米增产 1 倍以上[②]。

　　据国民党政府农林部报道，1947 年全国玉米种植面积为 1.26 亿亩，总产 1 078 万吨，单产约 90 千克。玉米主要分布在东北、华北以及西南的丘陵山地，在生产上采用的主要是农家品种和引进良种，一般比当地种子增产 16% ~ 30%[③]。据许道夫统计资料，1946—1947 年比 1931—1936 年全国玉米种植面积略有增加，有的省份增加较多，如河北省玉米种植面积从 1 427.1 万亩增至 2 287.5 万亩，增加 60.3%；山西省玉米种植面积从 400.3 万亩增至 643.2 万亩，增加 60.7%；湖北省玉米种植面积从 141.0 万亩增至 374.1 万亩，增加 165.3%（表 4 - 2）。

---

① 毛泽东.经济问题与财政问题.中原新华书店，1949 年，第 33 页
② 解放日报.1943 年 11 月 15 日
③ 农林部统计室.农林统计手册，1948 年

表4-2 1931—1947年中国玉米产量及面积增加情况

地区	1931—1936年			1946—1947年		
	总产量 （万吨）	面积 （万亩）	单产 （千克/亩）	总产量 （万吨）	面积 （万亩）	单产 （千克/亩）
河　北	1 427.1	83	112	2 287.5	68	154
山　西	400.3	71	28	643.2	61	39
江　苏	595.5	108	65	170.7	134	23
浙　江	94.4	86	8	117.8	107	13
安　徽	123.7	90	11	126.8	118	15
福　建	1.5	129	—	2.2	127	—
江　西	8.9	74	6	14.8	81	12
山　东	272.7	61	17	551.6	86	47
河　南	973.1	67	65	1 123.3	60	67
湖　北	141.0	79	12	374.1	89	33
湖　南	55.7	108	65	67.2	134	23
广　东	19.4	85	2	32.9	91	3
广　西	170.3	—	—	225.8	94	21
四　川	1 021.3	135	138	1 182.2	130	153
贵　州	221.0	117	26	280.0	114	32
云　南	489.4	72	35	409.4	64	26
陕　西	250.3	81	21	321.7	73	23
甘　肃	236.2	94	13	173.0	95	15
新　疆	—	—	—	96.8	71	20

资料来源：许道夫．中国近代农业生产及贸易统计资料．上海：上海人民出版社，1983年

注：东北三省和内蒙古玉米资料缺失

二、新中国成立后玉米产量与面积的提高

新中国成立后，我国玉米生产发展更快，无论是面积、单产还是总产均有较大程度的提高（图4-1）。2005年玉米播种面积达3.9亿亩，占粮食总播种面积15.56亿亩的25.06%；玉米总产12 600万吨，占粮食总产量9 689亿斤（4.844 5亿吨）的26.03%。

全国玉米亩产从1949年的74.9千克增至2005年的323.33千克，50多年来提高了248.43千克，增幅为331.68%。其中单产和面

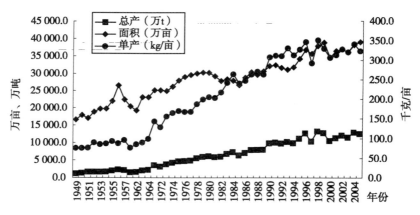

图 4 – 1   1949—2005 年我国玉米产量与面积发展情况

资料来源：王崇桃．玉米生产技术创新扩散研究．北京理工大学，2006 博士论文，第 55 页

积的增加对总产的影响均较极显著。可计算出，50 年多来，在我国玉米总产量的增加中单产贡献占 84.9%，面积占 15.1%，即玉米总产量的增加主要是依靠单产的提高实现的，而玉米品种的改进，特别是杂交玉米的推广是最重要的贡献因素。分析各年代玉米单产数据线性拟合，1949—1961 年玉米单产年均增加 0.76 千克；1961—1971 年为 6.64 千克；1971—1979 年为 7.13 千克；1979—1998 年为 7.76 千克；1999—2005 年为 2.08 千克，得出结论为：我国玉米单产在各年代是持续增长，并且以 20 世纪 70 ~ 90 年代增幅最大。

2010 年李少昆、王崇桃研究总结了新中国成立以来我国玉米单产提高的原因①。

50 年代主要是总结和推广农民丰产经验。由于整体科技水平低，技术推广传播体系不健全，种植品种以农家种为主，产量较低，加上化肥用量甚少，病虫草害防治不力，耕作栽培管理粗放以及受农业"大跃进"的影响，玉米单产处于徘徊与缓慢增加阶段。

60 年代增产的主要措施包括大面积推广双交种，双交种一般比农家品种增产 20% ~ 30%；精细整地，改良土壤，改善农田条件；

---

① 李少昆，王崇桃．玉米生产技术创新·扩散．北京：科学出版社，2010 年 3 月，第 3 ~ 14 页

合理密植，由每亩约1 800株增加到2 500株；增施肥料，化肥开始较大面积应用等，玉米单产明显增加。

20世纪70年代玉米单产提高较快，主要原因：①玉米杂交种的快速推广扩散。据有关部门资料统计，1966年全国杂交种面积仅占玉米总面积的10%，1971年增至28%，1979年扩大到69.8%，达10 455万亩。②化肥施用量剧增。据统计，1962—1978年化肥的使用每年以16.5%的速度增长。③大规模的农田基本建设，包括平整土地、兴修水利、坡地改梯田、改良盐碱地、建设高产稳产农田。④贯彻"以粮为纲"过程中特别强调"突出抓好粮食"，大力推动县办农科所、公社办农科站、大队办农科队、小队办实验小组的"四级农业科学试验网"，对玉米生产均产生明显的促进作用。至1975年，全国有1 140个县有农业科学研究所，2.7万个公社有农业科学试验站，33.2万个大队有农业科学试验小组，农业科技人员达1 100多万人，试验田有4 200多万亩。

20世纪80年代以后玉米进入大发展时期，也是玉米单产增速最快的时期。主要原因：①国家采取一系列有利于发展玉米生产的政策和措施，特别是联产承包责任制和粮食收购价格的提高极大地激发了农民生产的积极性。1979年开始的以承包为主的农业生产责任制，作为一种人与物的对应关系以及土地、劳动力、资本和技术等生产要素功能释放的刺激体制，对中国农业的增长乃至整个国民经济发展的影响是巨大的。农业劳动力和农业资源实现了家庭基础上的重组，这种刺激体制实际上使家庭经营可以更有效地克服其农业的外部性，供给增加并将劳动力的监督成本降低为零，在粮食收购价格方面，国家继1979—1984年年均上涨12.1%，1986—1989年又上涨14.9%之后，1992—1996年年均再次上涨23.3%。农民生产积极性提高，对技术需求受到刺激，小规模生产的农机具、现代生产要素化肥、农药、良种出现历史以来的最快增长，农业技术进步率达到历史高水平（35%）。②确立了玉米在饲料中的主导地位，特别是进入90年代后玉米发展为粮食、饲料、经济兼用作物，需求量大增拉动生产。③技术创新扩散在玉米增产中发挥重要作用。改革开放以来，我国农技推广组织得到了长足的发展，建成了遍布全国各地的农技推广体系，为推动农业的技术进步与扩散起到了极大的促进作用。具体技术创新与扩散包括培育和采用抗病、高产杂交种，提高种子纯度；增施肥料，主要是化肥用量大增，肥料品种更加齐全，施肥技术优化；适当密植，尤其是一些地区推广紧凑型玉米后，每亩密度增加了 1 500～2 000 株；扩大覆膜栽培面积、推广育苗移栽；综合防治病虫草害，加强预测预报，适时进行防治；玉米规范化栽培技术得到广泛应用。其中最重要的突破是紧凑型玉米的选育应用和覆膜栽培技术的快速推广。据农业部统计资料，1985 年全国紧凑型玉米种植面积不足 3 000 万亩，占全国玉米总面积的 11.2%；1990 年占 17.7%，1998 年种植面积达 1.3 亿亩，占全国玉米总面积的 34.5%。地膜玉米技术 1979 年在山西省大同县罗贝庄村开始试验，1.5 亩玉米当年平均亩产 630 千克，比露地玉米增产 57%，80 年代开始扩大推广，1985 年示范面积达 47 万亩，1990 年扩大到 1 300 万亩，1999 年达到 3 300 万亩。

1998 年玉米单产达到历史最高的 351.27 千克，之后由于粮价持续低迷，种粮生产比较利益下降，农民种粮积极性不高，投入水平下降，而且 20 世纪 80 年代末以来，我国农村发生了历史最大的农业劳动力转移，务农劳动力为老、妇、幼成为普遍现象，农业劳动力操作技术和管理技术明显下降。加上 80 年代末 90 年代初以来，农技推广投资增速的减缓，农技推广体系受到了较大的冲击，许多地方的乡镇农技推广机构已名存实亡，玉米生产技术创新扩散同其他粮食作物生产一样走入低谷，玉米单产下滑。2004 年中央采取了一系列支农政策，如减免农业税、种粮直补、良种补贴等，并组织实施了四大粮食作物综合生产能力科技提升行动、农业科技入户示范工程等，为农业科技人员进村入户提供了舞台，调动了农民种粮的积极性，玉米单产出现恢复性增长。

由此可见，每一个时期，玉米良种毫无疑问都是产量提高的最主要原因。

三、玉米高产奇葩——紧凑型玉米

紧凑叶型玉米是与平展叶型玉米相对而言的，以其植株紧凑、叶片斜举、适宜密植、优质高产而著名。科学家通常把玉米叶夹角分为 3 种：平展型叶夹角大于 30°，中间型叶夹角为 15°～30°，紧凑型叶夹角小于 15°。20 世纪 80 年代各地先后育成一批紧凑型玉米杂交种，如烟单 14、户单 1 号、掖单 2 号、掖单 4 号等，一般亩产都超过千斤，比普通玉米增产幅度在 30%～60%，最高年亩产达到 800 多千克。1983 年 8 月，中央农业部科技司和农业技术推广总站在山东省黄县召开"北方玉米高产示范现场观摩会"，参观了黄县、掖县、福山、栖霞、招远等县玉米高产示范方，拟定推广方案，使紧凑型玉米种植面积迅速扩大。

特别是山东省莱州市（原名掖县）农民育种家李登海所培育和推广的紧凑型玉米。李登海原本是莱州市后邓村一位普通农民，他从 1972 年起，采取培育良种和高产栽培结合的方法，不断从生产中发现问题，改良品种和栽培技术，1988 年和 1989 年，他以紧凑大穗型玉米掖单 12 号和掖单 13 号创造夏玉米亩产吨粮的高产纪录。李登海创造的夏玉米高产纪录从 500 千克上升到 700 千克，花去了 8 年的时间；从 700 千克提高到 800 千克，又用了 4 年的时间；而从 800 千克跨上亩产 1 000 千克的台阶，又用去了近 8 年时间。从 1990—1999 年，李登海的夏玉米高产田大部分年份亩产超过 900 千克或接近吨粮①（表 4 - 3）。为全国玉米持续增产和高产栽培树立了榜样。

表 4 - 3 1972—1999 年李登海夏玉米高产田产量纪录

年 份	组 合	面积 （亩）	产量 （千克/亩）	全国平均 亩产（千克）
1972	烟三 10 号	1 120	5 120	128
1973	烟单 2 号	1 100	6 023	156
1974	烟三 31 号	1 200	5 340	165
1975	烟单 3 号	2 057	6 569	170
1976	烟单 3 号	1 300	5 109	169
1977	106×525	1 510	6 743	168
1978	莱农 2 号	1 200	6 425	187
1979	掖单 2 号	1 490	7 769	199
1980	掖单 2 号	1 326	9 036	205
1981	掖单 2 号	1 060	8 069	203

---

① 佟屏亚. 中国玉米高产之星——李登海. 北京：中国农业科学技术出版社，1997 年，第 217～218 页

（续表）

年 份	组 合	面积（亩）	产量（千克/亩）	全国平均亩产（千克）
1982	掖单 2 号	1 168	8 249	218
1983	106 × 黄早 4	1 100	6 709	242
1984	79 × 黄早 4	1 100	7 339	264
1985	3721 × 黄早 4	1 200	6 900	241
1986	掖单 6 号	1 080	9 621	247
1987	掖单 7 号	1 160	8 925	263
1988	掖单 13 号	1 030	10 089	271
1989	掖单 13 号	1 090	10 963	263
1990	掖单 13 号	1 065	9 569	308
1991	掖单 13 号	1 220	9 867	312
1992	掖单 20 号	1 140	8 846	302
1993	掖单 2 号	1 108	10 271	331
1994	掖 9317	2 450	9 167	313
1995	掖单 22	1 090	7 717	329
1996	掖单 22	1 090	9 195	347
1997	掖单 22	1 040	9 026	292
1998	掖 3701	1 080	9 089	351
1999	掖单 22	1 092	9 295	—

资料来源：佟屏亚．中国玉米科技史．北京：中国农业科技出版社，2000 年，第 111 页

　　从李登海培创玉米高产田的历史中发现，20 世纪 70 年代初期李登海初获玉米亩产 512 千克的时候，全国玉米平均亩产仅 128 千克；但仅在几年之后，夏玉米大面积亩产 500 千克普及至很多地区。80 年代初李登海的高产田以紧凑型玉米掖单 2 号亩产超 800 千克，它比全国玉米平均亩产 200 千克高得多。几年之后，这个产量指标又得以在很多地区大面积地实现。随着高产纪录的逐年刷新，特别是李登海又以紧凑大果穗型玉米亩产超过 1 000 千克。史实证明，李登海所走过的玉米高产之路事实上代表着当代中国玉米生产发展的方向。紧凑型玉米得以迅速大面积推广，体现了玉米品种发展对产量提高贡献之巨。

第二节　推动区域农业开发与经济发展

一、吉林省玉米及相关产业的发展

吉林省为中国最重要的玉米主产区之一。玉米播种面积占作物播种面积的 70% 以上。玉米单产总产连年位居全国各省、区前茅。

（一）玉米种植业起步发展

据史料分析，吉林省种植玉米始于 1682 年[①]。当时仅为小面积零星种植，种植面积无从可考。民国初期的 1914 年，吉林省玉米种植面积为 27.81 万公顷，1918 年为 24.95 万公顷，至民国末期的 1929 年种植面积仍为 27.51 万公顷，几十年几乎无变化。1931—1935 年，吉林省玉米生产发展较快。1932 年种植面积即达到 106.3 万公顷。1949 年，吉林省玉米种植面积为 96.5 万公顷。在粮食作物中所占比例显著上升，成为吉林省第一大粮食作物。（表 4 - 4、表 4 - 5）

表 4 - 4　吉林省 1914—1949 玉米产量与面积发展情况

年　份	面积（万公顷）	单产（千克/公顷）	总产量（万吨）
1914	39.67	495.0	21.38
1915	25.88	360.0	10.81
1916	15.86	495.0	7.81
1918	24.95	540.0	14.69
1924—1929	21.94	21 00.0	46.06
1932	31.17	1 333.7	41.57
1934	32.37	1 112.8	36.02
1935	40.44	1 451.5	58.70
1936	13.94	1 483.6	65.89
1937	48.95	1 431.6	71.39
1938	57.71	1 439.1	83.05
1939	62.30	1 260.0	78.50
1940	68.89	1 222.9	84.73

---

① 徐仁吉．玉米史话．吉林农业，1997 年，第 2 期

（续表）

年 份	面积（万公顷）	单产（千克/公顷）	总产量（万吨）
1941	81.74	1 229.9	100.53
1942	89.09	1 228.4	109.44
1943	106.06	1 257.0	133.32
1944	106.30	1 264.5	126.71
1949	96.53	1 239.0	119.6

资料来源：许道夫．中国近代农业生产及贸易统计资料．上海：上海人民出版社，1983 年

表 4 - 5 吉林省主要作物播种面积占粮豆播种面积比例（%）（1929 — 1949 年） （单位：万公顷）

年 份	大 豆	高 粱	谷 子	玉 米	水 稻	小 麦
1929	30.89	17.03	18.34	6.95	0.98	5.93
1932	32.67	21.36	20.21	7.73	0.77	5.21
1934	31.08	25.11	20.24	7.78	1.05	2.75
1935	29.51	22.93	21.16	9.67	1.09	1.59
1938	28.94	21.40	19.11	12.36	1.96	2.15
1939	30.36	22.47	20.52	13.84	2.35	2.20
1940	26.23	21.49	20.16	14.42	2.51	1.97
1941	22.31	20.27	20.53	16.49	2.59	2.01
1942	22.28	20.91	19.70	17.91	2.11	1.93
1943	21.09	21.53	20.03	21.18	2.15	1.50
1949	16.49	22.87	19.37	23.00	2.04	1.16

资料来源：许道夫．中国近代农业生产及贸易统计资料．上海：上海人民出版社，1983 年

（二）种植业推进相关产业链条纵向延伸分化

吉林省玉米种植业自 1949 年后的发展十分迅速。种植面积、单产水平、总产量均大幅度提高。分别由 1949 年的 96.52 公顷、1 239.0 千克/公顷、119.59 万吨增至 1978 年的 152.01 公顷、3 217.5 千克/公顷、489.50 万吨。增加幅度分别为 57.49%，160%、309%（表 4 - 6）。

表 4 – 6　吉林省 1949—1978 年玉米种植面积单产、总产量

年　份	播种面积 （万公顷）	单产 （千克/ 公顷）	总产 （千克/ 公顷）	年　份	播种面积 （万公顷）	单产 （千克/ 公顷）	总产 （千克/ 公顷）
1949	96.52	1 239.0	119.59	1964	110.49	1 372.6	151.60
1950	91.28	1 413.0	129.00	1965	102.11	1 597.5	162.95
1951	75.36	1 362.0	102.62	1966	117.57	1 552.5	182.30
1952	80.03	1 740.0	144.15	1967	112.79	1 680.0	189.90
1953	82.67	1 597.5	132.15	1968	108.42	1 612.5	174.50
1954	84.37	1 515.0	127.70	1969	104.54	1 372.5	143.15
1955	98.73	1 492.5	147.10	1970	108.49	2 310.0	250.45
1956	106.05	1 140.0	121.00	1971	123.61	2 317.5	286.10
1957	90.87	1 177.5	107.15	1972	125.15	2 090.0	262.10
1958	98.33	1 042.5	137.60	1973	141.39	2 520.0	354.70
1959	88.69	1 485.0	131.85	1974	161.83	2 835.0	458.95
1960	100.41	1 057.5	106.45	1975	161.84	3 067.5	496.80
1961	105.46	1 162.5	122.90	1976	154.57	2 850.0	440.55
1962	122.19	1 252.5	153.15	1977	151.83	2 505.0	380.20
1963	121.59	1 275.0	155.50	1978	152.01	3 217.5	489.50

资料来源：中国农业统计资料汇编（1949—2004 年）

　　玉米种植业种群在其本身得以长足发展的同时，产业群落生产链条向前初级生产和次级生产纵向延伸。其结果使玉米种业从玉米种植业种群中彻底分化而成为独立的产业。玉米种业种群的建立，使其先导作用初步展现。20 世纪 70 年代由于杂交玉米品种向生产投入使用，使吉林省玉米单产水平首次突破 2 000 千克/公顷，总产水平则跃升至 250.45 万吨（表 4 – 7）。

表 4 – 7　1949—1978 吉林省玉米种植面积、产量占粮豆种植面积、产量比例

年　份	面积（万公顷）	比例（%）	产量（万吨）	比例（%）
1949—1959	9 928	21.2	13 999	2 447
1960—1969	11 056	27.73	15 424	3 015
1970—1978	14 230	38.32	37 993	4 916

资料来源：中国农业统计资料汇编（1949—2004 年）

1958—1977 年为种子"四自一辅"时期。"四自一辅"即依靠农业社自繁、自选、自留、自用；辅之以国家必要调剂"的种子工作方针。吉林省玉米种业在此期间得以长足发展。1962 年恢复和新建 27 个良种繁殖场，各公社分别建立了较为分散的种子站，大队建立了良种队，生产队设种子田，形成了三级良种繁育体系。随着杂交玉米种植面积的不断扩大，杂交种子的需求量日趋增加，加上种子生产技术复杂，原有种子生产格局已不能满足其生产的要求，为了迅速改变其现状，吉林省 1976 年在全省成立了 63 家县以上种子公司。此年被认为是吉林省玉米种业产业形成的年度。在此期间，杂交玉米种子生产和杂交种推广工作取得较大进展。相继选育出吉双 2 号、吉双 4 号、吉双巧号、吉双 83 号、吉双 147 和吉单 101、云单 102 等品种，并在大田生产中推广应用。

畜牧业生产逐渐由从属于种植业的副业逐渐游离，且生产规模不断扩大，进而发展成为与玉米种植业密切相关的独立产业。吉林省畜牧业在 1949—1978 年期间虽历经人民公社化运动、大跃进、三年自然灾害及"十年浩劫"的冲击，但随着人民生活水平的不断提高，对畜产品的需求的不断增加，仍得以发展壮大。由 1949 年畜群品种单一，生产规模单一的弱质产业发展成为畜群种类相对齐全，具有一定规模的相对独立的产业（表 4 - 8）。玉米成为畜牧业主要的饲料来源，1978 年饲料消费玉米约为 100 万吨，占当年玉米产量的 20%。

表 4 - 8　吉林省历年畜禽数量（1949—1978 年）（单位：万只）

年　份	牛	马	驴	骡	生　猪	羊	家　禽	总　计
1949	64.8	62.8	21.4	15.8	198.8	8.4		164.8
1950	76.9	67.6	22.7	16.1	214.8	10.1		183.3
1951	87.0	72.6	23.8	15.8	228.3	13.6		199.2
1952	99.3	78.4	25.7	16.2	239.7	18.3		219.6
1953	98.6	85.3	23.0	14.5	212.2	23.7		221.4
1954	101.1	91.9	23.7	15.1	226.3	33.8		231.8
1955	91.7	93.4	10.4	14.0	193.7	34.0		219.5
1956	77.8	83.0	14.6	12.7	174.2	35.1		188.1
1957	67.4	78.1	13.3	12.1	206.7	38.3		170.9
1958	71.1	76.2	13.6	11.3	189.4	37.6		172.9

年 份	牛	马	驴	骡	生 猪	羊	家 禽	总 计
1959	84.0	75.7	13.3	11.1	201.5	54.6	1 228.7	184.1
1960	88.1	71.5	12.2	10.5	188.2	62.5	1 073.8	182.3
1961	87.4	67.0	10.9	9.9	130.4	61.0	704.3	175.2
1962	95.5	67.3	10.9	9.7	142.5	65.7		183.4
1963	10.73	72.1	12.3	10.2	186.2	83.8		201.9
1964	110.0	77.0	13.7	10.7	252.3	91.4		211.4
1965	108.8	79.2	14.9	11.3	240.8	89.0		214.2
1966	112.4	80.5	16.7	11.5	257.2	96.1		221.1
1967	118.3	82.0	16.7	12.9	300.8	93.1		229.9
1968	128.5	83.8	19.1	14.4	284.4	103.2		245.8
1969	124.9	85.1	21.1	15.6	238.0	108.5		246.7
1970	122.6	85.4	20.6	16.7	301.7	110.7		245.7
1971	121.9	84.4	21.1	17.6	381.2	111.2		245.0
1972	121.9	85.5	21.1	15.6	238.0	108.5		247.2
1973	122.0	87.7	20.7	19.5	485.6	131.5		249.9
1974	117.8	87.7	19.3	20.4	489.6	129.5		245.2
1975	117.9	88.6	18.8	21.1	560.9	140.7		246.4
1976	117.0	89.6	16.8	21.7	566.5	128.6		245.1
1977	112.3	88.7	14.7	22.0	593.8	130.1		237.7
1978	108.8	87.6	13.1	22.1	581.6	123.8		231.1

资料来源：中国农业统计资料汇编（1949—2004 年）

（三）玉米及相关产业深化发展

　　吉林省玉米及相关产业群落在玉米种业种群、畜牧业种群相继分化独立的基础上。在初级生产及次级生产水平上进一步横向扩展，饲料工业和玉米深加工产业相继产生，并形成独立的产业种群。形成由玉米种业种群、玉米种植业种群、畜牧业种群、饲料工业种群、玉米深加工产业种群为基本组分的玉米及相关产业群落，并进一步发展壮大。玉米种植业种群种植面积不断扩大，单产水平持续提高，总产量在 1978 年 489.50 万吨的基础上，连上 1 000 万吨、1 500 万吨两个台阶。玉米种业种群经过"四化一供"及"种子工程"发展阶段，已初现现代化种业产业雏型。畜牧业成为独立的产业，稳步发展。饲料

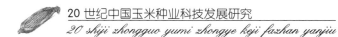

工业、玉米深加工产业迅速发展，初具规模。玉米种植业种群迅速发展，在种植业中的主导地位空前巩固。1978—1999 年，玉米种植面积、单产水平、总产量分别增加 56.27%、54.84%、24.6%（表 4 - 9）。玉米产量占粮食作物产量的比例由 1978 年的 53.51% 增加到 1999 年的 77.49%。

表 4 - 9　吉林省 1978—1999 年玉米种植面积单产、总产量

年　份	播种面积（万公顷）	单产（千克/公顷）	总产（千克/公顷）	年　份	播种面积（万公顷）	单产（千克/公顷）	总产（千克/公顷）
1978	152.01	3 217.5	4 899.50	1989	198.30	5 085.0	1 007.55
1979	159.56	3 345.0	533.75	1990	221.91	6 900.0	1 529.55
1980	75.36	1 362.0	102.62	1991	228.01	6 900.0	1 529.55
1981	155.13	3 397.5	144.15	1992	223.41	5 940.0	1 326.20
1982	160.55	3 667.5	589.25	1993	203.90	6 954.0	1 290.56
1983	171.49	5 490.0	941.00	1994	210.01	6 854.0	1 439.40
1984	185.48	5 947.5	1 103.75	1995	234.40	6 994.0	1 639.40
1985	167.96	4 725.0	793.13	1996	248.10	7 067.0	1 753.40
1986	198.99	5 115.0	1 016.42	1997	245.40	5 153.0	1 260.00
1987	212.20	5 805.0	1 231.60	1998	242.12	7 949.0	1 924.70
1988	198.70	6 150.0	1 221.00	1999	237.55	712.50	1 692.60

资料来源：中国农业统计资料汇编（1949—2004 年）

玉米种业经过"四化一供"及"全面实施种子工程"阶段，得以长足发展。种子"四化一供"时期为 1978—1994 年。该时期国务院提出的种子工作方针是品种布局区域化、种子生产专业化、加工机械化、质量标准化，以县为单位统一供种（四化一供）。吉林省在此期间，县以上种子公司迅速发展壮大，集种子管理、生产、经营于一体（事政企于一身），形成了由科研院所选育品种、良种场繁育种子、农业技术推广站综合推广，种子公司统一供种的种子生产选育、生产、推广供应体系。极大地促进了玉米新品种的推广应用，特别是对玉米单交种的普及推广起到了尤为突出的推动作用，吉林省至 20 世纪 80 年代末玉米杂交种的普及率达到 100%，在全国处于领先地位。

1995 年 9 月农业部在天津市召开的全国农业种子工作会议，把

中国的种子工作提高到建设种子产业化的高度，决定实施种子工程。其总体目标为促进中国种子工作迅速实现由传统的粗放生产向集约化大生产转变；由行政区域封闭的自给性生产经营向社会化、国际化市场竞争转变；由分散的小规模生产经营向专业化的大中型企业或企业集团转变；由科研、生产、经营脱节向育繁推销一体化转变。最终建立适应社会主义市场经济体制和产业发展规律的现代化种子体制，形成结构优化布局合理的种子产业体系和富有省略的、科学的管理制度，实现种子生产专业化、经营集团化、管理规范化、育繁推销一体化、大田用种商品化。按国家种子工程的实施步骤，国家以吉林省农业科学院为依托，建立了国家玉米工程技术研究中心，玉米改良中心公主岭分中心；以吉林省原种场为依托建立了国家原种场，全国最大的杂交玉米种子救灾备荒储备库。吉林省现代化玉米种业雏型已初步展现。

畜牧业是与玉米种植业关系最为密切的产业种群。玉米种植业的长足发展为畜牧业的发展提供了充足的物质基础。1978—1999年吉林省畜牧业生产稳步发展。主要畜产品肉类、禽蛋、鲜奶产量1999年为236.43万吨、77.75万吨、13.77万吨。肉类及鲜奶产量分别比1978年增加62.11万吨、11.37万吨，增加3.97倍、4.74倍。畜牧业产值占农业总产值比例由1978年的12.20%上升为1999年的40.04%。

吉林省饲料工业发端于20世纪80年代初，1984年建成饲料加工厂（点）4 773个，生产能力100万吨，90年代配合饲料生产能力已达380万~400万吨。70年代末期以玉米为原料的玉米深加工产业已然兴起。80年代吉林省年均用玉米生产白酒8万~9万吨，生产发酵酒精3.5万吨，生产淀粉8万~9万吨，上述产品共消耗玉米51.0万吨，占全省玉米总产量的57.1%。90年代平均淀粉年产量24.62万吨，酒精年产量6.65万吨，白酒年产量12.56万吨。1990—1998年平均全省每年玉米深加工量（淀粉、发酵酒精、白酒等）共94.42万吨，占全省玉米总产量的6.6%①。

---

① 夏彤. 中国玉米及相关产业可持续发展研究. 中国农业大学博士学位论文，2002年，第80~86页

二、山东玉米的蓬勃发展

如吉林一样，山东亦是我国农业大省和玉米主产区之一。玉米种业的发展对山东玉米乃至全省农业经济发展起着重要的促进作用。

（一）1949 年前的玉米生产概况①

玉米传入山东的早期，仅在菜园内作为珍品种植，生产发展很慢。到清朝，人口增多，粮食需要量增加，玉米又具有"但得薄土，即可播种，乘青半熟，先采而食，苞米能果腹"，以及易贮藏，适应性广，吞夏均可播种等优点，因而玉米生产得到了较快发展。由于生产条件较差，技术落后，产量很低。据清光绪三十年（1904 年）山东省章邱县旧军镇进修堂孟家的调查，玉米每公顷产量 1 275 ~ 1 725 千克，周围一般贫佃农的玉米产量仅有 900 ~ 1 012.5 千克。1914 年山东玉米播种面积 203 670 公顷，占全省耕地面积的 1.49%，全省玉米平均单产 1 057.5 千克/公顷，总产量只有 23.365 万吨。到抗日战争前的 1936 年，全省玉米面积发展到 54.7 万公顷，增长了 1.69 倍；单产 1 357.5 千克/公顷，提高了 28.4%；总产量达到 74.19 万吨，增长了 2.22 倍。这其间的 1932 年，面积达到了 73.213 万公顷，总产量达到 103.23 万吨。1935 年单产最高，为 1 500 千克/公顷。据《中国实业志·山东省》记载，1933 年，山东省有 78 个县市种植玉米，其中面积最大的前 5 个县依次是：乐陵县 28 000 公顷，章邱县 24 466.7 公顷，阳信县 16 666.7 公顷，德县 16 000 公顷，阳谷县 15 000 公顷；平均每公顷产量最高的前 5 个县依次是：寿光县 4 093.5 千克，宁阳县 3 750 千克，黄县 2 250 千克，青岛市 2 143.5 千克，荣成县和胶县均为 2 100 千克。

1937 年抗日战争爆发以后，日本侵略者禁止种玉米等高秆作物，玉米生产遭到极大破坏，面积减少，单产下降，总产量降低。1939 年山东玉米播种面积仅有 39.50 万公顷，比抗战前的 1932 年减少了 46.1%，1941 年单产最低，只有 382.5 千克/公顷，比 1914 年还低 675 千克，减产 63.8%，总产量减少 52 万吨，减产 70.3%。1937—1941 年，平均单产每年减产 8.0%，总产量每年减产 6.5%。

---

① 王忠孝. 山东玉米. 北京：中国农业出版社. 1999 年，第 4 ~ 17 页

1945 年抗日战争胜利后，玉米生产得到了一定恢复。1948 年山东玉米播种面积达到 75.56 万公顷，单产 1 080 千克/公顷，总产量 82 万吨，比 1942 年分别增长 19.4%、52.9% 和 82.2%。但是，单产和总产仍然没有恢复到 1935 年和 1932 年的水平（表 4 - 10）。

表 4 - 10 1949 年前山东玉米发展状况

年　度	种植面积（万公顷）	产　量（10 万斤）	产　额
1914	30.55	4 673	141
1915	22.30	2 027	81
1916	28.97	3 312	105
1918	2.85	479	155
1924—1929	55.16	9 357	170
1931	95.49	18 525	194
1932	109.82	20 646	188
1933	79.58	13 608	171
1934	75.46	13 960	185
1935	95.19	19 030	200
1936	82.05	14 838	181
1937	95.37	11 890	158
1946	85.67	14 478	169
1947	85.67	13 707	160

资料来源：章之凡，王俊强. 20 世纪中国主要作物生产统计. 中国农业遗产研究室，2005 年，第 6 页

（二）中华人民共和国成立后的玉米大发展（1949—1995 年）

中华人民共和国成立以来，山东玉米生产有了很大发展。1949 年全省玉米播种面积 94.91 万公顷，1995 年达到 269.48 万公顷，增长 1.84 倍。平均每年增加 37 952 公顷；1949 年全省玉米平均单产 930 千克/公顷，1995 年提高到 5 726 千克/公顷，提高了 5.16 倍。平均每年提高 104.3 千克。1949 年全省玉米总产量 88 万吨，1995 年达到 1 542.99 万吨，增长 16.53 倍，平均每年增加 31.63 万吨。但是，由于不同时期的生产条件、气候条件、技术水平以及社会等因素的影响，不同时期的玉米生产发展速度相差较大，有时还出现了较大曲折。如果用总产量 500 万吨、1 000 万吨、1 500 万吨和单产每公顷

1 000 千克、2 000 千克、3 000 千克、4 000 千克、5 000 千克为一个台阶来衡量，46 年来，山东省玉米生产发展的历程，大致可以分为 3 个阶段。

1. 缓慢发展阶段（1949—1977 年）

中华人民共和国成立后，由于玉米种业的逐渐发展，优良玉米品种不断培育推广。同时，实行土地改革、废除了沿袭几千年的封建剥削制度，解放了生产力；开展农业爱国增产竞赛活动，奖励玉米高产单位和个人，极大地调动了农民生产积极性。加之采用玉米科学技术，玉米生产及农业经济得到一定程度恢复和发展。只是由于抗御自然灾害的能力仍然较低，有时生产指挥失误等，玉米生产发展的速度较缓慢。1977 年山东省玉米总产量达到 652.03 万吨，登上 500 万吨的台阶用了 28 年时间，平均每年增长 20.14 万吨，比 46 年间平均每年增长的数量少 36.3%。1967 年全省玉米平均单产 2 092.5 千克/公顷，登上 2 000 千克/公顷台阶，从中华人民共和国成立起用了 18 年，若从中华人民共和国成立前单产达到 1 057.5 千克时算起，提高 1 000 千克用了 53 年；1977 年单产达到 3 127.5 千克/公顷，从每公顷 2 000 千克提高到 3 000 千克的台阶用了 10 年；28 年间，平均每年增长 78.8 千克/公顷，比 46 年的平均增长值低 24.4%。1977 年全省玉米播种面积达 208.65 万公顷，平均每年增加 40 621 公顷，比 46 年平均每年增加的数量多 7.0%。在这个阶段内，玉米生产出现了很大波动曲折。1956 年山东省农业厅把玉米作为高产作物重点推广，当年播种面积和总产量都超过了历史最高水平，单产达到 1 342.5 千克/公顷的较高水平。但是，50 年代末，发生了"大跃进"瞎指挥的错误，加上自然灾害的影响，全省玉米生产出现了低谷。面积减少，产量严重下降。1961 年和 1962 年，玉米面积比 1949 年分别减少 6.9% 和 2.3%；1960 年和 1961 年，玉米单产只有 788 千克/公顷和 855 千克/公顷，比 1949 年分别减产 16.1% 和 8.1%、比抗日战争前单产最高的 1935 年竟分别减产 48% 和 43%；玉米总产量分别为 74.94 万吨和 75.85 万吨，比 1949 年分别减产 14.8% 和 13.8%，比 1932 年分别减产 27.2% 和 26.2%。通过三年国民经济调整，玉米生产又得到了恢复和发展。总的来说，这个阶段玉米播种面积增加较快，但单产较低，产量波动较大。

2. 迅速发展阶段（1978—1987 年）

随着家庭联产承包责任制的落实、价格政策的调整、生产条件的改变玉米种业进一步发展，由此，玉米科学技术开始普及提高，玉米生产亦相应迅速发展。1987 年山东玉米总产量 1 170.2 万吨，迈上 1 000 万吨的台阶用了 9 年；这期间平均每年增加 62.02 万吨，比 46 年间总产平均增加量高 96.1%。1987 年玉米单产达到 5 055 千克/公顷，9 年时间提高了近 2 000 千克，上了两个台阶；平均每年提高 243.3 千克/公顷，比 46 年平均每年增加的数量高 133.3%。面积增长较慢，1987 年玉米播种面积为 231.45 万公顷，9 年间平均每年增长 1 999.3 万公顷，比 46 年间平均增加的面积少 47.3%。这个阶段是玉米总产和单产年均增加最多、面积增加最少的时期。表明在增加的总产量中，单产的提高起了主要作用，这主要是由于玉米优良品种的推广利用带动了玉米种业发展的综合效益。

3. 稳步发展阶段（1988—1995 年）

这一阶段内，山东玉米播种面积和总产量增长较快，单产稳步提高。1995 年玉米总产量达到 1 542.99 万吨，迈上 1 500 万吨的台阶只用了 7 年；平均每年增加 56.28 万吨。1995 年单产达到 5 726 千克/公顷，平均每年增加 110.9 千克/公顷。总产和单产每年平均增长速度都大于 46 年的年均增长速度，但都小于第二个阶段的增长速度。1995 年玉米播种面积达到 269.48 万公顷，平均每年增加 53 025 公顷，大大超过 46 年和前两个阶段的年均增长数。

表 4 – 11　1979—2000 年山东玉米发展状况

年　份	播种面积（万亩）	单产（斤/亩）	总产（亿斤）
1979	258.2	506	13.1
1980	258.8	570	14.8
1981	208.4	626	13.0
1982	149.3	677	10.1
1983	157.5	754	11.9
1984	162.6	709	11.5
1985	167.8	373	62.5
1986	159.8	394	63.0
1987	151.4	379	57.4
1988	132.5	365	48.4

（续表）

年　份	播种面积（万亩）	单产（斤/亩）	总产（亿斤）
1989	152.8	420	64.2
1990	186.3	445	82.9
1991	147.7	6 150	90.9
1992	118.4	6 596	78.1
1993	108.8	6 924	75.3
1994	113.9	7 164	81.6
1995	121.1	7 530	91.2
1996	151.6	7 493	113.6
1997	164.7	6 806	112.1
1998	157.6	8 813	138.9
1999	195.8	6 706	131.3
2000	176.8	6 267	110.8

资料来源：章之凡，王俊强.20 世纪中国主要作物生产统计.中国农业遗产研究室，2005 年，第 129 页

174

（三）玉米种业发展对山东玉米生产及经济发展的促进

　　玉米种业的发展是一个系统工程。山东农业科研、教育、推广体系建立较早，注重农业科技队伍，着眼于当前、当地玉米生产，开展玉米种业技术研究和推广工作。20 世纪 80 年代以来，省和部分地市还成立了玉米生产技术顾问团（组），协助政府抓好玉米生产。1995年推行《山东省农业良种产业化开发》工程，实行首席专家负责与行政共管的体制，加速了玉米育种、良种繁育及配套栽培技术的研究与示范推广工作。1950 年以来，山东先后推广了 80 多个玉米优良品种，生产用良种类型进行了多次更新；推广了麦田套种玉米技术，合理密植技术，按叶龄指数进行田间管理技术，毒砂防治玉米螟技术、种子包衣技术、按籽粒出现黑层和乳线消失的成熟标志收获技术，指标化栽培技术，中低产田综合高产开发技术和小麦玉米吨粮田丰产技术等。这些先进技术的推广应用，大大提高了玉米产量，推动了玉米生产和农业经济的发展。

　　山东玉米科学研究在玉米种质资源、遗传、杂交育种、辐射育种、生物技术、形态解剖、生理生化、栽培技术、病虫草害防治、栽培措施优化模型、产品加工、玉米机械和综合技术开发等各方面皆取

得了显著成就，在生产中发挥了重要作用，获得了巨大的经济效益和社会效益。据王忠孝1978—1995年的不完全统计，获省部级三等奖以上的科技成果奖92项①。这些成果遍及玉米自交系和杂交种选育及其利用、栽培理论与栽培技术、植物保护、产品加工、生物技术、大面积丰产开发和玉米机械等各个方面。尤以玉米种业的核心环节遗传育种为著②。

山东省高等农业学堂农事试验场（1909）、山东省立农事试验场（1917）、青岛大学农事试验场（1936），都先后进行过玉米引种和地方品种选育试验。1930年和1931年，美国玉米专家魏根（R. J. wtggans）和莫尔斯（H. Myers）来华讲授作物育种新方法、指导玉米杂交育种之后，济南华洋义贩农事试验场在山东率先开展杂交玉米育种研究。抗日战争和解放战争期间，解放区的胶东农事试验场的曹中南、山东省农业实验所的陈启文等，在极其艰苦的条件下进行玉米品种比较试验，评选出金皇后、小粒红、敏玉米等优良品种，并进行大面积推广。此后，于1947年开展了选育自交系的研究、取得了重大突破，为20世纪50年代以后的玉米杂交育种研究奠定了良好的基础。

中华人民共和国成立后，山东玉米育种研究工作发展迅速。除常规杂交育种外，还较早地开展了玉米辐射育种和生物技术育种。纵观20世纪，山东玉米育种的研究工作大体经历了许选地方优良品种、品种间杂交、自交系间的双交、三交、单交育种和紧凑型育种等6个研究阶段。先后选育出一大批优良自交系和杂交种，对山东以及全国发展玉米生产作出了重大贡献。据不完全统计，1978—1995年，选育的自交系、杂交种从种子生产利用等科技成果获省部级三等奖以上的共40项，占玉米总成果数的43.5%。

评选地方优良品种阶段：50年代初期，山东玉米生产用品种"多乱杂"。据1956—1957年征集到并有较大种植面积的地方品种就有300多个。多数地方品种抗病性差，产量低。1950年山东广泛开展了群众性的评选玉米优良品种工作，先后评选并推广地方优良品种

---

① 王忠孝. 山东玉米. 北京：中国农业出版社. 1999年12月，第17页

② 王忠孝. 山东玉米. 北京：中国农业出版社. 1999年12月，第18~21页

30 多个。据山东省农业厅调查，1956 年全省种植玉米优良地方品种的面积约占玉米总面积的 49.9%。这些优良品种一般增产 10% ~ 14.5%，对恢复玉米生产起到了积极作用。

品种间杂交育种阶段：在开展评选推广地方优良品种的同时、山东省农业科学研究所以及坊子、莱阳、泰安、菏泽等农业试验场继续进行品种间杂交种的选育研究。20 世纪 50 年代初期，先后育成并在生产上大面积推广了坊杂 2 号、齐玉 26 号等一批优良品种间杂交种。1955 年，全省有 56 个县进行玉米制种，在全国较早地把玉米杂种优势大面积应用于生产。

玉米双交种育种阶段：山东省玉米双交村育种研究工作，是 1947 年在山东省农业实验所开始的。在陈启文主持下，对 12 个玉米优良品种套袋自交，先后育成了华 160、黄小 162 等一批优良自交系。1954 年山东省农业科学研究所开始配制双杂交，于 1958—1960 年先后选育出双跃 3 号、双跃 150 号等一批优良双交种。在全国 19 个省市区大面积推广。玉米双交种的培育和推广应用，在理论和实践上皆具重大意义。标志着山东玉米育种由品种间杂交种迈入了自交系间杂交育种的新阶段。农业部于 1958 年和 1959 年先后两次委托山东省农业科学院举办全国玉米遗传育种培训班，对促进山东及全国玉米杂交育种起到了重要作用。

三交种为主的育种阶段：1954 年起，烟台地区农业科学研究所、山东省农业科学院、聊城地区农业科学研究所等，进行厂玉米三交种的选育研究工作，先后育成一批优良三交种，生产上推广面积较大的有烟三 6 号、鲁三 9 号、鲁原三 2 号、聊三 1 号等，其中，烟台地区农业科学研究所 1956 年育成的烟二 6 号，在全国 11 个省市区推广应用，1971 年被朝鲜引种，年最大推广面积达 200 万公顷。

单交种育种阶段：60 年代以来，山东的玉米育种工作者主要进行玉米单交种的选育研究。针对当时玉米大斑病和小斑病严重影响玉米生产的问题，育成了一批抗大斑病和小斑病能力较强的自交系，如齐 31 等，并于 70 年代先后育成了鲁原单 4 号、鲁玉 2 号等一大批优良单交种。山东省农业科学院原子能农业应用研究所于 1972 年在国内率先用钴-60 辐射诱变方法育成的原武 02 玉米自交系，有早熟、品质优、配合力高、性状遗传力强等特点。以其为亲本该所于 1976 年育成鲁原单 4 号，全国 24 个省、自治区、直辖市推广，仅 1982 年推广面积达 69.67 万公顷。

紧凑型玉米育种阶段：山东省农业科学院植物生理研究室于 70 年代初进行了玉米杂交种丰产株型的研究，指出茎叶夹角小，叶片挺直的杂交种群体透光好，适宜密植，增产潜力大。20 世纪 70 年代中期，于伊等开始进行紧凑型玉米杂交育种研究。70 年代末，山东先后育成一批株型紧凑的自交系，如掖 107、8112、478 等，引进了株型紧凑的黄早 4、MO17 等。利用它们进行杂交，在全国率先育成了一大批株型紧凑或半紧凑型的五米优良杂交种，如烟单 14 号、鲁玉 2 号（掖单 2 号）、掖单 4 号、掖单 13 号、鲁玉 10 号等。这些杂交种较好地发挥了玉米杂种优势和群体优势的增产效果。紧凑型玉米杂交种的育成和推广，对玉米整个产业及经济影响深远。1990 年农业部决定，1991—1995 年，全国推广紧凑型玉米杂交种 666.7 万公顷，增产玉米 10 000 千克。这期间，山东玉米育种研究成果多，推广应用面积大。莱州市农业科学研究所 1981 年育成的 8112 自交系，株型紧凑，繁殖产量高，抗倒能力强，配合力高，性状遗传力强，对山东及全国紧凑型玉米育种贡献巨大。1977 年烟台市农业科学研究所育成的烟单 14 号，山东推广应用达 18 年之久，推广面积 434 万公顷，全国 9 个省市区累计推广面积 655.7 万公顷。

1978 年李登海育成的鲁玉 2 号，1979—1996 年，全国 26 个省市区累计推广面积高达 833.34 万公顷，山东 1991 年推广面积 70 万公顷，约占全省玉米面积的 30%。1984 年莱州市农业科学研究所育成的掖单 4 号，全国 26 个省市区推广，1986—1993 年累计推广面积 661.3 万公顷。1987 年莱州市玉米研究所育成的掖单 13 号，生产潜力大，1987—1996 年，全国 26 个省市区累计推广面积达 808.8 万公顷。

自 1975 年以来，烟台地区农业科学研究所、山东省农业科学院玉米研究所和山东农业大学等，还进行了特用玉米杂交种的选育研究，先后育成了烟单 5 号（糯玉米）、鲁糯玉 1 号、鲁笋玉 1 号、鲁甜玉 1 号以及优质蛋白玉米鲁玉 13 号等，对满足人民生活需要以及促进畜牧业发展有积极意义。

第五章 20 世纪玉米种业发展动力分析

第一节 技术因素——玉米品种改良的内驱动力

国以农为本，农以种为先，种子在玉米生产中占有重要地位，可以说玉米品种是玉米种业发展内在动因。据佟屏亚研究表明，中国玉米品种改良事业大致分为 5 个阶段。1900—1948 年，科学家为玉米品种改良事业奠基；1949—1959 年，以评选农家良种和选育品种间杂交种为主；1960—1970 年，以推广利用双杂交种为主；1971—1973 年，以推广利用单杂交种为主，各类杂交种（综合种、顶交种、三交种和品种）交叉使用，因地制宜，各有侧重；1980 年以后，玉米品种改良工作发展到一个新阶段。由于玉米种子是种业发展的前提条件，20 世纪玉米品种改良的历史在一定程度上就是 20 世纪玉米种业发展的历史[①]。

一、农家品种的评选及品种间杂交种的选育

中华人民共和国成立，标志着玉米等农业生产进入一个新阶段。1949 年 12 月，中央农业部召开"全国农业工作会议"，玉米育种家吴绍骙作为特邀代表参加，在会上作了"利用杂交优势增进玉米产量"的发言。指出玉米杂交优势利用方面有两个途径：一种是从自交入手，另一种是利用品种杂交。吴绍骙详细介绍自己培育品种间杂交种的经验以及苏联育种家在这方面的研究成果，并对开展这一工作的方法和步骤提出建议，并为中央农业部采纳，于 1950 年 3 月召开玉米工作座谈会，讨论制订《全国玉米改良计划（草案）》。参加制定计划的科学家有：吴绍骙、张连桂、刘泰、李竞雄、唐鹤林、陈启

---

① 佟屏亚. 中国玉米科技史. 北京：中国农业科学技术出版社，2000 年，第 164 页

文、王志民等。确定在近期内采用人工去雄选种增产措施和利用品种间杂交种；长期目标要利用玉米杂交优势培育自交系间杂交种，开创了我国在生产上大面积改农家种为杂交种、农作物利用杂交优势的新时期①。1950 年 8 月，中央农业部发布《五年良种普及计划》，要求广泛开展群众性选种留种活动，评选地方优良品种，就地繁殖，就地推广。

各地亦成立相应组织。例如山东省人民政府成立"山东省良种普及委员会"及署、县、乡"选种委员会"。共评选出玉米优良品种485 个，成为 20 世纪 50 年代山东省推广的主要品种。山东省还按照"组织起来，改进技术，增加生产"以及"以互助合作组织为基础，以劳动模范为骨干，以农场为核心"，加快良种和新技术的推广。

1954 年 7 月，中央农业部发布"关于广泛开展玉米品种间杂交提高玉米产量的通知"；1955 年 4 月，农业部再次发出"关于加强玉米品种间杂交种试验研究和示范推广工作的通知"，要求农业科研机构和农场着手调查本地玉米优良品种，开展品种间杂交和选优推广，并委托吴绍骙、李竞雄分别指导山东、河北和东北地区的玉米品种改良工作。最早大面积应用于生产的品种间杂交种是陈启文在山东解放区主持育成的坊杂 2 号，1952 年在山东省推广面积 200 多万亩，比当地农家品种增产 20% ~ 30%。之后，全国农业科研单位和农业院校相继育成玉米品种间杂交种 400 多个，在生产上应用的有 60 多个，其中种植面积较大的凤杂 1 号、春杂 4 号、夏杂 1 号、莱杂 17 号、泰杂 2 号、齐玉 25 号、百杂 2 号、陕玉 1 号等，全国推广玉米品种间杂交种 2 500 多万亩②。

20 世纪 50 年代，由于政治原因，玉米自交系间杂交育种工作曾一度被迫停止。河南农学院玉米育种家吴绍骙着手选育玉米综合品种。他和河南省洛阳农业试验站张明北一起，用广西程剑萍配制的91 个马齿型和中间型单交组合做品比试验，以洛阳小金籽为对照，除两个分别减产 2.7% 和 3.4% 外，其余 89 个单交组合均显著增产，

① 中国农报. 1950 年，第 3 期，第 237 ~ 240 页

② 刘仲元. 玉米育种的理论和实践. 上海：上海科学技术出版社，1964 年，第 3 ~ 5 页

179

第五章 20 世纪玉米种业发展动力分析

有 24 个增产 1.0 ~ 1.8 倍。证明了自交系间杂交种的增产效果。1953 年他们把 75 个杂交二代种子混合播种，从其后代中选出一个综合杂交种，抗病、高产、适应性强。吴绍骙给它取名叫"洛阳混选 1 号"，比当地农家种增产 20% ~ 30%，在豫西丘陵山地推广 200 多万亩①。吴绍骙等撰文"从一个玉米综合品种——洛阳混选 1 号推广谈玉米杂交优势的利用和保持"，指出："当双交种未育成之前或是双交种子产生的量还不够普遍的时候，利用综合品种推广种植，可以收到增产效果，值得加以提倡。尤其是在目前我国农家品种产量水平不高的情况下，综合品种的产量很容易超过农家品种，起到增产效果"。同时指出，综合品种产量虽不如双杂交种高，但为推广双杂交种开辟了新途径。

在当时我国玉米育种工作混乱不堪之际，吴绍骙的建议不仅为利用玉米杂交优势指出了一条新途径，还把许多被迫废弃不用的自交系或杂交一代种变成为可以增产的综合种。20 世纪 50 年代各地科研机构先后育成了冀综 1 号、豫综 1 号、综杂 1 号等玉米综合杂交种，种植面积均在几十万亩以上②。

180

二、玉米双交种的培育

1956 年 8 月，在中共中央宣传部的指示下，中国科学院和高等教育部联合在青岛召开遗传学座谈会，重新确立摩尔根遗传学说的科学性，从而为开展玉米自交系间杂交育种工作铺平了道路。玉米科学家著文宣传玉米杂交育种的科学原理和增产效果。吴绍骙在"杂交优势在新中国玉米增产上的利用及其前瞻"一文中写道："玉米较其他许多作物具有更多的利用杂交优势的有利条件。利用杂交种是玉米增产的一个重要环节。从玉米杂交优势利用的角度来说，我们格外需要大搞杂交种，培育自交系，并以一小部分力量搞远缘杂交及人工引变工作，以丰富杂交种亲本材料的来源，使杂交种表现出更大的杂交优势，把将来的玉米单位面积产量提的更高。"李竞雄在"加强玉米自交系间杂交种的选育和研究"文中写道："玉米是我国很有发展前

① 吴绍骙. 对混选 1 号玉米在豫西及豫东栽培及推广的调查和今后意见. 中国农报（增刊），1956 年，第 1 期

② 佟屏亚. 中国玉米科技史. 北京：中国农业科学技术出版社，2000 年，第 175 页

途的高产作物，它的增产潜力很大，单就改良品种来说，如能采用有效的选育方法，充分显示其显著的杂交优势，玉米单位面积产量估计可以普遍提高 20% ~ 30%，甚至更高一些①。"嗣后，杨允奎、刘泰、刘仲元等科学家相继在报刊杂志上发表类似论文，阐述杂交优势对玉米的增产作用，并建议迅速开展自交系间杂交育种工作以提高玉米产量。

中央农业部根据科学家的建议，1957 年 2 月发布"关于进行玉米杂交育种工作的意见"，要求各地大力开展玉米自交系间杂交育种的研究，争取在 3 ~ 4 年内选育出适于当地种植的高产杂交组合。1958 年 12 月，农业部颁布《全国玉米杂交种繁殖推广工作试行方案》，统一规划全国的玉米育种、繁殖和推广工作。1959 年 6 ~ 8 月，中央农业部委托山东省农业科学院两次举办全国玉米杂交种训练班，普及玉米自交系间杂交育种知识，并多次组织现场参观，交流经验，推动了杂交年玉米育种工作的深入开展。1960 年 2 月，在山西省太原市召开的"全国玉米研究工作会议"上，农业部提出"关于多快好省选育自交系间杂交种和四年普及自交系间杂交种的意见"。

中国农业科学院玉米育种家刘泰、刘仲元等育出的春杂 5 号至春杂 12 号等 8 个玉米双杂交种，先后在河北、山西、辽宁等省示范推广，增产显著。尤以玉米双交种春杂 5 号最为突出，早熟高产，防病抗倒，每亩密植 2 500 株，平均亩产 362 千克，比华农 1 号品种增产 41.3%，比春杂 1 号品种间杂交增产 12.9%，是我国培育最早、种植面积最大的玉米自交系间杂交种。北京农业大学（现中国农业大学）李竞雄和郑长庚等人发表玉米杂交种选育的研究报告，用华农 2 号选育出"华系"，用金皇后选育出"金系"，用它来与国外引进的自交系杂交，配制出 10 多个优良玉米双交种。其中农大 3 号、农大 4 号和农大 7 号等双交种，在河北、山西等地区示范，表现植株整齐，秆矮，抗倒，抗旱，其产量比当地品种增产 30% ~ 50%②。

山东省农业科学研究所来自革命老区的玉米育种家陈启文，继品

① 李竞雄．加强玉米自交系间杂交种的选育和研究．中国农报，1957 年，第 7 期
② 刘泰．山西河北两省繁育推广玉米杂交种子的重点调查报告．中国农报（增刊），1957 年，第 2 期

种间杂交种坊杂 2 号大面积推广后，1956 年主持选育出高产优质双杂交种双跃 3 号、双跃 4 号，发展成为全国种植面积最大的双杂交种之一。

四川省农业科学研究所在杨允奎教授主持下，先后选育出双交 1 号、双交 4 号、双交 7 号、矮双苞、矮三交等，在四川省雅安、温江、乐山等地区种植，增产显著，迅速在生产上大面积推广。当时玉米双交种还是一个新事物，由此，杨允奎教授主持创办西南地区杂交玉米训练班，编写《玉米制种讲义》，甚至亲自为农民和技术人员传授技术，普及推广杂交玉米。李竞雄教授经常去山西、山东、河北等地农村，向农业技术人员和农民普及杂交玉米知识，传授种子繁育技术，并多点示范杂交玉米的增产潜力。中国农业科学院刘泰、刘仲元、曹镇北等人，携带种子亦往返于河北、山西等地积极推广。研究所在杨允奎教授主持下，先后选育出双交 1 号、双交 2 号、双交 4 号、矮双苞、矮三交等，在四川省雅安、温江、乐山等地区种植，增产显著，并得以大面积推广。山西省 1960 年开始推广双杂交种，在以后短短 6 年里，玉米双杂交种种植面积发展到 500 多万亩，占当时全省玉米种植面积的 60% 以上。

20 世纪 50 年代末和 60 年代初，全国育成第一批玉米双杂交种并相继应用于生产，显著提高了玉米产量。如河南农业科学研究所选育的豫双 1 号，新乡地区农业科学研究所选育的新双 1 号、新双 2 号，云南农业科学研究所选育的云双 1 号、云双 2 号等，在生产上都种植有较大的面积。据中国农业科学院统计，50 年代全国共育成玉米双杂交种 50 个，在生产上大面积推广应用的有 17 个，一般比品种间杂交种增产 22% ~27%。比农家品种增产 30% ~33% 特别是玉米双杂交种双跃 3 号，高产稳产，适应性广，遍植全国 19 个省（区），种植面积最多时达 3 000 多万亩。杂交优势的显著增产作用越来越为人们所认识，广大农民积极要求种植高产优质的玉米杂交种。1962年 11 月，中共中央、国务院发出《关于加强种子工作的决定》，针对农作物种子退化的情况，要求整顿充实育种科研单位、良种繁殖场和种子站。特别指出："玉米杂交种这一类的优良种子，主要靠专门的良种场繁殖。1963 年 10 月，中央农业部在山西省召开"玉米双交种生产现场会"，强调了杂交种的纯度和质量标准；1966 年 2 月，中央农业部在山西省太原市召开"全国玉米杂交种推广会议",委托中国农业科学院和北京农业大学举办玉米杂交育种训练班,加大杂交玉米的推广力度。同年3月,中国农业科学院召开"第三次全国作物育种会议",制定玉米育种10年规划;7月,中央农业部种子局和中国科学院遗传研究所在山东省济南市联合举办杂交优势理论讲座;9月,农业部种子局在海南岛召开"玉米杂交种亲本繁殖会议"①。杂交玉米育种工作呈现一派蓬勃发展之势。

三、玉米单杂交种的培育及其发展

20世纪60年代末至70年代初,"文化大革命"使杂交玉米育种10年规划流产,唯有少数地区的科技人员从事玉米杂交育种工作。河南省新乡地区农业科学研究所张庆吉、宋秀岭主持选育了中国第一个玉米单杂交种。长期以来,国内外玉米育种家均认为单交种虽然生长整齐,杂交优势强,但只能作为生产双交种的亲本材料,而不能在生产上直接利用。当时前苏联索洛科夫著《玉米杂交理论和实践》一书就明确指出:"单交种经常作为培育自交系间双交种所需要的亲本"。50年代末至60年代初,张庆吉、宋秀岭通过成百上千个组合的选育实践发现,用武陟矮×金皇后选育出自交系矮金525,植株矮健,雄穗发达,果穗大,产量高;从玉米综合种混选1号选出的自交系混517,也表现高产和良好的农艺性状,这两个自交系亩产均在150～200千克。1963年他们用这两个系杂交育成新单1号杂交种(矮金525×混517),植株健壮,果穗硕大,品质优良,杂交优势强。第二年在孟县小面积试种年,亩产400千克。1965年在河南省新乡地区5个县号平16个点示范,新单1号均亩产397千克,高产田亩产530千克,比当地推广种增产30%～40%。河南省博爱县许良乡的农民采用育苗移栽法,创造了当时玉米亩产608千克的高产纪录②。

---

① 刘仲元. 玉米育种的理论和实践. 上海:上海科学技术出版社,1964年,第3～5页

② 新乡地区农业科学研究所. 新单1号玉米单交种的选育和推广. 遗传学通通讯,1972年,第2期

20 世纪 70 年代初期，新单 1 号遍植南北 11 个省（区），最多年份种植面积达 2 000 多万亩，累积种植面积 1.6 亿亩，增产玉米 25 亿千克以上。新单 1 号单交种还引种到欧洲和亚洲一些国家。组成新单 1 号单交种亲本自交系之一矮金 525，农艺性状好，产量高，具有较高的配合力和特殊配合力，成为玉米种质库中的骨干自交系。许多科研单位用它作亲本，先后育成优良的玉米单交种。如河南省农学院培育的豫农 704，河南农业科学院培育的郑单 1 号，山西省玉米研究所培育的忻黄单 2 号，广西玉米研究所培育的万亩以上桂单 2 号等，在全国种植面积约在 5 000 万亩以上。新单 1 号的育成为玉米杂交育种提供了新经验和新途径：一是从优良杂交种选育自交系；二是重视自交系高产性状的选择；三是用不同类型系（包括种质、亲缘、地理分布等）进行组配，测用结合；四是总结繁殖经验，提高制种产量。其在国内首创利用二环系培育自交系的方法，为后人拓宽了育种材料创新的道路①。

新单 1 号的育成并在生产上大面积直接利用，使我国玉米育种工作居同期世界领先地位。它标志我国玉米育种从以选育双杂交种为主，向以选育单杂交种为主利用杂交优势的新阶段。玉米育种家相继以二环系育成高产优质玉米单杂交种，如辽宁省丹东市农业科学研究所景丰文以自选系自 330×旅 28 培育的丹玉 6 号，20 世纪 70 年代广泛种植全国各地，最高种植年份达 3 000 万亩。河南省农业科学院张秀清选育的郑单 2 号（塘四平头×获白），最高种植年份 2 000 多万亩。吉林省农业科学院谢道宏选育的吉单 101（吉 63×M14）。70 年代在东北地区最高种植年份 1 000 多万亩。此外，种植面积较大的玉米单杂交种还有陕单 1 号、恩单 2 号、嫩单 1 号等。1971 年 2 月，中国农业科学院和广东省农业科学院联合在海南岛崖县召开"全国杂交高粱、杂交玉米育种座谈会"。会议《纪要》指出，玉米杂交种的选育和利用要"以单交种为主，双交、三交、顶交及综合杂交种，因地制宜，合理搭配种植，充分发挥玉米杂交优势的增产作用"；特别强调选育自交系，"要用优良杂交种分离二环系，以达到稳定快、

① 新乡地区农业科学研究所. 关于玉米杂种优势利用问题的几点体会. 遗传每学通讯，1974 年，第 2 期

一般配合力高和自身产量高的目的"为了提高杂交制种产量和自交系的繁殖系数，"要注意选育配合力高、株型紧凑、双穗率高、适于密植的自交系"。当年9月，农业部又组织科研和种子单位到辽宁和山东进行现场观摩参观。1973年9月，中央农林部种子局在山东省黄县（现龙口市）召开"全国玉米杂种优势利用研究协作会议"，统一规划全国玉米育种和协作工作，把全国划分为5个协作区。据1976年3月中央农林部在山东省临朐县召开的"全国杂交玉米科研推广会议"统计，全国杂交玉米种植面积达1.5亿亩，占玉米总面积的55%，比1965年增加4.5倍。其中，玉米单杂交种已占杂交种面积的55%。20世纪70年代初，李竞雄及其助手从全国各地征集了200多个自交系，经过几年的观察、比较、组配，从中选育出7个玉米单交种。其中，以国内选育的自330自交系与从国外引进的自交系Mo17杂交组合表现最好，植株矮健，抗多种病害，在北京郊区多点示范，亩产均在400千克以上，李竞雄给它命名为中单2号。1977年开始在全国多推广，很快遍及南北20多个省（区）。1978年，全国杂交玉米种植面积2.19亿亩，占玉米总面积的71.8%，其中，种植面积100万亩以上的杂交种有32个，千万亩以上的有4个。1978年10月国家科学技术委员会召开的全国科学大会上，共有16个优良玉米杂交种和4个优良玉米自交系获得奖励。获奖的玉米自交系为自330、金03、武105、矮金525。80年代以后，中单2号每年的种植面积都在2 000万亩上下①。

四、紧凑型玉米的培育过程

1978年召开的全国科学大会开创了"科学的春天"。邓小平提出的"科学技术是生产力"和"科技人员是工人阶级一部分"的精辟论述，为科学研究工作和知识分子的社会价值定位。农业科研机构逐步恢复，科研人员不断增加，玉米育种工作走向规范化管理，应用基础理论研究和种质创新提到日程上来。黄早4自交系的选育和Mo17自交系的引进，以及其他新型自交系的培育成功，开创了玉米株型育

① 李竞雄.多抗性丰产玉米杂交种中单2号.中国农业科学.1987年（专集），第21期，第27~29页

第五章　20世纪玉米种业发展动力分析

种的新局面。紧凑型玉米的选育和扩大推广，对 20 世纪 80 年代乃至 90 年代玉米大幅度增产具有决定作用。

中国玉米理想株型育种始于 20 世纪 60 年代，其育种指导思想一开始就受高光效育种和理想株型育种的影响，它的发展是我国玉米育种的一个重要阶段。高光效育种的出发点是提高作物光合效率，降低能耗，以此来达到增产的目的。理想株型育种则是从提高光能利用率入手，通过株型理想化提高光能利用率实现增产。70 年代初，玉米育种家从无叶舌植株叶片上冲直立受到启发，提出紧凑株型育种，并对紧凑型的标准进行了研究和探讨。株型育种和产量育种的结合，实际上就是高光效育种和理想株型育种的结合。1984 年，北京市农林科学院率先育成了株型紧凑、叶片直立的玉米自交系黄早 4，并以黄早 4 为亲本组配了一批玉米组合。如烟台地区农业科学研究所育成的烟单 14，陕西省户县农业科学研究所育成的户单 1 号，吉林省四平市农业科学研究所育成的黄莫，哲里木盟农业科学研究所育成的黄 417 以及河南省育成的林赵 1 号等。它们的组合都是黄早 4 × Mo17。

株型创新引起玉米育种家的广泛注意。1982 年，山东省掖县后邓村农民李登海主持选育出掖 107 紧凑型自交系，组配了优良杂交种掖单 2 号（掖 107 × 黄早 4）之后，莱州市农业科学研究所吕华甫主持育成了株型紧凑、配合力高、抗倒伏、抗病力强的自交系 U8112，进而选育出株型更为紧凑的玉米杂交种掖单 4 号（U8112 × 黄早 4）。继之，李登海又培育出新型玉米自交系掖 478、掖 515、掖 52106 等，组配了掖单 11 号、掖单 12、掖单 13 等系列紧凑型玉米高产杂交种。由于李登海年海采取玉米育种与高产栽培相结合的路子，从 1988 年以来，他连续多年创造出玉米亩产 900 ~ 1 000 千克的高产纪录，充分显示出紧凑型玉米的高产潜力。紧凑株型玉米的育成，对玉米育种方向和科学研究均产生重大的影响。首先是影响育种目标。传统的玉米育种目标是单株大穗。换句话说，人们关心的是玉米单株生产力的高低，希望在亩植 3 000 株左右的密度下，以单株大穗获取玉米高产。紧凑型玉米则是以株型紧凑、增加密度、依靠群体产量获取高产。因此，紧凑株型育种在注重单株产量的同时，注重群体产量。许多紧凑型玉米品种的果穗属中等穗，但在高密度条件下果穗变小并不明显，穗型匀称，因而群体产量提高较多。育种家充分认识到紧凑型玉米的这一优势，确定以紧凑株型为玉米育种的首要目标之一，其次，是对选系的抗倒性提出了新要求。随着种植密度的增加，玉米植株的倒伏现象加剧。人们注意到，因抗倒性较强而被誉为"铁秆玉米"掖单4号推广以后，大田玉米种植密度显著增加，育种家加强了对抗倒性的选择，育成的杂交种抗倒伏能力大大增强。三是选系密度。选系密度与大田种植密度有关。长期以来，玉米每亩种植密度在3 000株左右，20世纪80年代略有增加，也很少超过4 000株，与之相应，许多单位选系密度每亩也在3 000株左右。而紧凑型玉米最适密度在5 000~6 000株，一般种植密度每亩5 000株。玉米耐密性与遗传特性有关，要使杂交种耐受高的密度，自交系也应有相应的耐密性。特别是在选系材料的早代，必须在高密度下选择以增加选择压力。因此，许多育种家主张选系密度每亩在5 000株左右①。

黄舜阶等（1992）曾设置人工改变玉米株型的试验，以查明玉米株型在合理光分布及其对产量的影响。供试紧凑型品种为莱玉1号，半紧凑型品种为丹玉13，平展型品种为中单2号。用铁丝把紧凑型品种叶片（叶夹角26.7°~36.7°）拉平改变为平展型叶片（46.2°~58.7°），把平展型品种（叶夹角42.8°~74.3°）叶片往上拉改变为紧凑型叶片（叶夹角24.5°~29.1°）。结果发现，改玉米品种的紧凑型为平展型，降低玉米群体底部的透光度，而改玉米品种的平展型为紧凑型，则显著改善群体底部的光照条件。无论是紧凑型玉米或平展型玉米，随着种植密度的增加，群体底部光强由60%左右减少到5.5%~10.3%。在不改变株型的情况下，紧凑型玉米在所有密度下群体底部光强度均高于平展型。种植密度越大，改平展型为紧凑型对改善群体光照的作用越明显。以中单2号为例，在不同密度下改型后群体光照条件改善，每亩1 000株光强度为14.6%，每亩3 000株光强度为28.4%，每亩6 000株光强度为72.7%，说明在高密度下能充分发挥紧凑型玉米合理分布光的作用，必然也会影响到光合效率，从而导致籽粒产量的差异。如中单2号在每亩1 000~2 000株范围内，改为紧凑型后仅增产4.8%~5.3%，而每亩密度5 000~

第五章 20世纪玉米种业发展动力分析

---

① 吴远彬．紧凑型玉米高产理论与技术．北京：科学技术文献出版社，1999年

6 000 株，增产 13.1% ~ 19.6% ①。

紧凑型玉米培育和大面积推广之后，引起广泛关注，紧凑株型成为玉米育种的重要指标，相继育成一批紧凑型玉米杂交种：掖单 19、西玉 3 号、郑单 14、冀单 29、中单 1 号、苏玉 9 号、豫玉 2 号、鲁玉 10 号等，这些品种遍植全国，每年种植面积都 100 万亩以上。亦为玉米高产奠定了坚实基础，扩大了玉米种植面积，加速优良玉米品种更替，促进玉米种业持续不断发展。

第二节　制度因素——国家农业科技政策的推动

农业科技政策是农业科研的指针，为农业科研提供前进的方向。科技政策的正确与否对农业科研有着重大的影响。玉米育种政策亦是如此。新中国成立后，玉米育种政策演变有着明显的时代特征，其对我国的玉米品种改良乃至整个玉米种业产生了重要影响。

一、组织玉米育种攻关和改革管理措施

1983 年，国家科委开始成立"全国玉米育种攻关协作组"，组织全国科研和教学单位开展玉米育种协作研究。要求：①选题经过专家论证，作到选题准确，以解决当前生产问题为主，兼顾长远发展需要；②承担任务采取合同制，层次分明，指标具体；③稳定经费来源，有利于育种科研队伍的稳定和发展，有利于不断地为生产提供新品种；④发扬协作精神，交流经验，互换试材。玉米育种协作攻关对促进科技进步和新品种选育起了一定的作用。

"六五"（1983—1985 年）期间，玉米协作攻关研究的题目是："玉米高产、抗病、优质杂交种（品种）选育及其种子生产评定技术研究"，其中把抗病性摆在重要地位。中国农业科学院李竞雄研究员主持，全国共 25 个科研和教学单位参加。当时，在玉米生产上大、小斑病发病较重，丝黑穗病、青枯病和矮花叶病毒病在局部地区严重发生。这些病害往往是混合发生，一个玉米品种只抗一种病害难以生

---

① 黄舜阶. 玉米株型在高产育种中的作用. 山东农业科学，1992 年，第 3 期，第 4~8 页

存，生产上迫切要求兼抗或多抗品种。提高玉米的抗病性首先要解决抗原问题，研究表明，玉米对某种病害的抗性，从抗性遗传角度可分为多基因抗性和单基因抗性，也就是一般所说的水平抗性和垂直抗性。因此，在利用抗原选育抗病品种上，应在多基因抗性基础上导入单基因抗性。如在多基因抗玉米大斑病材料的景下，导入 Ht1、Ht2 等单基因抗性，在应用时更加安全。玉米协作攻关组经过 3 年的努力，共选育玉米杂交组合 32 个，推广面积约 5 600 万亩①。

"七五"（1986—1990 年）期间，玉米协作攻关研究的题目是："玉米新品种选育技术"，设 3 个专题：①优质、高产、多抗玉米杂交种选育；②特种玉米品质育种；③玉米育种材料改良与创新。中国农业科学院李竞雄研究员主持，全国共 35 个科研和教学单位承担攻关任务，共育成玉米新品种、新组合 27 个，其中抗大斑病、耐青枯病等春玉米杂交种 10 个，抗小斑病、耐青枯病、抗矮花叶病等夏玉米杂交种 6 个以及高赖氨酸、高油、青饲青贮玉米组合，推广面积约 5 000 多万亩，增产约 10%②。

"八五"（1991—1995 年）期间，玉米协作攻关研究的题目是："玉米新品种选育技术研究"，设 3 个专题：①高产、优质、多抗玉米杂交种的选育；②特用玉米杂交种的选育；③玉米素材改良创新研究。由中国农业科学院李竞雄研究员主持。"八五"期间共育成玉米新品种（组合）49 个，选出自交系 14 个，鉴定抗青枯病材料 1 100 份。此外，还选育出高蛋白玉米、甜玉米、高油玉米杂交种；在拓宽玉米种质遗传基础、筛选开辟和创建新的优良基因源的研究方面取得进展③。

"九五"（1996—2000 年）期间，玉米协作攻关研究的题目是："普通玉米自交系及育种材料与方法研究"。由中国农业大学戴景瑞教授主持，全国共 38 个农业科研单位和院校的科技人员参加。主要

---

① 中国农业科学院．中国农业科学技术四十年·玉米．北京：中国农业出版社，1990 年，第 384~390 页

② 国家计划委员会．国家"七五"科技攻关项目计划执行情况验收评价报告汇编．北京：化学工业出版社，1992 年，第 7~12 页

③ 农业部科学技术与质量标准司．"八五"农业科研重要进展（第一分册）．北京：中国农业科学技术出版社，1996 年，第 2~3 页

研究内容为：选育高配合力、多抗、高产玉米自交系和不育系；新建、改良或引进玉米群体；利用多种技术创造优异育种材料；用分子标记技术和常规技术相结合对自交系进行杂种优势群分析；将热带、亚热带、温带种属互导等。"九五"期间共有 99 个新品种通过省级审定，有 11 个新品种通过国家级审定，其中有 22 项获国家级和省部级奖励①。

20 世纪 90 年代，国家科学技术委员会对玉米育种研究和产业开发采取两项重大改革措施，以加快玉米育种的速度；实行育、繁、推结合，适应改革开放的新形势。

一是实行玉米良种"前启动、后补助"管理办法。所谓前启动，就是支持和稳定育种科技的基础研究工作；后补助，就是在玉米育种工作中引进竞争机制，以保证对做出成绩的科研单位和个人给予一定强度的物质支持，企图改变此前"盲目投入，难料产出"的经费管理办法为"择优支持，有的放矢"的新管理办法，杜绝以往拿了经费不出成果的弊端。"前启动、后补助"是一项在市场经济体制逐步完善过程中推动农业科技体制改革的新尝试。用"前启动"方式稳定支持育种科技的基础研究工作，为选育更多更优的新品种提供丰富的技术与材料储备；用"后补助"方式引入竞争机制，保证对为玉米产量稳步增长做出贡献的新品种育成单位、个人给予一定强度的支持，不断增强获得"后补助"的单位及个人育种工作的自身发展能力。把各级玉米育种单位放在同一个竞争起跑线上，激发玉米育种工作者的积极性和创造性，促进玉米育种水平提高和加快新品种的选育速度。经过专家评定，"后补助"玉米品种采取的最高评分标准：品质为 10 分，产量为 30 分，抗病性为 20 分，适应性为 15 分，推广面积为 25 分。90 年代共分 4 批后补助 19 个玉米杂交种。

二是组建国家玉米工程技术研究中心。1995 年，国家科学技术委员会决定组建国工程技术研究中心，国家玉米工程技术研究中心即是在农业方面设置的重点中心之一。其基本宗旨是探索科技与经济结合的新途径，加强科技成果向生产力转化的中间环节，缩短转化周

190

① 廖琴．中国玉米品种科技论坛．北京：中国农业科学技术出版社，2001 年，第 237~253 页

期。同时为满足企业规模生产的实际需要，提高现有科技成果的成熟性、配套性和工程化水平，促进企业生产技术改造，加速产品更新换代，并为企业引进、消化和吸收国外先进技术提供基本技术支撑。其基本任务是：①承担国家重点科技研究开发任务，完成并提供一流的工程化技术成果。②针对本行业或领域发展中的关键性、基础性和共性技术问题，持续不断地进行配套化、成熟化、工程化的研究开发，并积极开展对国外引进技术的消化、吸收和创新。③面向市场，加速技术成果商品化和产业化，并通过工程技术承包，为国家重点建设项目和业技术改造提供"交钥匙工程"。④通过多种方式实现经济自立和自我发展，确保工程中心拥有的国有资产保值增值。⑤培养和稳定一支高水平的科学研究开发队伍，并为企业工程技术人员提供培训服务。1996年3月，国家科学技术委员会组织专家组经过讨论，决定在山东、吉林两省科研单位组建国家玉米工程技术研究分中心。这种设置是基于春玉米、夏玉米两个生态区域来考虑，因为吉林省为全国春玉米最大生产省，山东省为全国夏玉米最大生产省。吉林分部依托吉林省农业科学院，山东分部依托山东省莱州市农业科学院。"九五"期间，国家计划委员会和农业部还共同组建国家玉米品种改良中心。主要任务是提供优良种质资源、培育新品种、开展科学研究、培训科人员和进行国际合作交流等。依托中国农业大学为主中心，依托吉林、山东、河南、四川、陕西等省农业科学院以及丹东市农业科学院为分中心。

二、玉米种子工程

1995年国家开始实施"种子工程"。中共中央、国务院发布文件指出："各级政府要把实施种子工程作为依靠科技进步发展农业的一件大事，安排专项资金，组织专门力量，确保种子工程顺利实施。"实施"种子工程"是推进农业现代化和种子产业化的重要措施之一。1995年9月，农业部在天津市召开"全国农业种子工作会议"，在全国启动"种子工程"。种子工程的总体目标是迅速实现种子工作的"四个"根本性转变，即由传统粗放生产向集约化生产转变；由行政区域自给性生产经营向社会化、国际化、市场化转变；由分散小规模生产经营向专业化大中型企业或企业集团转变；由科研、生产、经营相互脱节向育、繁、推一体化转变。最终建立适应社会主义市场经济体制的现代化种子产业，形成结构优化、布局合理的种子产业体系和富有活力的、科学的管理制度，实现种子生产专业化、经营集团化、管理规范化、育繁推销一体化、大田用种商品化。农业部成立"种子工程"领导小组和"种子工程"实施小组，经过研究、分析和论证，制定了《种子工程总体方案》和《全国种子加工总体规划设计方案》，计划3年见效、5年建成中国现代化的种子产业体系。国家种子工程总投资计划为132亿元，其中，种子产业化一期项目2亿元，世界银行贷款种子商业化项目18亿元，种子工程建设项目112亿元。农业部实施种子产业化"三步走"的发展战略：第一步是行政推"三率"（即标牌统供率、种子精选率和种子包衣率）；第二步是竞争建中心；第三步是联合建集团。

2000年9月，农业部在河北省承德市召开"全国种子工作会议"，总结"九五"种子工程建设的成就：农业部与地方联合投资建设了国家农作物改良中心10个，国家级原种场27个，农作物种子质量检测中心43个，国家救灾备荒种子贮备35个，农作物品种区域试验站库66个，总投资13.2亿元。利用财政贴息专项基建贷款，投资建设215个大中型种子加工中心、种子包装材料厂、种子加工机械厂等，总投资15亿元。基础设施的建设和完善，强化了产业基础，提高了中国种业的综合生产能力。目前，据估计全国种子部门拥有原种、良种生产基地2 900万亩，比1995年增加710万亩；拥有1~3吨/小时的种子加工流水线770条。比1995年增加517条，与1995年相比，新品种培育速度明显加快，全国生产用种每更换一次的时间由原来的10年左右缩短到6~7年；全国商品种子生产能力由64亿千克提高到80亿千克；种子加工能力33亿千克提高到50亿千克；种子贮藏能力由18亿千克提高到22亿千克。"种子工程"建设取得了显著成绩①。

随着种业体制改革的进程和经济形势的变化，审视其实施操作情况，"种子工程"明显地具有浓重的计划经济色彩，从指导思想到战略目标，从区域布局到资金投向，从项目内容到实施措施，从监督管理到项目验收，在很大程度上存在着一些不容忽视的问题，尤其是省

① 佟屏亚.中国种业谁主沉浮.贵阳：贵州科技出版社，2002年，第47~52页

级种子工程项目，国家投入资金未能真正帮助建立种子产业的良性运行机制，实施内容和追求目标过于理想化。受行政区划和条块分割以及"小、散、全"格局的限制，实施重点偏多，投入资金分散，种子工程建设总体效果欠佳，乃至事倍功半。总结其问题，主要表现为以下几方面。一是指导思想不明确。种子工程立项未摆脱计划经济的思维方式，缺乏市场经济观念，按行政区域布局项目，对种业发展缺乏全新的科学的产业化经营思路。致使有些项目虽然投入大量资金，但实施建设不尽理想，甚至有的项目建成后发挥不了应有的作用，反而给建设单位带来了沉重的经济负担。二是投资主体错位。种子工程资金投向基本上是国有种子公司和良（原）种场，几乎没有或很少涉及其他性质（民营或合资）的种子生产经营单位。国有种子公司是种子产业化投入的主体，既承担新品种推广公益任务，又从事种子经营业务，有的还肩负着行政管理和执法重任。但在政府控制和保护下发展受到限制，市场竞争力不强，难以成为市场经济的主体。三是项目重点分散。国家和各省对种子工程项目投入了大量资金，其中包括非经营项目无偿投入和贴购条块分割，机会均等，重蹈长期沿袭的投入方法，导致下面"等靠要"，上面"满把撒"。首先表现在投放面宽，使用分散不当。最典型的是提出开展所谓"百团大战"，层层分解投入资金，凡是国有种子公司，国家投放的钱都能分摊一份；其次，地方特色不明显；最后，是建设重点不突出、低水平重复多。种子工程建设涉及新品种选育、繁殖、销售、推广等各个环节，出现了新的"小、散、全"。但因种子数量有限，所建设备一年中闲置时间长达 2/3 以上。由于项目分散投入资金规模较小，无力购买成套的先进加工设备，造成生产规模小，产品档次低。四是缺乏监督机制。种子工程建设是关系调整优化农业结构、推进质量效益型农业发展的战略措施，必须加强组织领导，协调运作，通力合作，监督实施。"种子工程"总体规划提倡育、繁、推一体化，目的是为了解决三者的脱节问题。但种子工程投资的主体主要是种子部门，包括种子管理站、种子公司、良种场，而一些营销条件好、技术实力较强的合资企业、股份制企业以及民营种子企业没有参与进来，特别是种子产业的源泉、具有核心竞争力的育种科研单位被排斥在"种子工程"建设之外。而多数种子公司缺少种质资源和育种计划。经济框架下所形成的育、繁、推脱节现象依然严重。

"种子工程"是在进入市场经济后按计划经济框架设计的项目，有背市场竞争规律。有关部门指挥"种子工程"仍然采取了双重身份，既是资源的分配者，又是资源的占有者。它所扶植的项目实际上是国家意志的体现，或者说是部门意志的体现。在部门利益驱动之下，尽管明知违背了经济发展规律和市场竞争原则，还是要把"种子工程"继续实施下去。面对上述问题，必须认真研究种业形势和发展态势，确定"种子工程"的投资方向和实施重点；群策群力，集中智慧，少走弯路；同时，树立大市场、大流通、大产业的种业发展观念，调整政策导向和投资走向，打破行政区域分割，提倡公平竞争，谁能把种业做大就支持扶植谁；决策部门应集中资金、人力、物力，慎重地集中扶植和建设几个明星种子企业，可以是国有、可以是民营、亦可以是股份制企业，要重视体制，但贵在机制，要把种子产业置于国际大种业环境中来定位，把视角放在建设大型种业集团（公司）上来，按国际先进水平设计实施，提高种业的总体发展水平和综合竞争力。

三、知识产权法与植物新品种保护

"知识产权"对老一代玉米育种家来说是一个陌生的概念。长期以来，社会理念倡导勤奋耕耘，无私奉献，育种家培育的新品种无偿地交由种子部门开发使用，把成绩归功于集体，归功于国家。20 世纪 80 年代出台的《中华人民共和国专利法》（以下简称《专利法》）没有涉及保护植物新品种，育种家眼睁睁地看着育成的新品种被盗窃、被改名而深感苦闷与无奈。直至 90 年代《中华人民共和国植物新品种保护条例》和《种子法》出台，新品种的知识产权保障才有法可依。但因种种问题，申请新品种维权的数量不是很多，新品种知识产权保护任重道远。

植物新品种保护（plant variety protection，又称为育种者权利 plant breeders right），是授予植物新品种培育者利用其品种所专有的权利。它是包括专利权、版权、商标权和工业设计权等在内的知识产权的一种形式。植物新品种保护是国际间公认的对植物品种进行管理的重要内容之一，目的是保护育种者对其发明的独占权。社会公认农作物新品种对提高产量、改进品质、降低成本以及保护生态环境等方面均具有重要作用。

农作物新品种培育来之不易，但保护困难。培育一个新品种需要大量的投入，包括技术、劳动、资金、物质以及较长的时间（一般需要几年到十几年）。而且，随着农业生产水平的提高，育成新品种所需要的技术越来越复杂，相应的投入越来越多，培育新品种的成本也在成倍增长。

1984 年 3 月，全国人民代表大会通过了《中华人民共和国专利法》，对于植物育种家来说本应具有保护作用，但它在保护植物新品种方面存在缺陷，育种家没有从《专利法》中获得权益。《专利法》拒绝保护植物品种。《专利法》第 25 条规定，植物品种不授予专利权，仅对培育新品种的"生产方法"给予专利保护。也就是说《专利法》不保护植物品种本身，只保护育种方法。而实际上农作物育种方法很难保护。例如农业生产上大面积采用的杂交水稻、杂交玉米的制种方法，一般是通过两系、三系或其他方法配制杂交种，并不是特别复杂的尖端技术，简单明了，人人可用。育种家即使获得了专利权也很难有效地保护育种方法。因为植物新品种的杂交父本、母本出手以后，别人利用它去繁殖并销售种子，很难判断这些种子就是依专利方法生产的。尽管修改后的《专利法》规定，育种方法专利可延伸到利育出的亲本和其他亲本生产种子，而不一定要按照专利所保护的操作技术生产种子，从而既不侵权，又可无偿地使用他人的成果，改头换面，冠以另一个品种名称悄然问世。另一方面，有关方面也认为给培育新品种的方法授以专利权不很合适，它没有像申请微生物方法专利那样，将微生物本身送交指定的保藏中心。新品种专利的申请人在申请专利时，没有送交品种的亲本繁殖材料进行保藏，亲本仍然在申请人手中处于保密状态，即公众不能通过正常渠道获得繁殖材料，这在《专利法》上称为"公开不充分"，而"公开不充分"的专利申请不能被授予专利权。20 世纪 80 年代，我国开始从计划经济向市场经济过渡。农业科学家和育种人员及一些有识之士，强烈呼吁给予农作物新品种以知识产权保护 。1988 年，农牧渔业部为配合《专利法》的修改，就植物新品种保护的利弊问题征求了农业系统的意见。其中科研教学单位对新品种保护的态度明确，要求强烈；而种子生产经营部门为维护既得利益而坚决拒绝，有关领导部门则态度暖

昧，最后以"当前新品种保护的时机不成熟"为由而作罢。需要提及的是，农牧渔业部主持制定并经国务院批准于 1989 年 3 月发布的《中华人民共和国种子管理条例》（以下简称《种子管理条例》）及其实施细则，仍然没有提出对植物新品种进行保护。《种子管理条例》规定，种子技术的专利保护和技术转让，要依照《专利法》和国家有关技术转让的规定办理，而《专利法》则规定不授予植物品种专利权，从而导致该条例不保护植物新品种知识产权，很明显地维护了种子经营部门的经济利益并使新品种管理处于混乱状态。1990 年 5 月，农业部科技司在江西召开的全国第三次农业专利代理人会议上，还对植物新品种保护问题进行了讨论。20 世纪 90 年代初，中国专利局在确定《专利法》修改草案之前，反复与农业部进行磋商。有关部门认为，根据国际上的通行做法，植物品种本身不纳入《专利法》的保护范围，而以专门立法的形式给予保护为宜。1992 年 9 月 4 日全国人民代表大会常务委员会通过的新修订的《专利法》仍然拒绝保护植物新品种。植物新品种作为一种商品进入流通领域之后，也需要有商标保护，而《中华人民共和国商标法》（以下简称《商标法》）对植物新品种试验代号能否申请注册并未作出明确规定，从而使得部分植物品种的商标保护难以操作。在计划经济体制下，植物育种工作的投入只有单一的渠道，即国家。新品种的使用权也属于国家，不存在育种家个人或单位的权益问题。而在市场经济体制下，国家没有必要也不可能包揽对植物育种的全部投资。换言之，发展育种事业需要多元化投资。对投资者来说，法律应当保障从其育成品种的利用和推广中收回成本，并为进一步投资积累必要的资金。植物新品种的培育，从实质上说完全属于发明的范畴。既然工业发明可以通过专利的形式给予保护，那么植物新品种也应当受到保护。现行的国家发明奖励制度中包括植物新品种，即承认植物新品种的育成属于发明。从法规建设的角度来看，亟需通过一定的形式建立植物新品种保护制度。保障植物育种家权利只是一种手段，其最终目的是鼓励更多的组织和个人向植物育种领域投资，培育和推广更多的农作物新品种，促进种子产业以及农业生产的发展。

20 世纪 80~90 年代，中国的《商标法》、《专利法》和《中华人民共和国著作权法》等一系列知识产权保护法律、法规相继颁布实施，但作为农业科技重要成果的植物新品种知识产权却缺乏应有的法律保护。事实上，20世纪60年代，《国际植物新品种保护公约》即已签署生效，先后有30多个国家参加该公约并制定了本国的植物新品种保护法。中国完全有可以借鉴的规则和路径，迅速制定新品种保护法律。但因中国的种子机构处于政、企、事"三位一体"，种业管理处于育、繁、推脱节的体制下，受行业部门的利益驱动，没有必要也不积极制定一部植物新品种保护法规①。

农业科技人员对此反映强烈，呼吁保护育种者的知识产权。1993年4月，朱镕基副总理到湖南省农业科学院视察时，农业科技人员直接向副总理反映了育种家的苦闷与无奈，希望国家尽快立法保护植物新品种权益。朱镕基副总理就有关农作物知识产权保护问题作了重要指示，要求有关部门对农作物品种保护立法进行专题调查研究，将植物新品种知识产权保护立法问题列入国务院议事日程。1993年5月，中国专利局、农业部、国务院法制局组成联合调研组，就农作物品种、知识产权保护问题进行调研。6月，朱镕基、宋健、陈俊生等领导同志对调研报告批示，同意对植物新品种进行立法保护。1993年8月，农业部、专利局、林业部、国家科委联合成立了《中华人民共和国植物新品种保护条例》（以下简称《条例》）立法领导小组和工作小组。并与1993年5月开始着手起草《条例》，并于1995年8月，《条例》（征求意见稿）发至近400家行政、教学、科研单位征求意见，1995年10月，经农业部、专利局、林业部、国家科委4个部门会签上报国务院。

与此同时，我国与国际植物新品种保护联盟（UPOV）开展合作，1993年9月在中国北京召开了"亚太地区植物新品种保护国际研讨会"。特别是随着中国加入世贸组织的谈判进程和全球经济一体化趋势，中国的种子产业必须与国际接轨，从而加快了植物新品种保护立法进程。1997年3月20日，国务院正式发布了《中华人民共和国植物新品种保护条例》，规定当年10月1起施行（但推迟两年后于1999年4月23日正式启动实施）；同日，中国正式加入国际植物新品种保护联盟（UPOV），成为该联盟第39个成员国。中国农业部设置相应机构，开始受理来自国内外的新品种维权申请，在农业领域

---

① 张劲柏，侯仰坤．种业知识产权保护研究，2009年

实现了知识产权保护的历史性跨越。2000 年 7 月 8 日，第九届全国人民代表大会常务委员会第十六次会议通过的《中华人民共和国种子法》，进一步明确规定，在我国实行植物新品种保护制度，从而使我国农业领域的这一知识产权保护制度得到进一步加强，结束了中国无偿使用农业新品种科研成果的历史。植物新品种保护法规出台对我国育种科研和种业发展起十分重要的作用。一是有利于农业技术持续创新。农作物育种是农业技术创新活动中最活跃的因素，对保障粮食安全和促进农村经济发展起重要作用。20 世纪下半叶，中国育种家培育出多种作物的新品种和新组合 6 000 多个，使主要农作物新品种在全国范围内更换 5 ~ 6 次。每次更换品种一般都增产 10% 以上。新品种在增产诸因素中起 30% ~ 35% 的作用。在市场经济条件下，通过授予品权人生产、销售和繁殖材料的排他独占权，通过品种转让从市场获得相应的经济回报，才能更好地激励和调动育种家的积极性。二是有利于创新资源的有效配置。我国拥有 400 多个专业育种研究所，育种人员达 5 万人。但在计划经济体制下，各级农业科研单位研究内容重复，力量分散，信息迟滞，影响了育种成果的推广应用，也造成人、财、物和时间等资源的极大浪费。实行植物新品种保护制度，育种成果都以《植物新品种保护公报》等形式迅速向社会公布，使科技人员在立项前准确地把握国内外的育种科技信息，确定育种目标，提高育种效率。三是促进农业科技成果产业化。改革开放以来，实行了一系列鼓励科技发明的政策和措施，诸如技术鉴定、成果奖励等，对鼓励技术发明，促进农业经济的发展起到了促进作用。但也有一些负面影响，如有的科研单位和科技人员只重视论文、成果和奖励，不重视成果的转化和市场的开拓，致使一些科技成果束之高阁。随着农业科技体制改革不断深化，农业科研成果商品化发展的必然趋势。植物新品种保护条例从法律制度上将公平竞争机制引入育种和种子领域，使种子企业和科研单位根据市场经济规律进行优化组合、优势互补；同时面向市场调整育种目标，加速适销对路新品种的培育和推广。四是推动国际种业交流与合作。按照世界贸易组织规定，任何成员国若因知识产权保护不力，将遭到贸易方面的交叉报复。我国过去没有植物新品种保护制度，没有互惠互利的交换环境，一些优良的植物新品种难以引进。中国的优良品种在外国得不到保护而流失，给国家、集体和个人造成损失。植物新品种保护制度的建立，为我国加入世界贸易组织后与国际法规对接，也为育种家和种子企业到国外申请品种权、国外单位和个人依法在中国获得品种权铺平了道路。

四、种子法颁布历程

全球经济一体化的大趋势要求中国必须尽快制定一部种子法规与国际市场接轨。《种子法》出台标志着中国种业彻底结束因种子垄断经营所造成的混乱局面而走向市场竞争，它将促进中国种业的体制改革和种子市场的正常发育。

《中华人民共和国种子法》于 2000 年 12 月 1 日起施行，正式结束了中国种业垄断经营的历史，种子经营进入正常的市场竞争新时期。《种子法》及其配套规章对中国种业管理制度的改革以及对中国种业的发展将产生积极的影响。《种子法》具有明显的中国特点，有很强的针对性和可操作性，但也保留着浓重的公法色彩。特别是政治体制改革和经济体制改革未能同步进行，政府对法律的可信度缺乏承诺以及缺乏良好的执法环境，从一方面说《种子法》具有"超前"意识；从另一方面说《种子法》实际上是一个"早产儿"。要大力宣传《种子法》，努力健全和创造种业发展的法制环境。

中国种子产业长期在计划经济框架下运行，种子的生产、调配、销售完全由国家统一管理，在"自立更生、奋发图强"的封闭环境条件下，没有必要制定一部种子法规。1963 年，李先念副总理在一次会议上首次提到中国应该有一部种子法规，但没有付诸行动。在改革开放的新形势下，1978 年农林部成立一个种子法起草小组，后亦无进展。随着社会主义市场经济发展，为规范出现的种子多、乱、杂局面，1989 年国务院发布了《中华人民共和国种子管理条例》（以下简称《管理条例》），这是中国第一个系统的种子法规；但在施行过程中遇到了不少问题。1991 年农业部又颁布了有关种子管理条例的实施细则，1996 年又发布了《农作物种子生产经营管理办法》，加强了对种子生产和经营的计划管理和市场控制。《管理条例》的实施有它的积极意义，但在内容上存在"空、缺、旧"的问题。"空"指规定条文过于原则和笼统；"缺"乃指内容不全，诸多遗漏；"旧"则是指有些规定不符合建立市场经济体制的要求。尽管条例中有很多条款不尽合理，但目的是维护计划经济体制下保证农民用种以及保护各级种子公司的利益。

20 世纪 90 年代以来，随着种子市场的激烈竞争，假劣种子坑农事件屡有发生。农业部于 1995 年、1996 年、1997 年多次通报一些地、县种子公司制售假劣种子事故，可以说是屡禁不止。据中国消费者协会统计，1998 年，农业部会同国家技术监督局检查发现，种子产品合格率只有 45.9%。1999 年第三季度农民对生产资料的投诉计11 051件，种子质量问题占 71.9%假劣种子占 14.2%，两项合计占86.1%。2000 年第一季度，全国各级工商行政管理机构共查处假劣种子价值 1 400多万元①。

在面对中国种子市场急需出台一部种子法规情形下，农业行政管理部门关心的是在政企分开、放开经营后权力的再分配。长期以来，农作物种子的管理、经营、建设等归属农业部门，经费依靠国家。1999 年初国务院将中国种子集团公司建制划归国家经济贸易委员会。一旦政企分开，各级种子公司必将改旗易帜。农业部门十分担心大权旁落，随之而来的则是相应的业务部门，如农作物品种监督、品种审定、植物检疫、知识产权等有明显效益的部门最终可能从农业部门剥离出去。育种科研单位和科技人员关心种子市场能否完全放开。育种是种子产业发展最核心的物质基础。但中国长期在县级种子公司"统一供种"的格局下，育种家辛苦培育的种子无偿地交给种子公司销售并盈利，自己得到的仅仅是一纸奖励。科研单位希望获得市场营销权，参与公平竞争，以显示育种单位的品种优势。但科学家缺乏市场营销能力以及市场网络，有些力不从心，他们更关心的则是知识产权保护和合理报酬问题。一部分经营地盘被架空的省、地、市种子公司，他们一般有资金，有品种，也有加工设备，技术力量雄厚；但受县级公司画地为牢垄断经营的限制，没有营销地盘，有能量施展不开。他们特别希望放开种子市场，推进种业的公平竞争。

基层种子公司是最关注种子法规出台的群体，但也是最反对放开种子市场的群体，认为"放开必乱，统供保质"，甚至认为《种子

---

① 佟屏亚. 中国种业谁主沉浮. 贵阳：贵州科技出版社，2002 年 5 月，第 144 ~151 页

法》就是县级种子公司的破产法。主张巩固种子"一供"体制，强调种子主渠道经营。据作者调查的近100家县级种子公司，90%以上的经理不主张开放种子市场。再细分也有不同情况，约有1/3管理好、效益高的公司不主张放开种子市场；约有1/3实行股份制或正在改制的公司，欢迎种子市场开放；还有资不抵债、负债经营的公司，死不了，活不好，但又比下岗强，维持现状有利，遇机会还可以再赚一把，对《种子法》出台持消极态度。

广大农民理应是最关注《种子法》出台的主体，而实际上，农民对制定种子法规的态度可以概括为"不知道、不关心、无所谓"。农民面对农村社会名目繁多的税费，疲于应付，即使受骗一两次假劣种子，也多是忍气吞声，自认晦气。因为种子公司和管理站是"一家人"，互相包庇，又有后台保护。实际上，我国相关法律中就有关于生产和销售假冒伪劣种子必须严惩的条文，但权大于法，农民很难从法规中获得裨益。

世界经济一体化的形势迫使中国必须尽快制定一部可与国际市场接轨的种子法规。1998年7月，经全国人民代表大会立案，正式成立了《种子法》起草小组。起草小组由全国人民代表大会常务委员会农业与农村委员会牵头，农业部、国家林业局并邀请部分专家组成。历经两年，广泛征求意见，有争议也有讨论，九易其稿，直至2000年7月最后经全国人民代表大会通过并发布施行。《种子法》是发展和完善我国法制建设的重要法规之一，它的制定将对我国农业生产发展、种子工程建设、种子市场发育、保护植物品种的合法权益均具重要作用。主要体现在以下几个方面。

一是彻底放开了种子市场。种子市场放开，科研院所有权经营种子，种业市场管理更为严格，农民可以任意选购种子。《种子法》取消政府长期指定的种子公司主渠道经营旧模式，确立开放而公平竞争的市场机制。对种子经营主体实行资格准入，实行经营许可证制，政企分开。申请主要农作物杂交种子的经营许可证，注册资本至少为500万元；申请从事种子进出口业务的种子经营许可证，注册资本至少为1 000万元；申请种子选育、生产和经营许可证，注册资本至少为3 000万元。列举以下几种情况可以不办理种子经营许可证：专门经营不再分装的包装种子的；受具有种子经营许可证的种子经营者以书面委托代销种子的；具有种子经营许可证的种子经营者在经营许可证规定的有效区域内设立分支机构的。有利于形成全国完全放开、公平竞争的种子市场，加快我国种业的改革和发展。在经营渠道上，主体不再是国有种子公司。科研院所及其他具有一定资质单位和个人皆可经营种子。《种子法》第 28 条规定："国家鼓励和支持科研单位、学校、科技人员研究开发和依法经营、推广农作物的新品种和林木良种。"即科研单位或科技人员要从事种子开发和经营，只须具备《种子法》所规定条件，到有关部门注册登记即可。还规定，任何单位和个人不得非法干预种子经营者的自主经营权，种子公司可以自主确定自己的经营活动。

二是改革和完善了品种管理制度，从法律上确立了国家实行植物新品种保护制度。凡是对经过人工培育的或者发现的野生植物加以开发的植物品种，属于国家保护名录范围并经适当命名，具备新颖性、特异性、一致性和稳定性的，授予植物新品种权，保护植物新品种权所有人的合法权益。种子产业的源头在科研单位，农业科研院所拥有品种及种质资源、育种人才和试验设备，新品种保护条例的实施，使优势更加明显。而其劣势在于管理、资产、设备、资本、网络诸方面皆不够完善。

202

三是增强了法律的强制性。《种子法》对法律责任的规定条数多，比例大，执法手段比较强硬。违法要追条款的究刑事责任、行政责任、民事责任等。尤其对假劣种子的叙述比较具体，有章可循，富有较强操作性。假种子系指以非种子冒充种子或者以此种品种种子冒充其他种品种种子的；种子种类、品种、产地与标签标注的内容不符的。劣种子系指质量低于国家规定的种用标准的；质量低于标签标注指标的；因变质不能作种子使用的；杂草种子的比率超过规定的；带有国家规定检疫对象的有害生物的。违反规定进行生产或经营假劣种子的，由县级以上人民政府农业行政主管部门或者工商行政管理机构责令停止生产和经营，没收种子和违法所得，吊销种子生产许可证、种子经营许可证或者营业执照，并处以罚款；有违法所得处以 5 倍以上 10 倍以下罚款；没有违法所得处以 2 000 元以下 50 000 元以上罚款；构成犯罪的依法追究刑事责任。

四是农民从《种子法》实施中得到实惠。《种子法》规定农民可以自主选择购买种子，也可以出售自己余下的种子。《种子法》第39和41条规定：“种子使用者有权按照自己的意愿购买种子，任何单位和个人不得非法干预。”就是说，农民买谁的种子，买什么样的种子，任何单位都不得进行干预；如果进行干预造成的损失，根据第39条规定进行赔偿。即农民用种不再指定经营主体，也不再规定所管辖的区域，提倡种子行业跨区域竞争。但社会舆论对允许农民在市场出售自繁种子的条款存在争议。第一，经营分散、规模小是种子企业竞争力不强和经营效率低的主要原因；第二，种子经营者和消费者（农民）的整体素质偏低，经营者尤其是个体经营者的质量意识、守法意识和责任感不强。种子市场秩序不佳，假劣种子时有所见，这些弊端都是因对农户自繁自售种子控制不严所致。当今世界发达国家的现代化农业在种子生产、供应方面都已实行专业化公司规模经营，应该禁止这种“小农经济”的种子生产与经营方式。最后是公正执法困难。

20世纪80年代以来，中国服务于种业市场经济种子法律框架从无到有，已经逐步建立发展起来。《植物新品种保护条例》、《专利法》以及《种子法》法规、法律为种子管理方面有了基本完备的法律制度。但对于玉米种业，可能不难于立法，而难于法之必行。尽管《种子法》确立了我国种业市场的经济体制，但在新旧法规交替、新旧体制转轨的过程在法律体中系以及实施上还有许多具体问题。一方面，旧法规已废止，旧秩序已退位，而新法规尚不完善，新秩序还未完全建立；另一方面，许多种子经营者和管理者的思想、作风和行动仍停留在计划经济模式里，从而产生一些不利于建立市场经济秩序的矛盾和问题。鉴于中国大部分国有种子公司的产权、体制和企业制度等深层次的问题远未解决，执法的宏观和微观条件尚未成熟，种子法规要落在实处，还为时尚早，需要克服诸多困难。

第三节　人的因素——玉米科学家的贡献

一、玉米育种事业的奠基者—杨允奎

（一）生平概述

杨允奎（1902—1970年），字星曙，生于四川，我国现代农业教

杨允奎（1902—1970 年）

育家和作物遗传育种学家，利用细胞质雄性不育系配制玉米杂交种的开拓者，是我国杂交玉米育种事业的奠基人之一。

杨允奎自幼勤奋好学，小学、中学成绩优异。1921 年考入清华学堂留美预备部，1928 年获庚子赔款资助入美国俄亥俄州立大学攻读作物遗传育种专业，1933 年被授予博士学位。同年回国，应聘任河北省立农学院教授。1935 年受任鸿隽之聘任国立四川大学农艺系教授至 1937 年。1936 年应四川省建设厅厅长卢作孚之请，创办四川省稻麦试验场，任场长，不久该场易名为四川省稻麦改进所，任所长。

1941 又回四川大学农艺系任教并兼系主任，主讲遗传学、作物育种学、生物统计学及田间设计等课程，同时开展了玉米、小麦、豌豆的遗传育种研究工作，直到中华人民共和国成立。1952 年，任西南军政委员会农业部四川农业试验所所长。同年 12 月加入中国民主同盟。1955 年任四川省农业厅厅长兼四川省农业科学院院长。1956 年加入中国共产党。1962 年兼任四川农学院院长，并创建数量遗传实验室，兼任室主任。1963 年被评为一级教授。曾任第一、二届四川省人大代表，第三届全国人大代表，四川省科协副主席，省作物学会理事长，中国农学会理事，四川省农业科技鉴定委员会主任委员等职。1970 年 9 月 14 日病故于成都①。

（二）玉米工作成就

杨允奎毕生从事玉米科研和教学工作，其主要贡献可归纳如下。

1. 搜集玉米品种资源

1937 年创办四川稻麦试验场，组织和带领科技人员进行大规模的玉米、水稻等粮食作物地方品种资源普查。历经困难，耗时数月，考察了 52 个县的农村，获取了丰富的一手资料和数据，为合理利用

---

① 中国科学技术协会．中国科学技术专家传略：农学编·作物卷 21．北京：中国科学技术出版社，1993 年，第 123～131 页

地方资源和改良作物品种提供了依据，也为他以后领导四川农业生产创造了条件。1938年，杨允奎及其助手张连桂共同撰文，"玉蜀黍农家品种改良及推广纲要之刍议"，论述四川省玉米农家种的适应性以及挖掘地方种质资源的潜力和前景，从而确定熟、硬粒和抗倒伏为当时四川省玉米间、套、复种的育种目标和方向。

2. 引进、培育玉米杂交种

杂交玉米的培育是世界上农业生产的一次重大革命。杂交玉米研究培育，美国最早。1936年杨允奎从美国农业部莫里森（B. Y. Morrison）教授那里获得路易安纳州和得克萨斯州优良玉米品种可利（Creole）和得克西（Dexi），经过两年在成都试种，抗病性强，表现良好，比当地农家品种增产30%以上，但成熟期偏晚。杨允奎委托蓝正平、唐高远、蒋君堤、方维帧、万安良、陈开学等人，又从涪江沿岸地区征集了12个早熟硬粒型秒玉米品种，开始培育自交系并进行杂交育种。至1945年，杨允奎及其同事已培育出50多个玉米双交、顶交优良组合，增产幅度都在10% ~25%。在当时的抗战后方，杨允奎主持玉米育种工作，取得的显著成绩很为农业界所瞩目。曾连续在《美国农艺学会学报》发表论文，其中"玉米杂种优势涉及株高与雌花期之研究"论文，在国际学术界获得很高评价。抗战胜利后，杨允奎全力投入玉米育种工作，重视理论与实践结合。1946年，杨允奎着手培育高产、优质、适应性强的玉米综合种。他将9个优良自交系混合授粉，育成川大201综合硬粒种以及川大623等。其中，川大201，株高225厘米。每株成穗2~3个，适于密植，抗病抗倒，稳产耐瘠，亩产118~190千克，可供春、夏、秋多季栽培。春播90天，夏播80天，比当地春作玉米品种小金黄增产19.4%，比秋作玉米品种圆颗籽增产46.1%，很受农民欢迎。50年代初期，川大201仍然是四川省部分地区种植的玉米当家品种。他从美国杂交种分离出的优良自交系可－36，D－0039和金2都是玉米育种的宝贵原始材料，特别是优良自交系可－36，直至80年代，用于玉米杂交育种的骨干自交系自330，以及推广面积很大的单杂交种丹玉6号和中单2号都有它的血缘。

杨允奎主持创办西南地区杂交玉米训练班，编写《玉米制种讲义》，在他主持下，50年代先后育成玉米杂交种川农56－1号（南充秋子×门福5号）、顶交种金可（金皇后×可－36）和门可（门福5

号×可 -36）等，1957 年在 10 个县 20 多个点试种，增产显著，亩产均在 300 千克以上，特别是川农 56 - 1 号，亩产达到 434.2 千克，在四川省平原和丘陵山区推广有较大的面积。20 世纪 60 年代杨允奎及其助手结合数量遗传学研究，选育出双交 1 号、双交 4 号、双交 7 号、矮双苞、矮三交等。在四川省雅安、湿江、乐山等地区种植，增产显著，为大面积推广玉米杂交种开辟了道路。

3. 为玉米发展出谋划策

杨允奎全心投入玉米研究，立志提高玉米产量以发展四川农业。他撰写的"论四川省粮食作物传统栽培经验对自然条件的适应"论文，富有建设性地指出四川省要调整农业结构和作物布局、更换优良品种、改进传统栽培技术。他综述四川省气候、地势、土壤特点和传统耕作经验，提出四川省发展粮食生产以大春作物（水稻、玉米、甘薯）为主。20 世纪 50 年代，大春作物种植面积占粮食作物种植面积的64.2%，产量占总产量的81.9%，其中玉米占 15.1%。而小春作物中，豆类和绿肥作物占 40% ~70%，这就形成了"大春用地、小春养地"的持续发展的种植模式。旱地作物以玉米为主。玉米栽培以间套种为上。两大旱地作物玉米和甘薯间作套种，躲过伏旱，巧用降雨，同获高产。玉米还能和耐阴的黄豆、豌豆间作，增产增收。在"论四川作物地方品种与自然条件的关系"论文中，杨允奎结合四川省盆地"春早、夏长、秋雨、冬暖"之特点，指出要发挥玉米农家品种生育期短、适应性强、间套复种并存的优势，综合考虑当前和长远需求，因地制宜，合理布局。他总结选育早熟玉米品种标准为：植株矮健，穗位居中偏下，叶片与茎秆所成角度小。籽粒偏于马齿型者较耐肥，偏于硬粒型者较耐瘠。代表了当时四川盆地玉米育种的方向。

杨允奎积极倡导利用杂交优势，发展玉米生产。曾两次应中共中央和国务院的邀请，参加制定《1956—1957 年科学技术发展远景规划纲要（草案）》和《1963—1972 年全国农业科学发展规划》，为四川乃至全国农业发展出谋划策。

二、玉米种子事业的开拓者——吴绍骙

（一）生平概况

吴绍骙（1905—1999 年）中国现代农学家、作物育种学家。

1905 年生于安徽省嘉山县（现明光市）。1929 年毕业于南京金陵大学（现南京大学）农学院，经业师沈宗瀚教授推荐，在浙江省棉业改良场任职；1931 年转至安徽省政府建设厅棉场工作。1934 年，吴绍骙获欧美公费留学，有幸在美国明尼苏达大学著名农作物遗化育种学家海斯（H. K Hayes）教授指导下深造，这次机会确立了他一生为玉米育种事业奋斗的道路。在海斯教授指导下，1938 年，吴绍骙花去了 4 年的时间，在攻读硕士之后又以优异成绩完成了博士论文"玉米自交系亲缘与其杂交组合之关系"。并被推荐发

吴绍骙（1905—1999 年）

表在美国《农艺学会会报》杂志上。吴绍骙还因此被接纳为美国西格玛赛（SigmaXi）学会荣誉会员。在任职方面，他历任浙江萧山育种场主任，安徽棉业改良场技士兼技术室主任及代场长，贵州省农业改进所技术专员，广西大学农学院教授，金陵大学农学院教授兼农艺研究部主任，河南大学农学院教授兼副院长，中国作物学会副理事长，中国遗传学会理事等职务①。

（二）玉米工作成就

吴绍骙一生从事研究玉米杂交育种的事业。主要贡献如下。

1. 采用二环系，创新玉米育种方法

在美攻读学业期间，吴绍骙成功地采用双杂交种或单杂交种选育自交系，即今天常说的二环系（Recycling line）。此项研究为玉米采用二环系方法培育自交系和配制杂交种奠定了理论基础。可以说吴绍骙是利用二环系配制玉米杂交种最早倡导人之一，这篇论文至今仍然是玉米杂交育种工作的重要参考文献。1938 年年底，吴绍骙回国，20 世纪 40 年代，吴绍骙先后在贵州农业改进所、广西大学农学院、南京金陵大学农学院等单位从事玉米学科研究工作。新中国成立后他

---

① 中国科学技术协会. 中国科学技术专家传略：农学编·作物卷 1. 北京：中国科学技术出版社，1993 年，第 134～146 页

应聘至开封河南农学院工作。1950 年，聘任为河南农学院教授、副院长，后又兼任河南省农业厅副厅长。1949 年 12 月，吴绍骙作为特邀代表参加了中央农业部召开的"全国农业工作会议"，作了"利用杂交优势增进玉米产量"的发言，他根据 1947—1948 年在南京金陵大学农学院所做的试验，分析了当时我国农业生产急需提高粮食产量的形势，提出了发展玉米生产和品种选育的当前和长远的策略。中央农业部于 1950 年 3 月召开玉米工作座谈会，吴绍骙参会并主持测定《全国玉米改良计划（草案）》。确定在近期内采用人工去雄选种增产措施和利用品种间杂交种；长远角度要利用玉米杂交优势培育自交系间杂交种，充分发挥玉米的增产潜力。这个文件对 20 世纪 50 年代发展玉米生产和指导玉米育种起了很大作用。在玉米育种工作上，吴绍骙深信摩尔根遗传学理论科学性。1949 年，他与王鸣歧合译出版了李森科著的《遗传及其变异》一书。

2. 配制综合品种，开辟利用杂交玉米优势新途径

1951 年，他和河南省洛阳农业试验站张明北一起，用广西程剑萍配制的 91 个马齿型和中间型单交组合做品比试验，以洛阳小金籽为对照，除两个减产 2.7% 和 3.4% 外，其余 89 个单交组合均显著增产，有 24 个增产 1.0～1.8 倍。1953 年他们把 75 个单交二代种子混合播种，从其后代中选出一个综合杂交种，抗病、高产、适应性强。命名为"洛阳混选 1 号"，在豫西丘陵山地很快就推广了 200 多万亩，比当地农家种增产 20%～30%。吴绍骙等撰文"从一个玉米综合品种——洛阳混选 1 号的选育到推广谈玉米杂交优势的利用和保持"，指出："当双杂交种末育成之前或是双交种产生的种子数量还不够的时候，利用综合品种可以收到增产效果，值得加以提倡"。为利用杂交优势指出了一条新途径。在吴绍骙等提出的理论和思路引导下，各地玉米育种家先后育成了冀综 1 号、豫综 1 号、综杂 1 号等综合杂交科，种植面积均在几十万亩以上。

3. 首创异地培育理论

异地培育，就是把玉米育种材料夏季在北方种植一代，冬季在南方再种植一代或二代，这样一年繁殖玉米 2～3 代，加快繁育进程，缩短育种年限。吴绍骙倡导的农作物异地培育理论，对促进我国玉米育种事业的发展起重要作用。经过多年研究，1961 年 12 月，在湖南省长沙市召开的我国作物学会第一次代表大会上，吴绍骙在"对当前玉米杂交育种工作的三点建议"发言中，正式提出"进行异地培育以丰富玉米自交系资源"的可行性建议。异地培育的理论和实践受到中央农业部的重视和学术界的肯定。在1959年11月召开的"全国作物育种工作会议"上，农业部长刘瑞龙指出："利用南方生长季节长的有利条件，加速繁殖种子的做法值得重视。从20世纪60年代起，北方许多农业科研单位先后外展北种南育工作。1972年，国务院发布第72号文件，明确农作物异地培育的重点应放在科学研究和新品种加代繁殖上，进一步把此项工作纳入规范化管理轨道。1972年，中国种子公司海南岛黎族苗族自治州分公司成立，专司农作物良种繁育工作的管理和协调。异地培育理论对加快玉米育种进程、发展玉米生产起了很大作用。到70年代后期、异地培育的内容已从原来的北种南繁发展到南种北育；从玉米扩大到其他粮食作物、经济作物和蔬菜作物，加速了农作物的良种繁育，促进农业生产的发展。这项研究成果1990年荣获河南省人民政府科技进步一等奖。

4. 倡导直接利用玉米杂交种

从20世纪30年代到50年代，国内外从事玉米自交系间杂交育种主要是培育双杂交种；认为单交种只能作为生产双交种亲本材料的观点在学术界占优势。1962年2月在山西省太原市召开的"全国玉米科研工作会议"上，吴绍骙系统地从理论上阐述了在生产上直接利用单交种的可能性。在吴绍骙的启发和帮助下，张庆吉和他的助手从选育高产、高配合力的自交系入手，用矮525×混517杂交获得了优良的单交组合——新单1号。1965年在河南省新乡地区16个村示范，亩产达到200～400千克，最高亩产608.2千克。在短短的5年里，新单1号引种到南北10多个省（区），种植面积达2 000多万亩。它标志着我国玉米育种工作从以双从交种为主转向单杂交种为主的新阶段。

吴绍骙长期从事玉米育种和教学工作，同时关心农业生产，重视栽培研究。他认为优良品种没有栽培研究工作的扶植，就不能充分发挥优良种性并在生产上扩大应用。他经常深入农村和种田能手交朋友，交流信息。他主张农业科研单位要组织协作，针对问题，共同攻关。在他的倡导和丰持下，20世纪70年代河南省开展了"玉米高产、稳产、低成本综合研究"，把各级科研、教学、生产单位的专业人员组织起来，实行科研、示范、推广三结合，促进了玉米生产的发展。吴绍骙主持的这项研究成果荣获农牧渔业部科技改进一等奖。"六五"期间，吴绍骙领导和主持河南省玉米育种研究工作，在杂交优势理论和应用方面部取得显著成绩。他还被推举为全国玉米育种协作攻关专家组的领导成员。

三、毕生奉献于玉米品种改良——范福仁

（一）生平概况

范福仁（？—1982 年）

范福仁，江苏省无锡县人。1929 年考入杭州国立浙江大学农学院农科系，1930 年转入南京金陵大学农学院农艺系（辅系园艺系）。他学习勤奋刻苦，专注于作物遗传育种、生物统计以及英语等重要课程。1934 年 1 月顺利毕业获农学学士学位，2 月始任教于湖北宜昌第二乡村师范学校，8 月又经金陵大学推荐入南京中央农业实验所任技佐，从事玉米、小麦等作物抗病育种工作。期间在《农报》、《科学》、《中华农学会报》等刊物上发表论文十余篇，积极介绍国内外育种进展、育种理论知识和玉米、小麦等作物抗病育种的研究成果，并同马保之合译出版了《田间试验原理与实践》。1937 年抗战爆发，范福仁从南京辗转到柳州广西农事试验场任技正，主持开展玉米引种和杂交育种工作成绩卓著，广西农事试验场亦成为当时全国玉米育种规模最大、成绩最卓著的单位之一。1938—1944 年，他在《广西农业》等刊物上发表玉米育种研究等论文多篇，翻译或编著出版著作 3 册，并兼任《广西农业》主编之一。1945 年 1 月至 1946 年 8 月他受聘至国立广西大学农学院任教授。抗战胜利后，1946 年他北返江苏，在南京任国民政府农林部农事司科长兼书刊编辑委员与秘书，新中国成立后，范福仁于 1949 年 9 月应聘私立南通学院农科任教授。1952 年全国高等学校院系调整，他随南通学院农

210

科搬迁至扬州，即新组建的苏北农学院（1972 年改名为江苏农学院，1992 年又改名为扬州大学农学院）农学系任教授、作物遗传育种教研室主任，主讲作物育种学、田间试验技术、生物统计等多门课程。1971 年患脑血栓后仍牵挂玉米育种研究。1982 年 2 月 28 日病逝①。

（二）玉米工作成就

作为玉米科学家，范福仁毕生致力于玉米品种改良，其主要贡献如下。

1. 征集玉米品种资源，开展玉米杂交育种

早在大学读书时，范福仁就特别喜欢作物遗传育种学，尤其钟爱玉米杂交育种这项新的科学技术，并注意收集美国杂交玉米研究进展和国内外玉米生产状况的资料。1936 年他在中央农业实验所跟随受聘来所工作一年的美国作物育种学家海斯（H. K. Hayes）教授学习作物遗传育种和田间试验技术，更加专注于玉米育种和田间技术。1938 年范福仁来到广西农事试验场主持玉米杂交育种，为中国玉米改良事业奠定了基础。1936—1943 年，他和同事们从广西、贵州、云南以及美国各地征得玉米品种 483 个、673 穗子，逐年进行自交分离选择，至 1943 年共得自交系 445 个，实得穗数 7 651 个，自交代数 3～8 代不等，并于 1939—1943 年，连续进行测交、单交和双交，共获测交种 285 个、单交种 137 个、双交种 178 个，每年将上年所得杂交种在广西境内进行多点比较试验，找出可以利用的优良自交系 10 余个，比对照品种（当地品种）显著增产的单交种有 53、1A、56 等 18 个，双交种有 2D、24、65 等 10 个。在自己选育双交种的同时，为争取时间，他于 1938 年和 1939 年从美国征得玉米双交种 64 个进行试种。通过两年试验，初步找出产量和抗玉米螟能力比广西当地玉米种好、有直接利用价值的有 Wisconsin696、Comell30 - 13、Iowa939 等 7 个。可以说，20 世纪 30 年代末至 40 年代初中国玉米杂交育种还处于初创阶段，范福仁和他所在的广西农事试验场的玉米品种改良工作，规模之大和实绩之优为当时国内仅有几家科研单位之冠。1956 年范福仁在扬州继续主持开展玉米杂交育种研究工作。他广泛征集原始材

① 中国科学技术协会编. 中国科学技术专家传略：农学编·作物卷 2. 中国科学技术出版社，1999 年，第 1 版

料，先后获得上千个品种、杂交种和自交系，遂加紧进行自交系选择和培育，测配自交系选配杂交种。最终选育出小金皇、启东大金黄、苏 821、苏 464、苏 42、白春玉米等各具特色的自交系，测配测交种，选择和配置单交种、双交种，开展测交种、单交种、双交种比较试验。他们先后育成苏农金皇后、苏品 1 号、扬综 540、扬三 1 号、扬双 503、扬单 1 号等优良品种和杂交种，其中苏品 1 号、扬综 540 和扬三 1 号杂交种一度在生产上大面积推广种植。

2. 系统研究玉米密植技术

1958 年"大跃进"年代，在作物栽培的实践与理论中出现"宁密勿稀"的倾向。范福仁应用田间试验技术和生物统计学，从 1958—1962 年连续四年分别在扬州学校农场和下放劳动锻炼地点江苏东台农村，通过缜密的试验设计和严格的作业实施，进行玉米密植研究，以科学实践阐明合理密植的实效。该项研究包括 15 个试验，其中 4 个是种植密度试验，6 个是种植方式试验，5 个是密度和方式相结合的试验。综合 9 个玉米种植密度试验，供试密度从每亩 1 000~8 000 株不等，经科学、严谨的数理统计分析，明确提出按照具体条件，因地制宜进行合理密植的现实意义，并具体提出在当时栽培水平下粮食玉米和青饲料玉米的种植最适密度。其研究成果先后在《农业学报》、《江苏农学报》、《作物学报》以及江苏省、全国农业学术会议上发表和报告，在规模、深度、实用性和学术性方面皆居国内领先水平。1964 年 1 月 21 日《光明日报》第一版学术简报栏中刊登了《范福仁等玉米密植规律的研究》文章。他们的工作亦被编入 1963 年出版的《中国玉米栽培》专著。

3. 倡导和推广田间试验技术

范福仁是中国著名的生物统计学家和早期田间试验技术的先驱者之一。1936 年，与中央农业实验所马保之教授合撰《机率与偶率之意义及其重要统计表之区别与应用》发表在《农报》，1937 年他们合译出版了魏夏特和 H. G. 桑德尔（Wishart&Sanders）的《田间试验原理与实验》（实业部中央农业实验所丛书第 1 号）。1941 年他又翻译出版了 C. H. 高尔登（Goulden）著的《生物统计与试验设计》（广西农事试验场丛书第 1 号）。这两本专著的翻译出版，对倡导和传播田间试验原理与方法以及生物统计学在农业研究中的应用起了促进作用。1942 年，范福仁结合自己数年的研究工作实践撰写出版了中国第一部系统论述田间试验科学方法的专著《田间试验之设计与分析》，阐明农作物田间试验的原理、田间试验所必须的统计学知识、分析方法和实施技术等。20 世纪 50 年代初，生物统计学和田间试验技术视为禁区，他仍坚持研究。1962 年和 1966 年，范福仁分别出版《田间试验技术》和《生物统计学》两本专著，是进行生物学，特别是农业科学研究的重要基础和必须掌握的应用工具。影响巨大，多次再版。

四、玉米界首席专家——李竞雄

（一）生平概况

李竞雄，1913 年生于苏州。幼失双亲，勤奋自强。1932 年入浙江大学农学院。毕业后留校任教，后经业师冯肇传推荐，赴武汉大学随著名遗传学家李先闻教授从事玉米研究。1944 年他赴美留学，完成研究论的同时，他还广泛征集了一批珍贵的玉米自交系以备用。1948 年 12 月回国后就职于北平清华大学农学院。新中国成立后，李竞雄先后在北京农业大学任副教授、教授兼农学系作物栽培教研组、遗传教研组主任，从教 20 多年。在此期间他被选为第三届全国人大代表。1973

李竞雄（1913—1997 年）

年夏天，他亲自组配了"中单 2 号"，成效颇著，于 1978 年获全国科学大会奖，1984 年 6 月获国家发明一等奖。1978 年，作物育种栽培研究所成立，李竞雄被任命为副所长兼玉米育种室主任、研究员，主持玉米育种研究工作。1980 年，他被选为中国科学院生物学部委员，先后被聘为农业部科学技术委员会委员，农业部杂交玉米专家顾问组副组长，当选为中国作物学会第三届理事长，中国遗传学会理事，第三届中国科学技术协会委员，中国农业科学院学术委员会委员。1983 年以来，他被聘为"六五"、"七五"国家重点科技攻关项目全国玉米新品种选育技术课题专家组组长，国家自然科学奖励委员会委员，担任了《作物学报》副主编，《中国科学》、《中国农业科学》编委等职。1989 年被国务院授予全国先进工作者称号。

（二）玉米工作成就

作为我国玉米界的首席专家，李竞雄为我国玉米种业做出了巨大贡献。

1. 潜心研究，编著玉米专著

20 世纪 50 年代初期，全国高等院校进行院系调整，原清华大学、北平大学和燕京大学的农学院合并建成北京农业大学（现中国农业大学）。李竞雄在农学系讲授遗传学并从事玉米育种研究。由于政治原因，当时，从事玉米自交系间杂交育种被视为异端邪说，摩尔根遗传学在大学教程里被取缔。李竞雄只能从事作物栽培学教学和教材的编写工作。1952—1956 年，李竞雄任作物栽培教研室主任，先后主编了全国通用教材《作物栽培学》，编译了俄文版《植物栽培学》以及编撰《玉米增产技术》、《玉米双交种》等科普著作。

2. 率先培育玉米双交种

1956 年，李竞雄率先推出已培育出的玉米杂交种。他们用华农 2 号选育出"华系"，用金皇后选育出"金系"，与国外引进的自交系杂交，配制出 10 多个优良双交种。其中农大 3 号、农大 4 号和农大 7 号等双交种，1957 年在河北、山西等地区示范，表现植株整齐，秆矮，抗倒，抗旱，其产量比当地种增产 30% ~ 40%。在育种研究上作出了开创性贡献，同时从国外引进的优良自交系如"W20"、"W24"、"0h43"、"M14"等提供给许多育种单位，使他们利用这些自交系先后育成了"双跃 3 号"、"双跃 150"、"吉双 1 号"、"吉双 83"、"吉单 101"等杂交种并大面积应用于生产，促进了我国玉米育种和生产的发展。

3. 开展抗病育种，跻身世界先进水平

1966 年，北方玉米突遇流行性大斑病的侵害，严重减产。李竞雄开始重点研究抗病育种，并选育诸多应用型玉米新品种"大单 1 号"及 7 个"中单号"玉米杂交种，其中，以"中单 2 号"玉米单交种最突出，实现了抗病丰产的目标。多年试验证明，这个杂交种比当时生产上推广的杂交种，如"丹玉 6 号"、"郑单 2 号"、"群单 105"等一般增产 15% ~ 25%，并高抗玉米大、小斑病，高抗玉米丝黑穗病，实现了多抗的目标，并具有广泛的适应性。"中单2号"的育成与推广，标志我国杂交玉米育种实现了丰产、多抗和适应性统一的先进水平。

4. 开展玉米营养品质育种

1982年农业部召开第四次全国作物育种会议，李竞雄提出的开展玉米品质育种被纳入国家计划。1983年，由他起草的国家"六五"重点科技项目攻关有关玉米育种课题的论证报告里，就把这项工作列入攻关研究；"七五"期间又进一步加以完善成为特用玉米品质育种专题，包括选育高赖氨酸玉米、高油玉米和各种类型的甜玉米等。先后育成高赖氨酸玉米"中单206"，甜玉米新品种"甜玉4号"，表现出抗病、高产和适应性。

5. 提高性状水平，倡导玉米群体改良

为提高我国玉米育种材料的性状水平，20世纪70年代李竞雄倡导开展玉米群体改良研究。针对我国生产用杂交种的遗传基础十分狭窄的不利形势。1977年李竞雄开展玉米群体改良研究，组成了"中综Ⅰ号"和"中综Ⅱ号"群体。此乃是一项长期艰难的种质改良计划。李竞雄采用半姊妹轮回选择方法对中综Ⅱ号群体的改良结果表明，从C1至C3轮，每轮改良选择的遗传增益为7%。为扩大我国温带玉米种质基础，在育种攻关专题下还设置外源种质导入研究课题，以期将热带、亚热带玉米或近缘植物的种质导入温带材料中。这是一项从长远考虑的育种计划，必将在今后玉米种业发展中发挥重要作用。

6. 基因雄性不育研究获得突破

李竞雄从50年代中期就开始研究玉米细胞质雄性不育的转育和利用。当时是采用T型细胞质，不久就观察到用雄性不育胞质配成的杂交种，比同型的正常胞质杂交种更加感染叶斑病的现象。李竞雄通过自己的多年研究证实采用雄性不育基因 $ms1$ 与白胚乳基因 y 相连锁的材料，作为回交转育的基础的有效性。他的研究结果证明，用任何一个黄胚乳自交系可以很便利地转育为白粒不育系和黄白分离的保持系，只是对后者必须用人工或光电设备来分拣两类不同粒色种子而已。然后用另一正常白粒系与不育系相配，就能产生出一代杂种种子。依照这个方案，在转育过程中和大田制种时需要拔除大约5%的

遗传交换植株，可应用于生产实践，获得成功。

在李竞雄主持和参加攻关课题所有单位科技人员的共同努力下，"六五"期间共育成各类玉米杂交种 32 个，推广面积 5 000 多万亩；"七五"期间共育成各类玉米杂交种 55 个，推广面积 6 000 多万亩，圆满地超额完成了国家下达的科技攻关计划。发表了许多较高水平的科研论文，出版了学术专著《玉米育种研究进展》，李竞雄多次受到国家科委和农业部的表彰和奖励。

致力玉米研究 50 余年，李竞雄在专注于遗传学理论研究的同时，亦成长为发展国民经济服务的务实科学家，他瞩目的不仅是玉米育种工作，而是扩展到农业生产，扩展到整个国民经济。20 世纪 90 年代初他发表的农业发展宏观战略文章，提出的建议卓有成效，对促进玉米种业发展和农业生产起了重要作用。

五、紧凑型杂交玉米之父——李登海

（一）生平概况

李登海（1949—）

李登海（1949—），男，山东莱州人，研究员，山东登海种业股份有限公司董事长，山东省莱州市农业科学院院长，国家玉米工程技术研究中心（山东）主任，玉米育种和高产栽培专家。从 1972 年开始进行玉米育种和高产栽培研究，1984 年李登海针对我国农业科研体制方面的弊端，借鉴国外玉米民营机构的做法，创建了一个集科研（科研所）、生产（良种场）、推广（推广站）、经营（种子公司）于一体的民营科技企业型单位，以科研促经营，以经营养科研。并于 1985 年 4 月创办了我国第一个农业民办科研单位——莱州市玉米研究所，1993 年 5 月又在玉米研究所的基础上建立了莱州市农业科学院，设立了玉米、小麦、蔬菜、果树 4 个研究所和 1 个负责推广经营的远征种子公司。选育的全国第一个推广面积最大的紧凑型玉米品种掖单 2 号，1979 年首次高产试验突破了 775 千克的高产大关，进而选育出了我国亩产 900 ~ 1 000 千克级别的玉米新品种，并且利用紧凑型玉米开创了我国玉米高产栽培的新局面。10年来先后选育出16个在我国玉米育种上被广泛应用的具有株型紧凑、抗病、抗倒、高配合力等突出优点的骨干自交系，22个掖单系列紧凑型玉米杂交种，并在生产上广泛应用，在全国的种植面积达8 000多万亩，占全国玉米播种面积的1/4，年增产粮食约80亿千克，年创经济效益80亿元；10年累计推广面积达4亿亩，增产粮食约300亿千克，创经济效益300多亿元，为推动我国玉米育种事业的发展做出了积极贡献。育成的掖单12号，从1988年开始，由中国种子公司连续5年出口创汇，成为我国连续5年唯一打入国际市场的玉米良种，为展示我国玉米育种科研，积极参与国际种子市场竞争，在国际市场上占有一席之地，做出了重要贡献①。

（二）玉米工作成就

作为紧凑型杂交玉米之父，李登海为我国玉米种业做出了卓越贡献。

1. 高产玉米掖单2号的培育

20世纪70年代初，李登海25岁时，担任后邓村科技队长，他仅凭从报纸、杂志上得到的片段知识，领着几个农民开展农业科学实验。当时后邓村的玉米亩产仅200多千克，比小麦的产还低，李登海爱学习、肯钻研。1972年，他们科技队种的玉米高产田亩产达到512千克，比村里普通田高出1倍多。由于一定的工作成绩，1974年他被送到山东省莱阳农业学校学习。在那里，李登海学习了农作物遗传理论、育种方法和栽培技术。当时刘恩训在莱阳农校执教作物遗传课并从事玉米育种工作，他被李登海勤奋好学、刻苦钻研的精神所感动，把自己从美国玉米杂交种分离出的珍贵材料XL80赠送给李登海。李登海后来培育的优良杂交种掖单2号，其亲本之一掖107就是从刘教授馈赠的材料中选出的。在70年代，我国生产上采用的玉米杂交种大多是平展叶型的，单株叶片所占空间比较大，种植密度上不去，过密时植株容易倒伏或果穗秃顶。要提高玉米产量，培育一种株型紧凑、适宜密植、叶面积大、光合效能高的玉米优良品种，就必须

① 佟屏亚. 为杂交玉米做出贡献的人. 北京：中国农业科学技术出版社，1994年，第224~231页

从选育白交系入手。经过几年的努力，李登海从 XL80 材料分离出来 200 多个株系中选出两个自交系，表现优良的高产性状。把它们和优良自交系掖 525、自 330 测交，显示出很高的配合力和杂交优势。李登海把配制的 3.6 千克新组合掖 107 × 黄早 4 播种在 3.58 亩高产田，1979 年获得了亩产 776.6 千克的高产纪录；这个组合就是后来遍植大半个中国的优良杂交种掖单 2 号。1982 年掖单 2 号杂交种创造了亩产 824.9 千克的高产纪录，他所在的后邓村玉米平均亩产 536 千克，比往年玉米产量高出 1 倍多。1982 年 9 月在山东省玉米高产经验交流会上，李登海登台宣读了"掖单 2 号与夏玉米大面积高产"的论文，受到玉米专家的一致肯定，他培育的紧凑型玉米掖单 2 号被山东省科委授予科技成果二等奖。到 20 世纪 90 年代，掖单 2 号年最大种植面积达 2 000 多万亩，荣获国家科委星火科技一等奖。

紧凑型玉米的培育和大面积推广，使我国玉米栽培理论和技术有所突破。首先是种植密度。过去平展叶型玉米每亩一般种 2 500 ~ 3 000 株，紧凑叶型玉米每亩可种 4 000 ~ 5 000 株。第二是叶面积指数。每亩从 3.5 ~ 4.0 增加到 5.0 ~ 5.5，高的在 6.0 以上。第三是单株生产力。经济系数从 0.40 ~ 0.45 提高到 0.50 ~ 0.55，为玉米大面积创造了条件，李登海培育的紧凑型玉米掖单系列有 10 多个优良组合。1980—1994 年累计种植面积 2.5 亿多亩，增产粮食 100 多亿千克。李登海在从事玉米育种工作过程中，每年都坚持用自育的品种设置 10 ~ 20 块玉米高产田，通过良种良法配套反馈信息，不断修订育种方案。李登海用平展叶型玉米培创高产田，连续 8 年亩产徘徊在 500 ~ 600 千克。他发现，平展叶型玉米每亩密度超过 3 500 株，就会发生秃尖、大小穗和倒伏，造成减产。进一步提高产量，须适当加大密度并防止倒伏。改用紧凑叶型玉米掖单 2 号，果穗适中，抗倒伏，每亩密度超过 4 000 株，仅仅用了 4 年的时间。玉米亩产突破了 700 千克，最高亩产达 800 ~ 900 千克。

2. 玉米吨粮田的实现

在培创的掖单 2 号实现亩产 800 千克之后，李登海立即提出玉米亩产 1 000 千克的奋斗目标。但是，80 年代我国培育的紧凑型玉米，其亲本之一黄早 4 严重感染斑病，是玉米生产上的一大隐患，要使玉米产量再上新台阶，必须扩大种质资源，从培育抗病高产自交系入手。从 1983 年起，李登海从全国征集优良杂交种和自交系，1986年，李登海已拥有十几个优良自交系和 20 多个杂交新组合，亩产分别达到 953 千克和 962 千克。他从自己丰富的"种质库"中寻找，并培育出具有这种特征特性的杂交组合，经过南繁北育和温室加代，1988 年新组合丹 340 × 掖 478（掖单 13），亩产达到 1 008.9 千克，首次创造了我国夏玉米亩产超过吨粮的最高纪录。李登海由此被称为中国玉米高产之星。高产纪录从 500 千克到 700 千克，李登海花去了 8年的时间；从 700 千克提高到 800 千克，他又用了 4 年的时间；而从800 千克攀上亩产 1 000 千克的台阶，他差不多又用了 8 年的时间。从 1988—1994 年，李登海的夏玉米高产田已连续 6 年获得吨粮。

3. 成立"紧凑型玉米研究会"

1986 年，李登海发起成立"紧凑型玉米研究会"，在每年玉米生长季节进行现场观摩、学术讨论、经验交流，旨在推动紧凑型玉米育种和示范高产栽培技术，实际上成为计划组织良好的科学讨论会、经验交流会和良种交易会。李登海总是征询改进意见，学习外地经验；同时，毫无保留地把自己的高产经验、育种材料和优良自交系奉献给全国的同行。他认为，要发展玉米育种事业和提高玉米产量，必须依靠成千上万科技工作者的共同努力。紧凑型玉米研讨会则把全国玉米育种和推广部门的注意力吸引过来。带动全国至少有 30 多家省、地、县科研单位在从事紧凑型玉米的选育。例如，山东省培育的鲁玉 10号，河北省培育的冀单 24 号，河南省培育的豫玉 4 号、郑单 8 号、新黄单 851 等，都先后在生产上发挥了重要作用。南繁北育，精心选择，李登海的玉米种质库中贮存下许多宝贵的自交系。例如，掖478、掖 107、掖 515、掖 8001 等，都为配制杂交种起了重要作用。特别是多基因优良自交系掖 478，性状优良，配合力高。用它配制出来的杂交种，株型紧凑，植株矮健，茎秆坚韧，根系粗大。耐密抗倒，果穗大，库容高，选育亩产 800～1 000 千克的众杂交种都离不了这个系。例如掖单 12 号、掖单 13 号高产田都连续多年亩产超过吨粮。全国许多育种单位用它配制出许多优良杂交种，如西玉 3 号、中单 8 号、连玉 17 等，都在生产上崭露头角。1990 年 9 月，中央农业部在山东省莱州市召开全国玉米生产会议，来自全国 30 多个省（市、区）的农业行政领导和科技工作者共商发展玉米生产大计，经过充分酝酿，决定"八五"期间（1991—1995 年）在全国推广紧凑型玉米 1 亿亩，把莱州市建成全国紧凑型玉米良种的生产基地。

4. 创办民营农业科学院

1988 年 1 月，李登海率先主持成立了我国第一家民营莱州市玉米研究所。1993 年 5 月，他又在研究所的基础上组建了民营莱州市农业科学院。

1994 年，李登海领导的莱州市农业科学院已经是一个拥有 100 多人的科研实体。其中各类专业技术人员 60 余人。拥有固定资产 800 多万元，建筑面积 4 800 平方米，良种温室和大棚 360 平方米。试验场地 260 多亩；还建立了海南育种基地以及科研设备和基础设施。作为莱州市农业科学院的后盾，李登海从全国聘请了著名玉米育种专家和栽培专家担任科技顾问。一个既无固定模式，又无章法可循，而是在实践中不断改革完善的新型科研机构，为全国农业科技体制改革树立了榜样。

李登海对玉米科学的献身精神和科研成果得到社会的承认。1984 年他转为国家技术干部，先后被评为山东省劳动模范、各国青年突击手、学用科学的标兵。1990 年荣获全国农业先进工作者、全国十佳青年称号，并受聘为农业部杂交玉米科技顾问。1992 年，李登海被选为中国共产党第十四届全国代表大会的代表，1993 年，他出席了第八届全国人民代表大会，并被选为人大常务委员会委员。

结　语

一、中国玉米种业的发展特点

（一）玉米种质在玉米产业中的核心地位逐步巩固

20 世纪，特别是 80 年代以后，产业增值空间增大，依靠化肥、农药来提高单位土地生产能力的空间已经非常有限。采用新技术开发高产、优质的良种必将成为未来玉米产量增加和农业增长的主计，由于种子商品率和科技含量的提高，未来 10 年市场总值将持续增加；必然使种子本身增值，销售毛利率提高，亦有利于玉米种子企业的扩大发展。同时，由高产型品种向高效型品种转变。20 世纪很长时期内以追求高产而形成的单一品质的粮食产品结构，已远不能市场需求。要根本解决粮食产品的品质问题，种子品质类型向高产、优质、专用、抗逆等综合性状好的高效型转变。

（二）由传统育种技术向生物技术为代表的高新技术转变

种子行业由传统手工到依靠科技进步过渡，高技术壁垒逐步发展形成，利用传统玉米品种间杂交选育新品种周期较低，是造成中国农作物品种更新较慢，与发达国家差距较大的重要原因之一。以生物技术为代表的高新技术与传统的育种技术相结合，快捷高效地培育杂交优良品种，逐步成为今后玉米等农作物育种的主要方法。目标良种的获得均需要经过大量反复的验证，这就需要较高的育种开发条件、专业知识和技能要求，从而形成了玉米种子行业的技术壁垒。由于这些进入壁垒的限制，真正具备高附加值需求的优质种子交易形成垄断优势。

（三）玉米种子生产由粗放型向集约型转变

长期以来，中国的种子生产单位采取粗放型的方法进行种子生产，生产过程缺乏必要的监督与指导，种子生产的关键环节基本上完全由成千上万的种植户种植收获，种子部门仅对其进行简单的筛选和包装，就对外出售。这种生产方式导致我国商品种子质量问题严重，

合格率较低，对农业生产构成了严重的危害，改变种子的粗放型生产状态，一家一户的分散繁殖逐步转变为集中大面积繁殖，种、去杂、收获等种子生产关键环节构成的严格科学管理。种子经营由分散的小规模区域计划性经营向专业化、集团化和市场竞争转变。受 20 世纪较长时间内计划经济体制的影响，中国玉米种业从无到有，以分散的、小规模区营为主逐渐专业化、集团化和市场竞争转变。《种子法》的颁布实施必然导致中国的种子经营向专业化、集展，并参与社会化的市场竞争，将产生一些大型种业企业和知名品牌。集团化的竞争也将展开，以美国的先锋公司、孟山都公司和瑞士诺华公司为业巨头早已对中国巨大的种子市场虎视眈眈，部分种子产品已经开始在售或变相销售，中国玉米种子企业的发展竞争日趋激烈，亦必然加速其集团化发展。

（四）由科研、生产、经营脱节向育繁推、产加销一体化转变

20 世纪玉米种业从无到有，很长时期内玉米种业的科研、生产、经营脱节是中国玉米种子产业存在的重要弊病之一，《种子法》的颁布、《植物新品种保护条例》的实施以及科技体制改革的不断深入，种子产业持续蓬勃发展，脱节状况已得到一定的转变，通过科研成果转让、股、企业资助科研、资产捆绑重组等方式，将使中国玉米种业的科研、生产、开发走向联合。

二、中国玉米种业问题与不足

（一）缺乏规模效应，竞争力较弱

在 20 世纪很长的时间内，中国一直把玉米种子作为玉米生产的一项措施来抓，而不是作为一个产业发展。与发达国家相比，中国种子产业存在很大差距。主要是企业规模小，经济实力小，根据国际种子贸易协会的统计，世界上种子年销售额超过 1 亿美元的有 22 个公司，售额之和接近 75 亿美元，占世界商品种子市场份额的 50.6% 左右。全球 10 大种子企业销售额都在 3 亿美元以上，其中，美国先锋公司达 18.5 亿美元。而中国的种子企业，虽然数量多，但经营规模小。此外，种子个体经销商达 10 万余家。种子产、加、销机构的平均年销售额仅有 450 万元，增值额 100 余万元；种子销售机构平均年销售额仅有 30 余万元，年销售额超过 2 000万元的种子企业不到 100

家，年销售额在 5 000 万元以上的只有 18 家，在 1 亿元以上的只有 7
家；没有一家的市场份额达到全国市场的 2%，还没有净资产超过 10
亿元或种子年销售收入达到 5 亿元的公司。中国玉米种子市场主体类
型多，核心主体为种子公司，但组织化程度低、规模小。除国有种子
企业之外，种子市场主体类型还有许多，如农业技术推广系统，政府
业务部门，供销社系统，科研院所和大专院校，自发组织的农民协
会，种子个体工商户等。特别是在新世纪来临后，数以万计的民营种
子企业先后在各地挂牌亮相，在中国农业生产和种业市场竞争中扮演
重要角色。目前种子企业多、小、散、乱的问题极为严重，种子产业
聚集度进一步降低。据抽样调查，全国许多乡镇少则 10 ~ 20 家种子
店，多则 50 ~ 60 家种子店，在仅有 1 万多亩耕地的乡镇种子店竟达
上百家。美国、印度耕地面积比中国大，但中小型种子公司数量也不
过数百家，大型种子公司不超过 10 家。各类市场主体都以不同的形
式和规模经营各类农作物种子，纷纷抢占市场份额，使种子行业竞争
十分激烈，但企业规模均不大。在众多种子经营机构中，仅有 10 余
家上市公司，其余绝大多数是私营小型企业或乡镇种子站，缺乏具有
竞争力的龙头企业，抵御市场风险的能力弱。

（二）玉米种业创新能力不足

优良玉米品种是种子产业发展的源泉，只有符合市场需要的品种
才能带动和促进种子产业的发展。随着计划体制的转轨，农业科研单
位普遍存在事业费和研究经费不足、人才不稳、手段落后的现象日益
突出，大量低水平重复研究既浪费了资源，又不利于品种研究的深
化，致使近年来研究成果数量少，水平低，突破性成果更少。而种子
企业又远未成技术创新主体。总体而言，中国种子产业科技含量较
低，开发能力弱，育繁销脱节。目前，品种选育还是以常规的品种间
杂交为主，育种周期长、效率低，而国外一些大企业已将现代生物技
术与传统育种手段相结合，大大加快了品种选育的速度和效率，并迅
速实现产业化。相比之下，国内在新品种选育和现有品种产业化方面
都显得滞后，缺乏市场竞争力。近年来中国玉米种子进口量逐年增
加，就充分说明了这一问题。据统计，2000 年全国种子进口额为
8 135 万美元，比 1999 年增加 2 593 万美元，增幅达 31.9%。我国的
各级育种单位新中国成立以来共育成各类玉米品种 500 余个，搜集、

整理种质资源 35 万份以上，科研育种取得了巨大的成就，特别是在杂交玉米新品种的选育方面，一些品种已经达到了世界先进水平，在育种方法上，植物基因工程和生物工程育种方面也已达到了国际先进水平。中国农作物种子科研和生产虽然取得了较大成绩，但与发达国家相比在育种新材料、育种新方法和植物基因工程育种方面应用与推广还存在较大的差距。玉米种子产业发展滞后已成为农业结构调整的一个制约因素。中国玉米种子产业也还没有形成完善体系，在国际市场上还不具备竞争能力。中国玉米以杂交种为主，占总量的 75%，虽在我国主要农作物中杂交比率较高，但从这些品种的培育和推广目的来看，主要是解决提高产量的问题，并且为达目的，常常不考虑种植成本。要根本解决这一问题，必须从种子入手，用具有优良品质基因的新品种替代目前使用的品种。中国的种子产品部门往往对此重视不够，一个品种虽然高产，但由于品质不好，而价格较低；由于抗逆性差，而病虫害防治、田间除草成本较高，导致了增产不增收，高产不高效情况的发生。因此，今后一个时期，高产、优质、专用、抗逆等综合性状表现好的，能提高种植业效益的品种将成为种子产品的主流，并受到农民的欢迎。目前，我国已经加入 WTO，与国际经济运行规则接轨是大势所趋，如果不迅速提高我国种子产业的竞争力，培养一批能够参与国际竞争的种子企业，我国玉米种子产业在激烈的竞争中将处于不利地位，我国玉米业发展也将受到威胁。

（三）国家体制与政策的制约

我国玉米种业市场具有二重性，既具有完全市场竞争的零散型特征，又同时具有垄断经营的特征。因为种子作为农业生产资料和应用的季节性，其生产和销售活动是在不同的时间进行的，即生产和销售不同期，存在相当大的超前及盲目性。主要表现为以下几方面。一是科研投入少，研发能力弱，缺乏科技创新能力。长期以来，国内种子的科研、生产、推广和销售是相互分离的，科研单位只抓品种改良和新品种研究，对新品种的推广和科技成果生产力的转化关心较少，而推广和销售部门不关心科研，育繁、推广长期相互分离，使种子科研经费完全依靠国家投入，科研水平低，科研成果转化率低，转化速度慢，长期不能进入一个良性循环轨道。研发能力很难在短期内成为企业的核心竞争能力。种子产业化已实施多年，但种子市场一直缺乏规范的管理。玉米种子机构政、事、企分家问题一直没有很好的解决，一直缺少统一的意见和做法，长期困扰种子产业的发展；各地以赢利为目的，盲目扩大制种，一旦种子剩余就竞相压价，造成市场价格混乱和企业负债亏损，而缺种时，变相撕毁合同，高价抛售，造成缺种恐慌和炒种大战；种子管理功能的脆弱造成伪劣种子泛滥。二是服务手段落后，种子市场体系有待重构。全国的种子行业在过去的几十年中发展迅速，目前，已有县级以上国有种子公司2 700多家、县级以上良种场2 000多个，民营企业近万家，形成了庞大的种业体系。但是种子经营既缺乏专业有形市场，又缺乏先进的质检仪器和精加工设备，更缺乏电子计算机软件及其互联网业务，种子及种子产品档次低，精度不够，附加值不高，更别提按市场经济的游戏规则形成规模效应和品牌效应，这种格局对中国提高行业的整体竞争能力非常不利。三是尚未形成品牌连锁效应。我国庞大的国有种业体系由于分属不同的行政管理权限，使它们不能在资本和商业利益的前提下跨地区跨部门地联合起来，而不过是成为各个省、市行政管理机构利益驱动的农业管理工具，相对于国外种业较高的一体化程度，这种模式对入世后提高行业的整体竞争能力非常不利。据农业部农作物及制品质量监督测试中心过去两年对全国玉米种子监督抽查的结果，目前，有注册商标的种子的平均比率仅为47%，甚至有些省的抽查结果品牌率为0。此外，种子推广应用重数量、轻质量，重社会效益、轻经济效益。目前玉米等主粮品种的推广方主要是各级地方政府，政府的目的就是为当地增产而推广，忽视了品种的开发成本、知识产权、受益者的利益再分配等。这种状况不改变，将很难产生世界级的种子公司。

三、中国玉米种业发展的经验启示

（一）强化种业科研，走创新之路

对一个种子企业来说，科技创新是企业发展的源动力。科技创新包括很多方面，有育种技术的创新，种子生产的创新，营销手段的创新等。归根到底，种子企业的科技创新的核心工作就是如何创新品种，并把品种推销出去。只有一流的品种才能带一流的种子企业，一流的种子企业也只有拥有了一流的品种才能领立种业发展的潮头面对国际种子产业化发展形势，强化种业科技研究特别是育种技术研究，

加速优良品种的选育，加大科研投入，建立现代种业科技创新体系，走科技创新之路势在必行。当前，中国种子产业化正在迅速发展，但总体来说，种子企业底子比较薄、基差，尚处于发展阶段，大多数未形成规模优势。国家和地方政府各级农业科研机构仍是科技自主创新的主体，种子企业还没有能力和条件成为种子技创新的主体。在发达国家如美国、法国、日本等，国家研究机构和大学也仍是农业科研创新的主体。当然，从长远的发展上看我们不能否认企业最终要成为种子科技新体系的主体，只是我们目前的所有条件还未成熟。企业何时能成为创新体系的主将依赖于农业科技制度创新体系的建立和完善以及与科技体制改革相关的各项配套度的改革进程。而在现阶段，无疑要建立科研单位作为种子自主创新主体，企业作链接主体的产学研结合的现代种业科技创新体系。种子企业要按照育、繁、销一体的要求，紧紧跟踪发达国家生物技术的研究动态，充分利用生物技术的新成果，与规育种技术相结合，加快我国优良品种选育步伐。积极与科研育种单位联合，加大科研育种人财物的投入，努力培育开发具有自主知识产权的新品种，提高企业的科创新能力，扩大国际竞争力。科研需要投入的资金较大，西方发达国家的大型种业集团一般将其销售收入 10% 左右投资研究和开发领域，有的甚至高达 15% ~20% 。持续不断的科研投入，保证了这些大型种子公司始终处于科技创新的前沿，能够不断地推出新品种、新组合、新的技术手段，维持了这些种子公司在种子知识产权中的垄断地位，体现了公司的核心竞争力。因此，我国种子企业或种子科研单位在充分挖掘自身科研投入能力的前提下，还应积极争取国家种子工程资金以及申请科研经费，努力开拓股份制融资或上市融资，增加资金来源渠道，以确保科研投入。

（二）锐意体制改革，走产业化之路

要深化体制改革，彻底改革育种与种子经营脱节的状况。随着种子产业化的不断推进，为数众多的种子（专营或主营）企业，在激烈的市场竞争中，必然会发生分化，即优胜劣汰。我国种业必须改变目前分散的、小规模的区域经营模式，通过科技成转让、知识产权入股、企业资助科研、资产捆绑重组等方式，大范围实现种业科研、生产、经营的强强联合，增强国际竞争能力。可以实现跨地区、甚至跨行业的强强合或者强弱兼并，组建大的种子产业集团，走集团化经营发展之路。我国是一个农业大国，无论是种业资源还是市场潜力，都令国外种子企业家瞩目和向往。但农业现代化还没全面实现，种子产业化程度还不高。新崛起的民营种子企业是种子产业化发展的闪光点，但在科研、管理、资金等方面大多处于劣势地位。我国《种子法》的实施和加入 WTO，给国外种子企业提供了参与我国种子市场竞争的平等地位。跨国种业集团正以雄厚的财力、科技和人才争夺中国市场。我国玉米等种子产业在体制、机制、营销、管理等多方面必须进行重大改革，尽快实现业资源的优化整合。随着全球经济一体化进程的加快，今后 3 ~ 5 年，全国种子产业必将出现大兼并、大改组、大联合的局面。因此，抓住机遇、应对挑战，以大型股制企业（公私合股、私有股份制为首）为主体，充分发挥其科技优势、资金优势、机制势，使其做强做大，加速种子产业化进程，振兴民族种业。尽快打造"种业航母"，可谓是种子产业化的必由之路。

（三）加强种子品牌建设，走优质精品之路

质量是种子和种子企业的生命线，是种子产业化的关键。实施优质精品及名牌略是种子全面步入市场经济、拓展国内国际市场的首选战略。当今种子市场竞争突地表现为种子企业为抢夺种子市场份额的品牌之争。种子企业必须把建立品牌、拓品牌经营，进而创立名牌作为自己的战略目标之一。种子品牌建设是一项复杂系统工程，必须从全局出发，综合谋划。

一是加强种子品牌建设。狠抓质量管理，打好品牌基础种子质量是种业品牌建设的重中之重。要创建名优种业品牌，最重要的一条就保证种子质量。为此，种子企业必须实行全过程质量管理，健全以质量为核心的管理系。做到每一个技术环节，每一个具体参与者都要对质量负责，从而保证生产的每个环节都能高质量高标准运行。同时要加强种子认证制度的建设。在企业全实施 ISO9001 质量管理体系和种子质量认证制度，保证种子质量的零缺陷，建立健全种子质量监测体系。质量监测是种子质监控的重要手段，必须设置专门机构，配备全套的检验仪器设备，明确专职检验人员严把种子质量关，真正做到对种子质量的产前、产中、产后的监督，最大限度降低险。种子的精选、分级、包衣和包装直接关系到企业种子的内在质量和外在牌形象，是提高产品附加值和品牌竞争力的重要手段，应特别引起重视。

同时树立种子品牌意识，加快企业品牌整合。实施种子品牌战略是大势所趋。一方面是跨国种子公司在中国的扩张，另一方面其他行业企业亦有涉足玉米种子行业，种子市场竞争更加激烈。市场竞争已经从价格竞争、质量竞发展到品牌竞争。农业科技越发展，农民种植水平亦越高，对新品种科技含量要求更高。面对种子市场名目繁多的品牌标志，农民选择的余地很大。为吸引农户顾客，必须树立种子品牌意识。二是须加快企业品牌整合。行业的集中可实现资源的优化配置，产品优势互补和发挥种业集团规模优势，提高经济效益。并购重组，规模化、集团化、国际化已成为当今世界种子企业的发展方向。玉米种业在我国还是一个新兴产业，2000 年《种子法》颁布以后种子产业才真正开按照市场化方向发展。经过近几年的市场化进程，我国种业已经进入一个重要的市场整合期。注重科学策划与宣传，提高种子品牌知名度。一个好的品牌，应该具备以下特征；产品名称言简意赅，农民易读易记；能提示行业理念，引发有益联想；切合农民情感，不会引起歧义；能适应所有广告媒介，便宣传发布；符合社会规范，能取得法律保护。三是种子商标和包装的设计无论图案造型是色彩组合都应巧妙构思，以便给人以深刻印象和美好感受。要提高种业品牌在市上的知名度和良好形象，还要做好品牌的宣传。如赠送技术资料，免费技术培训和送新品种试种等方式提高公司品牌的知名度和信誉度。建立品牌种子示范田，展示作物长势和产量表现更具影响力和说服力。四是加强品牌与专利保护。国内外大型种子企业对其主导农作物品种都拥有至关重要的专利权，品牌经营期目标的实现也是倚重于种业品牌和新品种专利的成功结合。美国先锋种子公司在专利方面成就突出，拥有 159 项国内专利，349 项国外专利，营造了世界知名的种业品牌。孟山都公司研究成功一项"终结基因"技术，即对转基因种子进行药物处理，使其第 2 代出现不育，以此来保护其品种权益。品牌和名牌不仅是企业成本、时间、精力的付出，更是种子市场的认可。它能引导客户并建立品牌信心，增加产品附加值。种子企业必须切实做好品牌及企业合法益的自我保护，注重种子品牌商标注册，取得使用品牌名称和品牌专用权，在统一标印刷和种子包装管理上，要使用标准文字、色彩及必要的防伪标志，还要与种子管理、工商行政管理等职能部门建立密切的工作联系，对假冒企业品牌行为进行强有力地打击。五是健全种业服务体系。种业竞争不仅是种子质量和价格的竞争，也包括服务的竞争。健全的种子服务系能将服务理念较好地融入到种子产业的产品经营中去，从而增加种子的销售量，提高企业的知名度，更好地促进种子产业化发展，是中国种业参与国际竞争的有利武器。种子企业的经营服务能力既包括提供优良品种、优质种子的能力，也包括提供全位、高水平技术服务的能力。良好的品牌形象，完善的售后服务体系是种子产业化的关键环节。生产经营人员要提高业务水平和综合素质，及时了解种子市场信息和技术信帮助农民分析农产品市场，准确介绍各个品种的生产季节安排、种子处理、幼苗栽培管理等知识。售后服务要讲求种植技术要点普及、现场示范指导、征求农民意见和出现责任事故后调查理赔四个到位。以优良的品种，优质的种子，健全的种子服务体系来提升我国种子企业在国际种业中的形象，走优质精品之路，不断争取国际市份额，推动中国种子产业的国际化进程。

（四）严格市场监管，走依法治种之路

玉米等农作物种子是有一定利润的农资商品，其产业化要求有良好的市场秩序和环境，以保证种子产业的健康发展。否则，那些受经济利益驱动的非法生产经营者及假冒伪劣种将会扰乱市场，损害农民和影响农业生产。种子生产经营单位与种子管理、执法部门必须密切配合，严格监管。一是强化生产许可证、经营许可证管理制度，保证生产经人员合法性和业务素质。二是严格质量检验、监督，保证种子质量符合技术要求，到国家标准。三是加大行政执法力度，打击违法产销种子的行为和经营伪劣种子的行为。四是加强新品种保护和知识产权保护，严肃查处和禁止侵权行为；同时增强品种有权人、产权人的自我保护与防范措施。五是要加强执法队伍自身建设。种子执法部要牢固树立"管理也是服务"的思想，采取自学、业务培训、参观交流、进修学习等种形式学习《种子法》及相关法律法规，切实提高种子执法人员的政治素质、业务素质和法律素质。同时，要严格考核，优胜劣汰，不断净化执法队伍。目前市场经济体制还不完善，一些种子经营单位和个人法律意识淡薄，违规违操作时有发生，侵权纠纷、坑农害农事件屡见报端。这种现象如不尽早消除，将直影响种子产业化进程。因此，各级种子行政执法部门要依法行政，严格执法，

加大管理力度，维护种子市场公平竞争秩序，给种子企业保驾护航，为种子产业健康、快速发展创造良好环境，坚决做到依法治种。

（五）拓宽种子市场，走国际化之路

我国在育种上的成就与国际先进国家相比水平相当，玉米、水稻、油菜、棉花作物已充分利用了杂种优势，特别是玉米、水稻杂种优势的利用，处于国际较领先地位。杂交玉米、水稻组合、技术具有广阔的国际市场，但对这一市场，杂交玉米种子企业同样面临现实的或潜在的竞争。国内竞争是我国不同地区、不同种子公司之间的竞争。国际竞争是已有多个国家在研究或引种杂交玉米、水稻，一旦他们培育出或从第三国进了适合本国种植的杂交玉米、水稻组合，我国杂交玉米、水稻种子在该国就会减弱或失去竞争力。因此，我们要抢占先机，加快研究开发，多途径拓展杂交玉米、水稻种子的国际市场。为此，必须要发挥现有良种的作用，稳住已有的国际市场，扩大种子销量；扩大新组合试种、示范的范围，提高品种的品质、抗性和适应性；在种子科技上加强加工处理、检测技术的研究与应用；同时采取合作承包等形式，在目标国家开展杂交种研究，培育适宜的组合，就地开发推广。此外，加强种子基地建设和基础设施建设，完善种子科研体系、生产体系、销售体系、服务体系以及质量保证体系，逐步建立起面向国内外市场的育、繁、推、销一体化的运营机制，培养高素质的科研、生产、经营人才等，都是推进我国种子产业国际化的必要和有效的措施。

增强中国种子产业竞争力，主体是企业，关键是品种。因此，面对挑战，如何增强紧迫感，提高品种的科技含量和良种的竞争力，从而使中国种业在激烈的竞争中立于不败之地，是摆在广大种子科技工作者面前的重大课题。必须加快自主创新能力的提高，通过引进和自主开发种质资源、育种技术，培育一批有突破性的新品种，建立面向国际市场的种子产业联盟（集团），以市场为纽带，以企业为链接，把种子科研与成果转化、推广的力量联合起来，逐步完善种子管理体制，才能真正实现中国种业与国际种业的接轨。加强种质资源的收集利用及基础研究；加大生物技术的应用力度，建立育种技术创新体系；以现代工程技术为支柱，发展高新种子产业。以市场机制为基础，优化种子管理机构设置与职能；规范种子管理内容与行为，增强

监管法规的可操作性。保护和合理利用种质资源，完善品种审定、登记制度，加强种子检验、检疫、转基因品种安全测试和品种权保护，认真做好种子纠纷、案件的受理，依法仲裁，公正处罚，着力提高种业宏观管理、指导水平，规范品种选育和种子生产、经营、使用行为，维护品种选育者和种子生产者、经营者、使用者的合法权益，进而提高种子质量水平，推动种子产业化，实现种子管理与国际的全面接轨。

四、本研究需要进一步扩展之处

1. 对20世纪中国玉米种业发展的研究，本文已梳理分析了20世纪玉米种业在各个阶段所表现的具体形式和和发展特点，总结性地把中国玉米种业的演化过程分为3个阶段，即：传统玉米种业的延续与渐变（1900—1948年）；玉米种业的曲折发展（1949—1978年）；玉米种业的变革发展（1979年至今）。以此为依据，归纳探讨了玉米种业发展的影响与作用，分析了玉米种业发展的动力因素，在此基础上剖析了玉米种业发展过程中存在的问题，探索中国种业的发展趋势，进而提出中国种业与世界种业接轨的对策。但限于本人知识和能力以及农业资料统计缺陷和保密性，玉米种子在各个时期的精确数量与贸易状况难以深入研究，有待于今后进一步补充和完善。

2. 玉米种业发展的影响是广泛而深远的，除对玉米生产发展的产量、面积和区域农业经济外，还应包括耕作制度、种植效益、品质和生态安全以及社会文化和民众生活等方面。对此，本研究殊为不足，今后需进一步针对玉米生产种植效益、品质和生态安全以及社会文化和民众生活的限制因素、发生作用的可能性和途径以及影响结果进行深入研究，从而推进玉米种业发展影响研究的全面深化。

参考文献

一、专著类

［1］卜凯. 中国土地利用. 南京：金陵大学农经学院出版，1947.

［2］本书编辑委员会. 吉林省农业科学院简史（1949—1987）. 长春：吉林省农业科学院出版，1988.

［3］本书编委员会. 中国农业科学院作物育种栽培研究所所志（1957—2002）. 北京：中国农业科学技术出版社，2007 .

［4］曹永生. 中国主要农作物种质资源地理分布图集. 北京：中国农业出版社，1995.

［5］曹镇北. 玉米品种间杂交增产技术. 石家庄：河北人民出版社，1958.

［6］陈国平，李伯航. 紧凑型玉米高产栽培的理论与实践. 北京市：中国农业出版社，1996.

［7］陈彦惠，刘玉玲. 玉米遗传学. 郑州：河南科学技术出版社，1996.

［8］程国强. 农业国际化是中国农业发展的必然趋势. 北京：中国农业出版社，1998.

［9］程国强. 中国农业国际与农产品贸易政策. 北京：中国农业出版社，2000.

［10］当代中国编写组. 当代中国农作物业. 北京：中国社会科学出版社，1988.

［11］德·希·珀金斯，宋海文，等译. 中国农业的发展（1368—1968）. 上海：上海译文出版社，1984.

［12］冯开文. 合作制度变迁与创新研究，郑州：中国农业出版社，2003.

［13］弗农·拉坦. 农业研究政策. 北京农林科学院情报资料室译. 北京：科学出版社，1984.

［14］顾復. 农作物改良法. 上海：商务印书馆，1922.

［15］顾焕章. 科技进步、现代化与农业发展. 南京：河海大学出版社，1999.

［16］顾焕章，等. 中国农业发展之研究. 北京：中国农业科技出版社，2000.

［17］郭文韬. 中国近代农业科技史. 北京：中国科学技术出版社，1988.

　［18］国家计划委员会.国家"七五"科技攻关项目计划执行情况验收评价报告汇编.北京：化学工业出版社，1992.

　［19］国家统计局农村社会调查总队.新中国五十年农业统计资料.北京：中国统计出版社，2000.

　［20］胡瑞法.种子技术管理学概论.北京：科学出版社，1998.

　［21］胡锡文.中国农学遗产选集（粮食作物）.北京：农业出版社，1959.

　［22］嘉锡总，杜石然.中国科学技术史·通史卷，北京：科学出版社，2003.

　［23］李爱青，时侠清.农作物种子生产经营与管理.合肥：安徽科学技术出版社，2007.

　［24］李风超，等.种植制度的理论与实践.北京：中国农业出版社，1995.

　［25］李竞雄，杨守仁，周可涌.作物栽培学，北京：高等教育出版社，1958.

　［26］李竞雄.玉米育种研究进展.北京：科学出版社，1992.

　［27］李少昆，王崇桃.玉米生产技术创新、扩散.北京：科学出版社，2010.

　［28］李文治.中国近代农业史资料（第一、二、三辑）.北京：生活·读书·新知三联书店，1957.

　［29］李宗正，等.西方农业经济思想.北京：中国物资出版社，1996.

　［30］廖琴.中国玉米品种科技论坛.北京：中国农业科技出版社，2001.

　［31］林毅夫.制度、技术与中国农业发展.上海：上海人民出版社，2005.

　［32］刘纪麟.玉米育种学（第二版）.北京：中国农业出版社，1991.

　［33］刘江.中国农业发展战略.北京：中国农业出版社，2000.

　［34］刘仲元.玉米育种的理论和实践.上海：科学技术出版社，1964.

　［35］刘仲元.玉米品种间杂交种的生产技术.北京：财政经济出版社，1956.

　［36］卢庆善.海南岛冬季繁种指导.北京：农业出版社，1993.

　［37］陆世宏.中国农业现代化道路的探索.北京：社会科学文献出版社，2006.

　［38］罗振玉.农事私议，卷之上.北洋官报局，光绪26.

　［39］马育华.田间试验和统计方法（第二版）.北京：农业出版社，1987.

　［40］牛盾.国家奖励农业科技成果汇编（1978—2003）.北京：中国农业出版社，2004.

　［41］农林部中央农业实验所.伪华北农事试验场农业部分试验成绩摘要（1938—1945），1947.

　［42］农业部科技教育司.中国农业科学技术50年.北京：中国农业出版

社，1999.

[43] 农业部科学技术与质量标准司. "八五"农业科研重要进展（第一分册）. 北京：中国农业科技出版社，1996.

[44] 农业部软课题研究组. 中国农业发展新阶段. 北京：中国农业出版社，2000.

[45] 秦泰辰. 作物雄性不育化育种. 北京：农业出版社，1993 年.

[46] 秦孝仪. 中华民国经济发展史，第一册. 中国台北：近代中国出版社，1983.

[47] 全国农业技术推广服务中心. 中国玉米品种科技论坛. 北京：中国农业科学技术出版社，2007.

[48] 任和平. 玉米. 郑州：河南科学技术出版社，1981.

[49] 桑润生. 简明近代农业经济史. 北京：北京农业大学出版社，1986.

[50] 桑润生. 中国近代金融史. 上海：立信会计出版社，1995.

[51] 山东农学院. 特种玉米的栽培与加工技术. 北京：科学技术文献出版社，2001.

[52] 山东农学院. 作物栽培学（北方本）上册. 北京：农业出版社，1980.

[53] 山东农业大学科研与推广处. 山东农业大学科研成果汇编. 未出版，1992.

[54] 山东省统计局. 《山东省农业统计资料》（1949—1980）. 济南：1985.

[55] 山东省统计局. 《山东统计年鉴》（1981—1996）. 济南：1998.

[56] 山东植物学会. 作物群体研究论文集. 济南：山东人民出版社，1963.

[57] 舒新城. 近代中国留学史. 上海：上海文化出版社. 1989 影印本.

[58] 孙世贤，廖琴. 全国玉米审定品种名录（2000—2008）. 北京：中国农业科学技术出版社，2009.

[59] 孙世贤. 中国农作物品种管理与推广. 北京：中国农业科学技术出版社，2003.

[60] 孙政才. 赵久然. 玉米栽培研究 50 年. 陈国平先生文集. 北京：中国农业科学技术出版社，2005.

[61] 佟屏亚. 当代玉米科技进步. 北京：中国农业科技出版社，1993.

[62] 佟屏亚. 为杂交玉米做出贡献的人. 北京：中国农业科技出版社，1998.

[63] 佟屏亚. 玉米史话. 北京：农业出版社，1988.

[64] 佟屏亚. 中国玉米科技史. 北京：中国农业科技出版社，1994.

[65] 佟屏亚. 中国种业谁主沉浮. 贵阳：贵州科技出版社，2002.

[66] 佟屏亚. 中国种业正步入历史拐点. 北京：中国农业科技出版

234

社，2006.

［67］万国鼎. 氾胜之书辑释. 北京：农业出版社，1963.

［68］王多成，肖占文. 玉米种子生产与加工技术. 兰州：甘肃科学技术出版社，2008.

［69］王红谊，章楷，王思明. 中国近代农业改进史略. 北京：中国农业科技出版社，2001.

［70］王绶. 适用生物统计法. 上海：商务印书馆，1937.

［71］王思明，姚兆余. 20 世纪中国农业与农村变迁研究——跨学科的对话写支流. 北京：中国农业出版社，2003.

［72］王思明. 中美农业发展比较研究. 北京：中国农业科技出版社，1999.

［73］王在德，等. 玉米. 北京：科学普及出版社，1983.

［74］王忠孝. 山东玉米. 北京：中国农业出版社，1999.

［75］吴慧. 中国历代粮食亩产研究. 北京：农业出版社，1986.

［76］吴远彬. 紧凑型玉米高产理论与技术. 北京：科学技术文献出版社，1999.

［77］西奥多·舒尔茨. 改造传统农业. 梁小民译. 北京：商务印书馆，1987.

［78］西奥多·舒尔茨. 经济增长与农业. 梁小民译. 北京：北京经济学院出版社，1991.

［79］西北农学院. 作物育种学. 北京：农业出版社，1989.

［80］许道夫. 中国近代农业生产及贸易统计资料. 上海：上海人民出版社，1983.

［81］严中平，等. 中国近代经济史统计资料选辑. 北京：科学出版社，1955.

［82］颜伦泽. 四十五大作物论. 上海：商务印书馆，1922.

［83］杨庆才. 玉米产业经济概论. 北京：科学出版社，2002.

［84］杨天宏. 口岸开放与社会变革—近代中国自开商埠研究. 北京：中华书局，2002.

［85］杨镇，才卓，景希强等主编. 东北玉米. 北京：中国农业出版社，2007.

［86］姚贤镐. 中国近代对外贸易史资料（第一、二、三册）. 北京：中华书局，1962.

［87］叶笃庄，等. 战时日人开发华北农业计划之研究. 第六节"杂粮增产计划"，1948.

［88］玉米遗传育种编写组. 玉米遗传育种学. 北京：科学出版社，1979.

［89］原颂周.中国作物论.上海：商务印书馆，1924.

［90］岳德荣.胡吉成文集.长春：吉林科学技术出版社，2006.

［91］詹玉荣.中国近代农业经济史.北京：农业出版社，1986.

［92］张芳，王思明.中国农业科技史.北京：中国农业科技出版社，2001.

［93］张劲柏，侯仰坤，等.种业知识产权保护研究.北京：中国农业科技出版社，2009.

［94］章有义.明清及近代农业史论集.北京：中国农业出版社，1997.

［95］章有义.中国近代农业史资料.北京：生活，读书，新知三联书店，1957.

［96］章之凡，王俊强.20 世纪中国主要作物生产统计.南京：中国农业遗产研究室，2005.

［97］赵德馨.中国近现代经济史（1842—1949）.郑州：河南人民出版社，2003.

［98］赵德馨.中国近现代经济史（1849—1991）.郑州：河南人民出版社，2003.

［99］赵久然，杨国航.玉米研究文集．北京市农林科学院玉米研究中心成立十周年论文选编.北京：中国农业科学技术出版社，2007.

［100］阵争平，龙登高.中国近代经济史教程.北京：清华大学出版社，2002.

［101］中国第二历史档案馆编.中华民国史档案资料汇编.第三辑，农商（一）.南京：江苏古籍出版，1991.

［102］中国第二历史档案馆编.中华民国史档案资料汇编.第五辑第二编：财政经济（八）.南京：江苏古籍出版社，1993.

［103］中国科学技术协会.中国科学技术专家传略，农学编，作物卷 1.北京：中国农业科技出版社，1993.

［104］中国科学技术协会.中国科学技术专家传略，农学编，作物卷 2.北京：中国农业出版社，1999.

［105］中国农学会，等.种子工程与农业发展.北京：中国农业出版社，1997.

［106］中国农业博物馆.中国近代农业科技史稿.北京：中国近代农业科技出版社，1996.

［107］中国农业科学院.中国农业科学技术四十年，玉米.北京：农业出版社，1990.

［108］中国农业科学院作物品种资源研究所.山东省农业科学院玉米研究所主编中国玉米品种志.北京：农业出版社，1988.

［109］中国农业统计资料汇编（1949—2004）.北京：农业出版社，2005.

236

［110］中国种子协会.中国农作物种业（1949—2005）.北京：中国农业出版社，2006.

［111］中国作物学会.2007—2008 作物学学科发展报告.北京：中国科技出版社，2008.

［112］中华人民共和国农牧渔业部.中国农牧渔业统计资料（1987）.北京：农业出版社，1989.

［113］中华人民共和国农业部.中国农业统计资料.北京：中国农业出版社，2004.

［114］周春江，宋慧欣，张加勇.现代杂交玉米种子生产.北京：中国农业科学技术出版社，2006.

［115］周洪生.玉米种子大全.北京：中国农业出版社，2000.

［116］朱荣.当代中国的农作物业.北京：中国社会科学出版社，1988.

［117］朱英，石柏林.近代中国经济政策演变史稿.武汉：湖北人民出版社，1998.

二、论文类

［1］本部农事试验场成绩报告.农商公报，1933（4）.

［2］卜铁彪.中国玉米出口前景依然不明近期豆粕市场略有下降.粮食与油脂，2001（3）.

［3］蔡无忌.玉蜀黍种植法.农学，1924（2）.

［4］曹庆波.1999 年玉米供求形势及其对我国玉米生产的影响.中国农业经济，2000（4）.

［5］曹树基.明清时期的流民和赣南山区的开发.中国农史，1985（4）.

［6］曹幸穗.从引进到本土化：民国时期的农业科技.古今农业，2004（1）.

［7］曹幸穗.启蒙与体制化：晚清近代农学的兴起，古今农业，2003（2）.

［8］曹幸穗.我国近代农业科技的引进.中国科技史料，1987，8（3）.

［9］曹祖波，王孝华，薛冰冬.玉米种业改革机遇与发展前景.农业经济，2004（2）.

［10］陈国平.北京市玉米生产 17 年.北京农业科学，1996（3）：38.

［11］陈世璨，郭温泉.作物发育三要素吸收状况之研究.中华农学会报，1936（134）.

［12］陈世璨.作物发育期三要素吸收状况之研究.中华农学会报，1936（134）：38－63.

［13］陈世军，蒋和平.中国玉米供给与需求.调研世界，1998（10）：

17－22.

［14］陈寿彭译．种玉蜀黍新法．农学报，1917（73）.

［15］崔伯棠.玉蜀黍之育种法.浙大新农业，19（1）.

［16］戴景瑞.我国玉米生产发展的前景及对策.作物杂志，1998（5）：6－11.

［17］戴瑞.玉米产量性状主基因－多基因遗传效应的初步研究.华北农学，2001（3）.

［18］戴松恩.抗建其中玉米杂交种之推广问题.农报，1941（6）.

［19］丁声俊.玉米产销格局和我国玉米产销对策.世界农业，1998（5）：3－5.

［20］丁颖.谷类名实考.农声，1923（115）.

［21］杜启星.我国玉米种业发展趋势与当前市场形势分析.种子科技，2007（2）.

［22］范岱年.《20世纪中国的生物学与革命》评介.科学文化评论，2006，3（5）.

［23］冯巍.面对21世纪发展我国玉米产业.中国农业科技导报，2001（4）：32－37.

［24］龚胜生.清代两湖地区的玉米和甘薯.中国农史，1993（3）.

［25］巩东营.山东省玉米种子产业发展研究.山东农业大学硕士论文.2005.

［26］顾铭洪.本世纪作物遗传育种研究主要进展及其展望.庆祝马育华教授八十寿辰作物科学讨论会文集.1992：425－432.

［27］广西省农事试验场工作报告.1938－1945年：25－128.

［28］韩庚辰.玉米种业发展优势、问题及建议.玉米科学，2003（2）.

［29］郝大军.世界玉米生产、消费与贸易动态浅析.中国饲料，1995（21）：43－44.

［30］何炳棣.美洲作物引进传播及其中国粮食生产的影响（玉米）.世界农业，1979（5）.

［31］胡昌浩，潘子龙.夏玉米同化产物积累与养分吸收分配规律的研究.中国农业科学，1982（1）：56－65.

［32］胡瑞法.农业技术诱导理论及其应用.农业技术经济，1995（4）.

［33］胡伟.中国玉米收获机械化发展研究.中国农业大学硕士论文，2005.

［34］胡小平.宏观政策是影响中国粮食生产的决定性因素.中国农村经济，2001（11）.

［35］黄光耀.关于农业近代化的基本标志问题.江苏教育学院学报（社会科学版），1999（1）.

［36］黄季焜，胡瑞法.农业科技革命：过去和未来.农业技术经济，1998（3）.

［37］黄舜阶.玉米株型在高产育种中的作用.山东农业科学.1992（3）：4－8.

［38］嵇联晋.玉蜀黍谈.博物学会杂志1924，4（3）：22－26.

［39］姜洁，等.中国玉米生产区域比较优势的模型分析.农业现代化研究，1998（1）：9.

［40］蒋彦士.中国粮食生产.中国农讯1947，8（11）.

［41］金善宝，丁振麟.中大农学院大胜关农事试验场最近玉米大豆试验成绩简报.农学丛刊.

［42］金善宝.中国近年来作物育种和作物栽培的进步概况.农报，1936，3（5）.

［43］课题组.中因传统农业向现代农业业转变的研究.当代中国史研究，1997（1）.

［44］邝婵娟.我国玉米生产态势与生产布局方向.农牧产品开发，1996（4）：21－23.

［45］李登海.我国玉米种业发展的机遇与挑战.玉米科学，2003（1）.

［46］李国祥.建国以来我国粮食生产循环波动分析.中国农村观察，1999（5）.

［47］李建生.玉米分子育种研究进展.中国农业科技导报，2007（2）：10－13.

［48］李竞雄.加强玉米自交系间杂交种的选育和研究.中国农报，1957（7）.

［49］李竞雄.多抗性丰产玉米杂交种中单2号.中国农业科学，1987（21）：27－29.

［50］李乃镐.玉蜀黍之滋养价值广专农林季刊.1924，1，（2）.

［51］李思恒.从"复关"到"入世"—参加WTO与中国粮食市场（上）.粮食科技，2000（3）.

［52］李思恒.从"复关"到"入世"—参加WTO与中国粮食市场（下）.粮食科技，2000（4）：11－13.

［53］李维岳，尹枝瑞.把我省玉米生产推向一个新阶段－兼论发展吉林省玉米生产技题.吉林农业科学，1997（1）：4－6.

［54］李先闻.玉米育种之理论与四川杂交玉米之培育.农报，1947，12（1）.

［55］李晓君，李少昆，王芳.郑单958品种扩散特点与推广建议.作物杂

志，2007（3）：74 - 75.

[56] 李自典. 中央农业实验所述论. 历史档案，2006（4）.

[57] 林国先. 农业技术进步中的制度约束与制度安排. 农业经济问题，1998（6）.

[58] 刘宝书. 玉蜀黍之研究. 中华农学会报，1933（11）：10 - 27.

[59] 刘少伯. 世界饲料贸易与我国对策（粮食与玉米）. 中国禽业导刊，2001（13）.

[60] 刘泰. 山西河北两省繁育推广玉米杂交种子的重点调查报告. 中国农报（增刊），1957（2）.

[61] 刘笑然. "入世"对我国玉米生产和流通的影响及相关对策（上）. 粮食科技与经济，2000（1）.

[62] 刘笑然. "入世"对我国玉米生产和流通的影响及相关对策（下）. 粮食科技与经济，2000（2）.

[63] 刘笑然. "入世"后对我国玉米生产和流通的影响及相应对策. 粮食与油脂，2000（4）.

[64] 刘治先. 世界玉米经济的现状和发展趋势. 世界农业，1998（2）：7 - 11.

[65] 刘子民. 玉蜀黍之研究. 中华农学会报，1936（11）.

[66] 卢金炎. 粟米留种手续. 农智月刊，1938（12）：5 - 6.

[67] 罗尔纲. 玉蜀黍传入中国. 历史研究，1956（3）.

[68] 罗良国，安晓产. 世界玉米需求状况的实证研究. 调研世界，2002（3）：14 - 16.

[69] 马晓河. 农业进入新阶段. 经济日报，1999（5）：1 - 13.

[70] 茂声. 雌雄异株的玉蜀黍. 自然界，1946（6）：29 - 30.

[71] 孟凡军，王忠术，赵震. 我国玉米种子产业现状及发展建议. 现代农业科技，2010（10）.

[72] 潘简良. 玉蜀黍的最新育种法. 中华农学会报，1946（80 - 81）：67 - 77.

[73] 彭坷珊. 世界粮食贸易状况之分析. 粮食问题研究. 1998（6）：8 - 10.

[74] 祁家治，协唐译. 玉蜀黍的选种. 农林新报，1932（39）：3 - 14.

[75] 钱天鹤. 三年来之粮食增产. 农业推广通讯. 1944，6（11）：4 - 12.

[76] 钱治澜. 玉蜀黍浅谈. 科学，1915，1（9）：1051 - 1056.

[77] 邱氏邦. 广西之玉米螟. 广西农业，1944，2（3）：205 - 222.

[78] 劝种外洋玉蜀黍即玉米以增民食说. 甘肃建设月刊. 1945（15）：42 - 46.

[79] 任禾. 加速科技成果转化. 推动玉米种业技术进步. 农业科技通讯, 2005（12）.

[80] 任凭. 当前玉米市场形势分析与展望. 中国粮食经济, 2001（6）: 27 – 28.

[81] 荣廷昭. 热带玉米种质在温带玉米育种的应用. 作物杂志（增刊）, 1998: 12 – 14.

[82] 容秉衡. 种粟米之经验农事月刊. 1938, 1（6）: 32 – 33.

[83] 沈寿铨. 禾谷类的病害 沈寿铨. 燕大农讯, 1944, 3（6 – 7）: 1 – 3.

[84] 沈寿铨. 玉米的传粉和种子的改良. 燕大农讯, 1943（8）: 4 – 6.

[85] 沈寿铨. 玉米的传粉与种子的改良. 燕大农讯, 1943, 2（8）: 4 – 6.

[86] 沈宗瀚. 改良品种增进中国之粮食中华农学会报, 1945（90）: 1 – 6.

[87] 时措宜. 玉米大豆间作栽培之研究. 西北农业, 1947, 2（4）: 149 – 153.

[88] 史树瑛, 徐钟潘. 农商部中央农事试验场民国七年至九年试验成绩报告. 农商工报, 1938, 9（6）: 30 – 35.

[89] 苏俊. "十五"黑龙江省玉米生产发展战略思考. 黑龙江农业科学, 2000（4）: 3.

[90] 孙光远. 介绍夏作两熟之粮食增产方法. 农业推广通讯, 1943, 6（2）: 57 – 58.

[91] 孙光远. 秋玉米栽培法及其增产途径. 农业推广通讯, 1943, 5（11）.

[92] 孙绳武. 玉蜀黍增产之研究. 东大农学, 1922, 1（8）: 13 – 18.

[93] 孙世贤, 胡义萍, 迟斌等. 从先锋、孟山都公司看美国玉米种业发展特点. 世界农业, 2003（6）.

[94] 孙世贤. "九五"期间我国玉米品种已基本实现一次更换. 种子科技, 2000（6）: 338 – 340.

[95] 孙世贤. 种植业结构调整中的玉米生产问题. 种子, 2000（5）: 30 – 31.

[96] 谭向勇, 柯炳繁. 1997—1998 年我国玉米市场供求形势分析. 中国粮食经济, 1998（3）.

[97] 谭向勇. 我国玉米消费结构分析. 中国农村经济, 1995（11）: 19 – 24.

[98] 谭向勇. 我国玉米消费结构及其发展趋势. 粮食与油脂, 1998（5）: 25 – 27.

[99] 谭向勇. 中国玉米市场及其发展趋势研究. 中国农业大学博士论文, 1995.

[100] 滕海涛, 吕波, 赵久然, 等. 玉米种业与植物新品种权保护. 作物杂志, 2008（4）.

［101］佟屏亚. 中国玉米生产形势和新世纪发展策略 - 兼议中国实施大玉米发展战略. 农业探索, 2000（3）: 1 - 7.

［102］佟屏亚. 世界玉米生产特点和发展趋势（上）. 世界农业, 1996（5）: 22 - 23.

［103］佟屏亚. 世界玉米生产特点和发展趋势（下）. 世界农业, 1996（6）: 19 - 22.

［104］佟屏亚. 世界玉米生产形式和发展前景. 调研世界, 2000（7）: 9 - 11.

［105］佟屏亚. 为金皇后玉米评功. 种子世界, 1986（12）.

［106］佟屏亚. 我国玉米生产现状和发展策略. 科技导报, 1997（11）: 22 - 25.

［107］佟屏亚. 我国玉米栽培研究的回顾与展望. 耕作与栽培, 1984（6）: 31 - 39.

［108］佟屏亚. 玉米种业市场形势与关注焦点. 中国种业. 2001（1）.

［109］万宝瑞. 适应农业新阶段, 推进农业产业化. 人民日报, 1999 - 7 - 11.

［110］万国鼎. 中国种玉米小史. 作物学报, 1962（2）.

［111］王克强. 我国玉米市场中长期分析与展望. 粮食与油脂, 2000（8）: 20 - 22.

［112］王雷. 中国玉米种业发展战略研究: 兼论北京德农种业有限公司发展战略. 对外经济贸易大学硕士论文, 2006.

［113］王留青. 玉蜀黍的栽培. 农趣月报, 1929（1）: 11 - 12.

［114］王明生. 我国玉米生产和流通的现状、问题及对策. 农业金融与市场经济, 2000（2）.

［115］王楠. WTO 框架下中国玉米产业发展战略研究. 南京农业大学硕士论文, 2001.

［116］王绶. 敌伪在华北沦陷区内之农业建设概况. 农业推广通讯, 1946, 8（2）: 22 - 24.

［117］王思明. 传统农业向现代农业转变的动力与条件——中美农业发展比较研究. 中国农史, 1996, 15（1）.

［118］王思明. 条件与约束: 资源、技术、制度与文化——关于农业发展研究的一个分析框架. 中国农史, 1998, 17（1）.

［119］王晓辉. 2000/2001 年度国内玉米市场形势分析及展望. 粮食与油脂, 2001（4）.

［120］王懿波. 中国玉米主要种质杂种优势群的划分及其改良利用. 华北农学报, 1997（1）: 74 - 80.

［121］王云会.先锋中国玉米种业公司可持续发展战略的研究.吉林大学硕士论文，2010.

［122］王泽生.栽培玉蜀黍栽植法.农事月刊，1936，1（6）：9－11.

［123］翁德齐.玉蜀黍之贮藏及发芽试验.农林新报，1942（134）：5－7.

［124］吴纪昌，张铁一，陈刚.玉米杂交种丹玉13号选育报告.1986（2）：1－3.

［125］吴景锋.我国玉米生产现状与科技对策.作物杂志，1996（5）：26－29.

［126］吴绍骙.对当前玉米杂交育种工作三点建议.中国农业科学，1962（1）：1－10.

［127］吴绍骙.对混选1号玉米在豫西及豫东栽培及推广的调查和今后意见.中国农报（增刊），1956（1）.

［128］吴绍骙.关于多快好省培育玉米自交系配制杂交种工作方面的一些体会和意见.河南农学院报，1961（1）：38－43.

［129］吴绍骙.异地培育对玉米自交系的影响及其在生产上利用可能性的研究.河南农学院学报.创刊号.1960：124－153.

［130］吴绍骙.异地培育玉米自交系在生产上利用可能性的研究.河南农学院学报，1961（1）：14－38.

［131］吴卓.中国宜发展玉蜀黍制糖工业.国际贸易导报，1920，3（10）.

［132］夏彤.中国玉米及相关产业可持续发展研究.中国农业大学博士论文，2002.

［133］咸金山.从方志记载看玉米在我国的引进和传播.古今农业，1998（1）.

［134］谢道同.广西近代农业科学技术设施沿革考.中国农史，1985（2）.

［135］谢建华.基层农技推广体系发展与改革研究.中国农业大学硕士论文，2004.

［136］新乡地区农业科学研究所.新单1号玉米单交种的选育和推广.遗传学通通讯，1972（2）.

［137］徐仁吉.玉米史话.吉林农业，1997（2）.

［138］徐忠成.加入WTO以后中国玉米种业的发展态势.中国种业，2004（10）.

［139］杨虎.20世纪中国玉米种业发展历程及问题分析.农业考古，2011（1）.

［140］杨虎.新中国成立后我国玉米育种政策的演变及影响分析.农业考古，2010（4）.

参考文献

[141] 杨虎.近代农业教育与玉米品种改良.教育评论，2010（2）.

[142] 杨虎.民国时期粮食作物种质资源发展利用技术研究.武汉大学学报，2009（4－1）.

[143] 杨明洪.WTO 与中国的粮食安全问题.经济问题，2000（1）：38－41.

[144] 杨卫军.加入 WTO 对我国粮食供需的影响及对策.商业经济文荟，2001（3）.

[145] 杨卫路.世界玉米生产贸易概况.中国粮食经济，1999（5）：27－30.

[146] 耀光叶，冯肇传.玉蜀黍遗传的形质.科学，1917（8）.

[147] 衣保中.清代东北农业机关的兴起及近代农业技术的引进.中国农史，1997（3）.

[148] 游修龄.玉米传入中国和亚洲的时间途径及其起源问题.古今农业，1989（2）.

[149] 于晓阳，张林，王德新.等我国玉米种业市场现状浅析及发展策略.种子世界，2008（12）.

[150] 于永德，胡继连.农业科技进步的组织制度研究.农业经济问题，2004（12）.

[151] 原颂周.中国化学肥料问题.农报，1933，4（2）：73－81.

[152] 苑鹏欣.清末直隶农事试验场.历史档案，2004（1）.

[153] 岳德荣.对我国玉米种业发展的几点认识.玉米科学.2002（4）.

[154] 曾三省.我国玉米区域试验的回顾.作物杂志，1993（1）：12－13.

[155] 张春晖.论加入 WTO 对我国玉米市场的影响.中国农垦经济，2001（5）：29－31.

[156] 张桂林，等.WTO 背景下我国"大玉米经济"战略探讨.中国农村经济，2001（4）.

[157] 张剑.三十年代中国农业科技的改良与推广.上海社会科学院学术季刊，1998（2）.

[158] 张剑.中国近代农学的发展——科学家集体传记角度的分析.中国科技史杂志，2006，27（1）.

[159] 张士功，等.加入 WTO 对我国玉米生产的影响及对策.农业现代化研究，2001（1）：11－14.

[160] 张世煌，胡瑞法.加入 WTO 以后的玉米种业技术进步和制度创新.杂粮作物，2004（1）.

[161] 张世煌，胡瑞法.我国玉米种业技术进步和制度创新.种子世界.2007（2）.

[162] 张世煌.我国玉米种业现状与发展战略.种子科技，2006（6）.

［163］张廷会."入世"后对我国玉米产销的影响.河北畜牧兽医.2000（2）：10-11.

［164］张廷会.玉米市场形势回顾与展望.中国粮食经济，1999（10）：41-43.

［165］张雪梅.我国玉米生产增长因素的分析.农业技术经济，1999（2）：32-35.

［166］章楷，李根蟠.玉米在我国粮食作物中地位的变化.农业考古，1983（2）.

［167］章楷.我国历史上的农业推广述评.南京农业大学学报（社会科学版）.2002，2（1）.

［168］章楷.新中国成立之前半个多世纪中我国作物育种事业概述.中国农史，1984（3）.

［169］赵春雷，等.中国加入世界贸易组织后农产品面临的市场机遇与挑战.吉林农业大学学报.2000（2）：96-99.

［170］赵贵和.入世"玉米"准备好了吗.北方经济.2001（6）：17-19.

［171］赵化春，韩萍.国内外玉米消费趋势及其对我国玉米生产的影响.农业技术经济，2001（2）：54-56.

［172］赵龙，郭庆海."入世"后吉林省玉米国际竞争力的研究.吉林农业大学学报，2001.

［173］郑春风.玉米市场后市分析.粮食与油脂，2002（2）：12-13.

［174］郑春风.玉米市场形势分析.河北畜牧兽医，2002（3）：11-12.

［175］庄维民.近代山东农业科技的推广及其评价.近代史研究，1993（2）.

［176］庄维民.近代山东农作物新品种的引进及其影响.近代史研究，1996（2）.

［177］邹德秀.二十世纪上半叶的中国农业科学略述.农业考古，1992（3）.

［178］周木生.论技术扩散通道.重庆工学院学报，2002，16（1）：47-49.

［179］朱希刚.我国"九五"时期农业科技进步贡献率的测算.农业经济问题，2002（5）：12-13.

［180］Albert G. Schweinberger. Procompetitive gains from trade and comparative advantage. *International Economics Rewiew*, 1996（2）：361-375.

［181］Arie Kuyvenhoven, Ruerd Ruben, Gideon Kruseman. Technology, Market policies and institutional reform for sustainable land use in southern Mali. *Agricultural Economics*, 1998（19）：53-62.

［182］A. S. Bamire, V. M. Manyong. Profitability of in tensification technologies among smallholder maize farmers in the forest - savanna transition zone of Nigeria. *Agri-*

参考文献

culture, *Ecosystems and Environment*, 2003（100）: 111 – 118.

[183] Asbjorn Bergheim, Alexander Brinker. Effluent treatment for flow through systems and European environmental regulations. *Aquacultural Engineering*, 2003（27）: 61 – 77.

[184] Awudu Abdulai, Punya Prasad Regmi. Estimating labor supply of farm households under nonoseparability: empirical evidence from Nepal. *Agricultural Economics*, 2000（22）: 309 – 320.

[185] B. C. Bellows, P. E. Hildebrand, D. H. Hubbell. Sustainability of bean production systems on steep lands in Costa Rica. *Agricultural Systems*, 1996（50）: 391 – 410.

[186] B. Douthwaite, J. D. H. Keatinge, J. R. Park. Why promising technologies fail: the neglected role of user innovation during adoption. *Research Policy*, 2001（30）819 – 836.

[187] B. Douthwaite, J. D. H. Keatinge, J. R. Park. Learning selection: an evolutionary model for understanding, implementing and evaluating participatory technology development. *Agricultural Systems*, 2002（72）: 109 – 131.

[188] Brown, L. . Who will feed China? wake up call for a small planet. *World Watch Institute*, 1995（9）.

[189] Brent A. Gloy, Jay T. Akridge. Computer and internet adoption on large U. S. farms. *International Food and Agribusiness Management Review*, 2000（3）: 323 – 338.

[190] Cengiz Kahraman, Ethem Tolga, Aiya Ulukan. Justification of manufacturing technologies using fuzzy benefit/cost ratio analysis. *International journal of Production Economics*, 2000（66）: 45 – 52.

[191] Charles Iverson Bennett. An empirical analysis of innovation adopter categories among internet users: A generalized reassessment of the distribution of innovation adopters. A Dissertation Presented for the Doctor of Philosophy Degree, Department of Management, Colorado Technical University, 2004, 1.

[192] Chihirl Watanabe, Behrooz Asgari. Impacts of functionality development on dynamism between learning and diffusion of technology. *Technovation*, 2004（24）: 651 – 664.

[193] Christian Swensson. Analyses of mineral element balances between 1997 and 1999 from dairy farms in the south of Sweden. *European Journal of Agronomy*, 2003（20）: 63 – 69.

[194] Cohn Barlow and S. K. Jayasuriya. Structural change and its impact on tra-

ditional agricultural sectors of rapidly developing countries: the case of ntural rubber. *Agricultural Economics*, 1987 (1): 159 – 174.

[195] C. T. Whittemore. Structures and processes required for research, higher education and technology transfer in the agricultural sciences: a policy appraisal. *Agricultural Economics*, 1998 (19): 269 – 282.

[196] Cynthia Wagner Weick. Agribusiness technology in 2010: directions and challenges. *Technology in Society*, 2001 (1): 59 – 72.

[197] Derek Byerlee, Rinku Mrugai. Sense and sustainability revisited: the limits of total factor productivity measures of sustainable agricultural systems. *Agricultural Economics*, 2001 (26): 227 – 236.

[198] D. Nobelius. Towards the sixth generation of R&D management. *International Journal of Project Management*, 2004 (22): 369 – 375.

[199] D. Thomas, E. Zerbini, P. Parthasarathy Rao, A. Vaidyanathan. Increasing animal productivity on small mixed farms in South Asia: a systems perspective. *Agricultural Systems*, 2002 (71): 41 – 57.

[200] Eun-Jn Lee. Consumer adoption and diffusion of technological innovations: A case of electronic banking technologies. A Dissertation Presented for the Doctor of Philosophy Degree, The University of Tennessee, Knoxville. 2000. 12.

[201] Feng Lu. Grain versus food: A hidden issue in China's food policy debate. *World Development*, 1998 (9): 1641 – 1652.

[202] Gene M. Grossman. Comparative advantage and long-run growth. *The American Economic Review*, 1990 (4): 796 – 815.

[203] Giuliana Battisti, Paul Stoneman. Inter-and intra-firm effects in the diffusion of new process technology. *Research Policy*, 2003 (32): 1641 – 1655.

[204] Guan, J. & Brockhoff, K.. Stochastic factors affecting the diffusion of a technological innovation-a systematic review. *Journal of Systems Science and System Engineering*, 1994 (9): 241 – 255.

[205] Hans-Erik Uhlin. Energy productivity of technological agriculture-lessons from the transition of Swedish agriculture. *Agriculture Ecosystems & Environment*, 1999 (73): 63 – 81.

参
考
文
献

后　记

本书是在我的博士论文基础上修改而成。

本书出版之际，首先，衷心感谢我的导师王红谊研究员和李群教授。导师秉持自由、开放的学术风格，给予我探索的勇气和力量；导师敏锐洞察的思想、严谨的治学风范，更时时启迪我驽钝的思维；导师乐观豁达和平易近人的态度让我体会到亲人的关怀和生活的美好。本文选题、收集资料、结构设计及撰写过程中内容的裁定，均得到导师的悉心指导。寸草春晖，师恩铭记！

本书得以出版，还要感谢中华农业文明研究院院长王思明教授。王院长给我提供了宝贵的求学机会和研究平台以及无私指点，对我生活工作和论文写作亦给予诸多照顾和莫大支持，王院长的关怀和帮助让我受益终生，感激之情，无以言表。

在写作过程中，惠富平教授、沈志忠教授、夏如冰副教授和陈少华副教授都提出了宝贵意见，对本书的顺利完成助益很大，令我牢记不忘。感谢南京农业大学人文学院李安娜老师、王俊强老师，他们热心为我提供资料及线索，助我少走很多弯路。

感谢诸多学长、学友对我一直以来的支持和鼓励。

最后要感谢家人及关心我的所有人。

杨　虎

2013 年 4 月